新编21世纪人工智能系列教材

人工智能与Python程序设计

主 编 文继荣 徐 君

副主编 赵 鑫 苏 冰 胡 迪 毛佳昕 沈蔚然

Python Programming
for Artificial Intelligence

中国人民大学出版社

·北京·

内容简介

　　本书是中国人民大学高瓴人工智能学院精心打造的一本精品教材，适合作为大学理工科和经济、管理等相关专业的通识课程教材。本书在内容编排上，既希望能把人工智能专业的学生引入人工智能大门，为后续课程奠定初步的理论基础和程序设计基础，也希望能为整个理工科和经济、管理等相关专业的学生普及人工智能的思维方式和基础工具。本书初稿已在中国人民大学试用3年多时间，获得了师生的普遍认可。

　　本书内容共分为14章，包括Python编程基础、Python编程进阶、人工智能概述、人工智能实践4个模块。其中，Python编程基础包括Python的基本语法、程序控制结构和组合数据类型；Python编程进阶包括面向对象编程、数值计算和数据可视化；人工智能概述在简单介绍机器学习流程的基础上，基于numpy实现线性回归和逻辑斯蒂回归；人工智能实践在介绍PyTorch平台编程的基础上，围绕计算机视觉和自然

主编简介

文继荣　中国人民大学高瓴人工智能学院执行院长，国家特聘专家。长期从事人工智能和大数据领域的研究工作，研究方向包括信息检索、数据挖掘、机器学习、大模型等。担任中国人民政治协商会议北京市第十四届委员会常务委员、中央统战部党外知识分子建言献策专家组成员、第八届教育部科学技术委员会委员、中国计算机学会常务理事等。曾任微软亚洲研究院高级研究员和互联网搜索与挖掘组主任。

徐　君　中国人民大学高瓴人工智能学院教授。长期从事智能信息检索模型的研究，在本领域著名的国际学术会议和期刊发表论文100余篇，担任信息检索和人工智能领域顶级会议SIGIR、NeurIPS的领域主席，重要期刊ACM　TIST和JASIST编委。讲授"人工智能与Python程序设计""智能信息检索"等课程。

让机器拥有智能是人类长久以来的梦想，20世纪40年代电子计算机出现以后，人工智能很快就成为一个致力于通过计算机来实现人类智能的研究领域。近十年来，随着深度学习的兴起，人工智能领域取得了长足的进展，尤其是近两年出现的大模型和生成式人工智能技术，深刻地改变了人工智能的研究范式，同时，其惊人的效果也让人们看到了通用人工智能的曙光，人工智能又一次成为世界的焦点。

人工智能技术不仅在信息科学领域产生了重大的影响，对于自然科学和社会科学的诸多领域也正在产生越来越广泛的影响。现代人工智能技术的基本特点是以数据驱动的方式来自动学习复杂模型，这是一种解决复杂问题的新方法，我们认为未来各个专业的大学生都需要学习并掌握现代人工智能技术的基本方法。基于此考虑，我们从2021年开始在中国人民大学开设"人工智能与Python程序设计"课程，该课程面向理工科大类专业一年级本科生，既承担着把人工智能专业的学生引入人工智能的大门、为后续课程奠定初步理论和程序设计基础的任务，也承担着为整个理工科相关专业的学生普及人工智能思维方式和基础工具的任务。在教学过程中，我们发现市面上缺乏与课程内容相匹配的教材，导致前期的教学过分依赖课件和从互联网上下载的零散资料，影响了教学的系统性，也不便于学生进行预习和复习。因此在开课之初，教研组的老师就规划了本书的撰写任务，以便更好地支持后续的教学活动。

在人工智能技术飞速发展的同时，Python也逐渐成为人工智能时代的首选开发语言。Python语法简洁质朴且功能强大，其开源脚本语言的特性促成了最大的Python程序设计开放社区，提供了海量的开源函数库、数据集和预定义模型，为人工智能模型的快速开发和迭代提供了强大的支持，也极大地降低了学习和应用人工智能技术的门槛。因此我们选择Python作为本课程的编程语言，希望读者在快速学习一门编程语言的同时也能够利用该语言完成人工智能任务。

本书内容共分为14章，包括Python编程基础、Python编程进阶、人工智能概述、人工智能实践4个模块。Python编程基础模块包括Python的基本语法、程序控制结构和组合数据类型，Python编程进阶模块包括面向对象编程、数值计算和数据可视化，为实现人工智能模型与应用打下基础；人工智能概述模块在简单介绍机器学习流程的基础上，基于 numpy 实现线性回归和逻辑斯蒂回归，使读者对机器学习有了初步认识；人工智能实践模块在介绍 PyTorch 平台编程的基础上，围绕文本生成和图像分类两个典型应用，介绍循环神经网络（RNN）和卷积神经网络（CNN）的基本原理及基于 PyTorch 的实现，以及基于图形处理单元（GPU）的大规模编程。

本书在编写过程中得到了多位学生的协助与支持，他们分别是：薄琳、陈思睿、郭港、梅朗、彭小康、石腾、孙忠祥、卫雅珂、夏文科、周彧杰、许宝贵、杨泽群、张恒、田长鑫、林子涵、尚琛展、杨晨、曾楚威。他们对本书的顺利完成做出了重要贡献。在本书的写作和出版过程中，中国人民大学出版社的策划编辑李丽娜女士给予了很多帮助。在此向他们表示衷心的感谢。

该书主要面向普通高校人工智能、计算机相关专业的本科生和研究生，可以作为相关课程的教材，也可以作为高校老师和人工智能相关技术开发人员的参考书。本书的内容根据教学效果和学生的反馈进行了相应的改进，但是由于作者水平所限，书中不当和不足之处在所难免，欢迎各位读者给予批评指正。

中国人民大学《人工智能与 Python 程序设计》教研组

目 录

第 4 章
Python 组合数据类型

第 5 章
Python 面向对象编程

第 6 章
Python 数值计算

第 7 章

Python 数据可视化

第 8 章

人工智能概述

第 9 章

机器学习概述

第 10 章

使用 Python 实现机器学习模型

第 14 章

自然语言处理实践

在本章，我们首先简述人工智能的背景，包括人工智能的发展历史、统计机器学习和深度学习等；随后介绍 Python 的由来和发展历程；最后介绍 Python 的安装与使用，包括从 Anaconda 中安装 Python、Python 集成编程环境 PyCharm 的安装和配置以及 Jupyter Notebook 的安装与使用等。

1.1　人工智能

人工智能已渗透至我们生活和工作的方方面面，科幻电影中的场景逐渐在生活中实现。回想我们的一天，早上，刷脸走出宿舍，戴上耳机听音乐软件推荐的歌曲；走到食堂，边排队边浏览手机，或是打开社交软件刷刷各类新闻，或是打开购物软件进行线上购物，抑或是随机匹配玩家打打游戏；走到教学楼上课，测温设施自动快速高效地测量体温；课堂上，开启线上会议直播课堂，不能到场的同学也能一起学习；中午，在外卖软件上购买心仪的午餐，系统匹配骑手快速送餐；下午，外出办事，使用地图软件搜索目的地，系统进行路径规划，帮助我们选择最简便的出行方式。我们的生活已经悄然被人工智能的多种应用改变，人脸识别、智能搜索、商品推荐、智能客服等诸多人工智能技术正在加速进入千行百业，赋能各行各业，方便我们的生活。

长期以来，人工智能被认为是计算机科学的一个分支，存在两种不同的目标或者理念。一种是希望借鉴人类的智能行为，研制出更好的工具来减轻人类智力劳动负担，被称为弱人工智能。例如，人们看到鸟在天上飞，就希望做一个工具帮助自己飞翔，然后造出了飞机。弱人工智能的目标和造飞机类似，只要做出了减轻人类智力劳动负担的工具，就达到了其目的。另一种是强人工智能。与弱人工智能相对，强人工智能希望研制出达到甚至超越人类智慧水平的人造物，其目标是了解智能的本质，研制出具有心智和意识、能够根据自己的意图开展行为的机器。以上述造飞机为例，强人工智能不仅希望人造飞机能够全面达到鸟的飞翔能力，还希望了解鸟能够飞行的空气动力学原因，造出能够超越鸟的飞行能力、具备自主飞翔意识的机器。在很长一段时间里，国际主流人工智能学界所持的目标都是弱人工智能。

人工智能技术在近两年不断实现突破迭代，其中生成式 AI 大模型 [也称为基础模型 (foundation models)] 成为学术界和产业界关注的焦点。例如，基于扩散模型的图像生成大模型已经能够产生逼真的图像和媲美人类画师的精美作品，以 ChatGPT 为代表的大语言模型 (large language models, LLM) 可以根据给定的上下文生成语句连贯、语法正确的文本，并且具备一定的逻辑推理能力。毫不夸张地说，在部分领域，人类智能与机器智能的边界已经非常模糊。

1.1.1 人工智能的历史

目前一般认为人工智能学科正式诞生于 1956 年的达特茅斯会议。会议发起人约翰·麦卡锡 (John McCarthy) 提议以"人工智能"作为该学科的名称，因而麦卡锡被尊称为"人工智能之父"。从那时起，"人工神经网络""感知机""人工智能""图灵测试"等概念的提出引起了人们极大的兴趣，也吸引了大量资金和人才的投入。

1956 年至 20 世纪 60 年代中后期属于人工智能发展的第一个阶段，机器推理成为这一时期的标识，关注的重点是基于逻辑的知识推理。1962 年，IBM 公司开发的跳棋程序战胜了当时的人类高手，人工智能开启了第一次发展浪潮。20 世纪 70 年代至 80 年代中期，人工智能的发展进入"知识期"，关注的重点是知识工程，设计以"推理和知识"为重点的专家系统。然而，专家系统只能大体上模仿专家的思考方法，缺少人类专家知识面的广度和对基本原理的理解，很多简单的现实问题都无法解决，人们所期待的远远超过当时技术所能达到的高度，人工智能的研究进入寒冬。

自 20 世纪 90 年代起，机器学习的兴起促进了人工智能的高速发展，人工智能进入"学习期"——第二次发展浪潮。机器学习是一类关于计算机基于数据构建概率统计模型并运用模型对数据进行预测和分析的方法。赫伯特·西蒙 (Herbert Simon) 对"学习"的定义为："如果一个系统能够通过执行某个进程改进它的性能，这就是学习。"按照这一定义，机器学习就是计算机系统通过运用数据及统计方法提高系统性能的学习。它从数据出发，提取数据的特征，抽象出数据模型，发现数据中的知识，最后又回到对数据的分析和预测。1997 年 IBM 公司研发的"深蓝"计算机击败了当时的国际象棋冠军卡斯帕罗夫，相较于之前的跳棋程序，国际象棋复杂程度更高，"深蓝"能够击败人类顶尖选手，让人们看到了机器学习巨大的发展潜力和广阔的应用前景。

2006 年，著名学者杰弗里·辛顿 (Geoffrey Hinton) 和他的学生在《科学》(*Science*) 上发表了一篇关于深层神经网络训练算法的文章，掀起了人工智能的第三次发展浪潮。2012 年，深度学习算法在 ImageNet 大规模视觉识别竞赛中以大幅领先优势取得了第一名，引起了学术界和工业界的广泛关注。2016 年 AlphaGo 在围棋比赛中击败人类顶尖棋手李世石引起了巨大轰动。在这个阶段，大数据逐步积累，深度学习算法和模型逐步改进，硬件计算能力显著提升，这使得深度学习成功地应用于计算机视觉、自然语言处理、信息检索、推荐系统、智能对话、自动驾驶、医疗诊断等众多领域。

自 2022 年起，由生成式 AI 大模型驱动，通用人工智能取得了突破性进展，引领了新一轮的人工智能热潮。在图像领域，OpenAI 公司开发的 DALLE-2 是扩散模型 (diffusion model) 中比较具有代表性的大模型之一，它能够根据文本生成逼真的高分辨率的高质量图像，推动了 AI 在全球的艺术革命；随后，Stable Diffusion 模型可以在短短几秒钟内生成清晰度高、还原度佳、风格选择较广的 AI 图像。在自然语言处理领域，以 GPT 为代表的大语言模型让机器能够更好地理解人类语言，从而更好地回答问题、更好地跟人类协作甚至进一步启发人类的创造力。OpenAI 公司的 ChatGPT 和 GPT-4 实现了高度拟人化的连续对话和问答，也具备了按输入的具体指令产出特定的文本格式的能力。

可以看出，人工智能学科经历了 60 多年的发展，已经形成庞大自洽的知识体系，逐步成为一个独立的学科领域，并且与多个学科形成了交叉引用，具有强大的生命力和发展前景。

1.1.2　人工智能与统计机器学习

人类从事的各种智能活动（如数学推导、绘画、语言交流、音乐创作、运动、学习、游戏、设计、研究、教学等）让计算机来做仍很困难，这是几十年来人工智能研究得到的结论。在人工智能研究中，人们曾尝试过三条路，分别称为外观（extrospection）、内省（introspection）和模拟（simulation）。

外观就是观察人的大脑工作情况，探求其原理，解明其机制，从而在计算机上"实现"人类大脑的功能。比如，计算神经学（computational neuroscience）的研究就是基于这个动机。然而，人脑的复杂信息处理过程在目前还很难观测和模型化，就像我们仅仅观测计算机内的某个信号传输过程，很难判断它正在做什么计算。

内省就是反思自己的智能行为，将自己意识到的推理、知识等记录到计算机上，从而"再现"人的智能，比如专家系统（expert system）的尝试就属于这一类。内省的最大问题是它难以泛化，也就是举一反三。在学习了什么是人脸之后，人可以在各种图片甚至是抽象画中轻而易举地找出之前没有见过的人脸，这种能力称为泛化能力。通过内省的方法很难使计算机拥有泛化能力。对人类而言，我们自己的智能原理可能是不可知的。笼子里的老鼠可能认为触动把手是得到食物的"原因"，但它永远也不能了解整个笼子的食物投放机制。

模拟就是将人的智能化操作的输入与输出记录下来，用模型来模拟输入和输出之间的表象关系，使模型给出与人类相似的表现，统计机器学习（statistical machine learning）就属于这类方法。实践表明，统计机器学习是实现计算机智能化这一目标的有效手段。统计机器学习最大的优点是它具有泛化能力，在独立同分布的假设下，在训练数据上学习到的模型可以泛化，应用于测试数据进行有效的预测。

统计机器学习的缺点在于它得到的永远是统计意义下的最优解。此处举一个简单的例子：假设我们观测到一个系统的输出是一系列 1 和 0，要预测它的下一个输出是什么。如果观测数据中 1 和 0 各占一半，那么我们只能以 0.5 的准确率作出预测。但是，如果我们同时观测到这个系统有输入，也是一系列 1 和 0，并且输入是 1 时输出是 0 的比例为 0.9，输入是 0 时输出是 1 的比例也为 0.9，我们就可以从已给数据中学习到"模型"，根据系统的输入预测其输出，并且把预测准确率从 0.5 提升到 0.9。以上就是统计机器学习（特别是监督学习）的基本思想。

但从这个例子中也可以看到，统计机器学习的预测准确率不能保证为 100%。比如，人脸识别会误判、中文分词会出错等。其根本原因是统计机器学习只是依据观测到的输入与输出"模仿"人的智能行为，在预测数据与观测数据吻合时能在表象上显得智能化，但它实质上只是基于数据的、统计平均意义下的"模仿"，缺乏对内在因果关系和物理规律的刻画。如果观测不到关键的特征或者预测数据的分布发生较大变化，统计机器学习就可能会犯非常明显的错误。

1.1.3 人工智能与深度学习

深度学习是统计机器学习的一个分支，是一种以深度神经网络为架构，对数据的表征和关联进行学习的模型和算法。传统机器学习算法往往依赖手工构造的特征以及线性函数、树模型等"浅层"模型进行预测，其能够表示的模型复杂度和学习能力有限，导致数据量的增加并不能持续增加学到的知识总量。深度学习则通过自动学习数据的特征表达和构造更复杂的深度神经网络来扩展模型的学习能力，通过访问更多数据来提升模型的预测性能。

可以看到，传统机器学习在特征提取方面主要依赖人工和经验，对于特定且相对简单的任务，人工提取特征会简单有效。但是人工提取的特征并不能通用，换一个任务就需要重新提取，如果预测任务比较复杂，输入和输出之间的关系不清晰，那么人工提取特征的效率会极大地下降。深度学习的特征提取并不依靠人工，而是依赖机器的自动提取，但同时它需要大量的输入数据去学习特征表达（例如，Word2Vec 基于大规模的文本数据学习单词的分布式表达；BERT 基于海量文本数据和预训练学习文本的上下文相关表达）。机器自动提取特征带来的另一个问题是可解释性很差，虽然很多时候深度学习能有好的表现，但我们并不知道原因是什么。

传统机器学习在预测模型方面主要依赖线性函数和相对简单的非线性函数（如核函数、广义线性模型、树模型等），在面对复杂任务时，上述模型在表达能力上还是有所欠缺。深度学习通常构建包含两层或两层以上隐藏层的神经网络作为预测模型，提高了模型的表达能力。深度神经网络能够为复杂非线性系统提供建模，多出的层为模型提供了更高的抽象层，因而提高了模型的表达能力。深度神经网络的类别很多，常用的网络结构包括深度神经网络（deep neural networks，DNN）、深度置信网络（deep belief networks，DBN）、卷积神经网络（convolutional neural networks，CNN）、循环神经网络（recurrent neural networks, RNN）等。

目前，深度学习已经成功应用于语音、图像、自然语言处理、信息检索等诸多领域，较以往"浅层"的方法获得了更优的结果。

1.2 计算机编程语言

当前，很多人工智能模型和算法的实现都依赖于计算机编程语言。在本节，我们将简要介绍一下编程语言。

1.2.1　编程语言的由来

计算机，顾名思义，是一台用来计算的机器，用户需要通过计算机的语言（即编程语言）来控制计算机。计算机所能理解的语言是二进制的 01 串，称为机器语言。这些计算机能理解的二进制的 01 串的本质为二进制指令集，规定了如加法操作、移位操作等指令格式，具体内容可参考计算机体系结构。二进制指令集可以直接交给 CPU 执行，所以运行速度比其他语言快，但是它需要我们记住每一个指令的代码与对应的动作，想想我们写代码的时候是操作一串串的 01 序列，难度得有多大。

为了克服机器语言的缺点，人们就用一些助记符来代替机器码，即使用一些与实际意义相近的缩略词来代替动作（例如 ADD、SUB、MOV 等），这就是汇编语言。虽然汇编语言相较于机器语言更方便编写，但是它仍然是对机器进行操作，相较于高级语言更接近于底层，所以汇编语言是低级语言。不论是机器语言还是汇编语言，都是面向硬件的操作，不同设备的二进制指令集不同，对应的编写方式可能也不同。为了实现同一功能，要为不同设备开发不同的代码，这使得编程复杂度大大增加，在此基础上产生了高级语言。高级语言是面向开发者的语言，我们只要编写好程序内容，通过编译或者解释程序就可以对机器进行操作。这里提到的编译或者解释程序就是一个翻译工具，将人类能看懂的语言翻译成机器能看懂的东西。总结来看，计算机语言经历了以下三个发展阶段：

（1）机器语言。
- 通过二进制编码来编写程序。
- 执行效率高，但不具有可读性，且编写成本高。

（2）汇编语言（符号语言）。
- 使用符号来代替机器码。
- 编写程序时，不需要使用二进制，而是直接编写符号。
- 编写完成后，将符号转换为机器码，再由计算机执行。符号转换为机器码的过程称为汇编；机器码转换为符号的过程称为反汇编。
- 汇编语言一般只适用于某些硬件，兼容性较差。

（3）高级语言。
- 高级语言的语法类似于英语语法，并且与硬件的关系相对较弱。
- 通过高级语言开发的程序可以在不同的硬件系统中执行。
- C、C++、C#、Java、JavaScript、Python 等均为高级语言。高级语言有编译型语言和解释型语言之分，接下来将详细阐释。

1.2.2　编译型语言和解释型语言

计算机只能识别二进制编码（机器码），任何高级语言在交由计算机执行时都必须先转换为机器码，比如 Python 编写的"print('hello')"需要转换为类似 1010101 的机器码。根据转换时机的不同，语言分成了两大类：编译型语言（以 C 语言为代表）和解释型语言（以 Python 为代表）。不论编译型语言还是解释型语言，它们的共同目标都是将我们所认识的语句（例如循环、判断）转换成二进制编码，再交给计算机执行。

（1）编译型语言。编译型语言是指在程序编写完之后，把代码完全翻译成二进制文件，通过执行该二进制文件来执行程序，该二进制文件可以直接执行。C 语言是典型的编译型语言，在代码执行前将文本形式的源代码编译和链接，生成可执行文件（exe、dll 文件等），通过这一过程将代码编译为机器码，然后将机器码交由计算机执行。执行过程为：a（源码）→ 编译 → b（编译后的机器码）。如果使用编辑器打开并查看编译后的二进制文件，显示的并不是程序源代码，大部分字符都无法识别。编译型语言执行速度快，但不同平台（如 Windows 系统和 macOS 系统）的机器码不同，在 Windows 系统下生成的二进制文件并不能在 macOS 系统下运行，因此跨平台性较差。

（2）解释型语言。解释型语言没有转换二进制文件的过程，而是什么时候需要，什么时候编译，执行的时候再调用解释器。Python 是典型的解释型语言，在执行前不会对代码进行编译，而是在执行的同时编译。执行过程为：源码 → 解释器 → 解释执行。对于解释型语言编写的程序，我们可以直接使用编辑器打开并查看其中的源代码。执行时，这些代码会根据函数的调用顺序执行。解释型语言执行速度较慢，但跨平台性较好。

1.3 Python 编程语言

Python 是一种计算机编程语言，由于其具有简单易用、功能强大的特点，目前在人工智能科学领域被广泛应用，大量与人工智能相关的算法模型、工具库和计算框架都以 Python 作为主要语言来进行开发。可以说，当前 Python 是最适合初学者使用的人工智能编程语言。

1.3.1 Python 的由来及发展历程

接下来，我们聚焦 Python，介绍其由来、发展历程、语言标准以及 Python 3 的安装运行等。

Python 的创始人是吉多·范罗苏姆 (Guido van Rossum)。他在荷兰国家数学与计算机研究中心（CWI）工作时，曾参与设计过一种专门为非专业程序员设计的语言 ABC。ABC 语言以教学为目的，其主要设计理念是希望编程语言变得容易阅读、使用和学习。就吉多·范罗苏姆本人看来，ABC 语言非常优美和强大，但是 ABC 语言过于封闭，没有进行开源，导致 ABC 语言并不成功。1989 年圣诞节期间，吉多·范罗苏姆为了打发时间，决定开发一个新的脚本解释程序，作为 ABC 语言的一种继承，这就是 Python。Python 在问世时，便在互联网上公开了源代码，获得了非常好的效果。Python 作为程序的名字，源于喜剧天团蒙提·派森（Monty Python）。吉多·范罗苏姆希望这种语言是一种在 C 和 shell 之间功能全面、易学易用、可拓展的语言。

Python 是一种解释型、面向对象、带有动态语义的高级编程语言，它最直观的特点是简洁易懂，用很少的代码就可以实现强大的功能。此外，Python 还具备很强的可扩展性，它是一种可以连接 C/C++ 等其他语言的"胶水"语言，Python 程序能够以多种方式轻易地与其他语言的组件"粘接"在一起。例如，Python 的 C 语言应用程序编程接口（application programming interface，API）可以帮助 Python 程序灵活地调用 C 程序。

　　Python 主要有两个版本：一个是 Python 2，另一个是 Python 3。两个版本编写代码的语法有一定区别，且运行时不兼容。Python 2 有很多设计缺陷，其中一大缺陷是字符问题，Python 诞生的年代比 Unicode 早，所以使用 ASCII 作为默认编码方式，字符串和字节没有严格界限，后来又因为需要支持 Unicode，所以直接引入了 Unicode 类型，以致经常遇到编码问题。Python 3 兼容 Python 2 将会是一个几乎难以完成的任务，所以吉罗·范罗苏姆放弃了 Python 3 对 Python 2 的兼容。本书也基于 Python 3 展开。

1.3.2　Python 的安装与使用

一、Python、PyCharm、Jupyter Notebook 与 Anaconda

　　学习 Python 时，我们经常会碰到如下几个名词：Python、PyCharm、Jupyter Notebook 与 Anaconda。

1. Python

　　Python 是一种编程语言，我们可以通过 Python 命令行交互环境运行 Python 语句，也可以将编写的代码保存成一个文件，使用 Python 解释器运行该文件。

　　（1）Python 命令行交互环境。当我们在命令行中输入"python"后，看到提示符">>>"就表示我们已经在 Python 命令行交互环境中了。在该命令行交互环境中，可以输入任何 Python 代码，回车后会立刻得到执行结果。输入"exit()"并回车就可以退出 Python 命令行交互环境（直接关掉命令行窗口也可以）。交互模式只能输入一行代码，所以它并不适用于开发，仅可以用来做一些简单的测试。

　　（2）Python 解释器。Python 解释器由编译器和虚拟机构成，编译器将源代码转换成字节码，然后通过 Python 虚拟机来逐行执行这些字节码。当我们在命令行中执行 Python 文件时，输入"python xxx.py"就会启动 Python 解释器。首先编译器将源代码转换成字节码，然后虚拟机将字节码转换成机器语言，与操作系统交互得到预期结果。

　　可以从 Python 官网（https://www.python.org/downloads/）下载对应系统版本的 Python 并进行安装，但其仅提供了 Python 最基础的功能，只能用其他文本编辑器编写代码而后通过命令行执行，不能进行 debug，对于初学者而言难度较大，并不推荐。

2. PyCharm

　　PyCharm 是编写 Python 代码常用的集成开发环境（integration development environment，IDE）。集成开发环境，顾名思义，集成了多种功能，提供了代码编写环境以及语法高亮、错误提示、运行、调试等功能，方便程序员尽可能快捷、舒适、清晰地浏览、输入和修改代码。

　　PyCharm 是 Python IDE，带有一整套可以帮助用户在使用 Python 开发时提高效率的工具，比如调试、语法高亮、项目管理、代码跳转、自动补全、版本控制等。其发行版本分为专业版和社区版，社区版为免费版，专业版可以使用教育账户获得免费使用权。在编写完代码后，可直接点击"运行"按钮输出结果。

3. Jupyter Notebook

Jupyter Notebook 是另一种基于浏览器的 Python IDE，在下载 Anaconda 后可直接运行。它同时提供了多种其他功能，且能很好地显示文字、图片等。

4. Anaconda

直观理解，Anaconda = Python + numpy、scipy 等常用第三方库 + IDE。第三方库对于 Python 而言至关重要，Anaconda 提供了很好的包管理，本书推荐从 Anaconda 中安装 Python。

5. 界面区别

对于输出"Hello World"，使用 Python 命令行交互环境、Python 解释器、Jupyter Notebook 和 PyCharm 的界面区别如图 1–1所示。

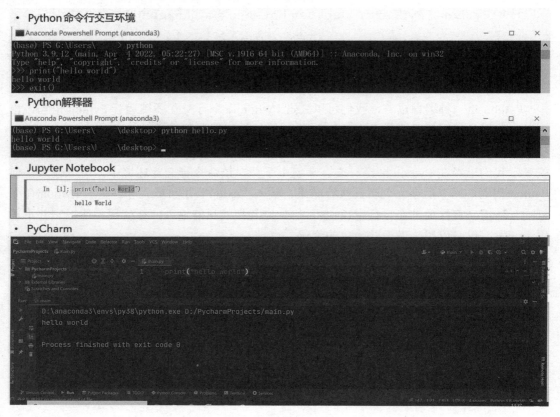

图 1–1　Python 命令行交互环境、Python 解释器、Jupyter Notebook 和 PyCharm 的界面区别

二、从 Anaconda 中安装 Python

1. Anaconda 的下载安装及使用

首先在官网下载对应版本的安装包，双击该文件，进入 Anaconda 安装界面。如图 1–2 所示，点击"Next"开始安装，点击"I Agree"同意条款协议，选择安装用户为"Just Me (recommended)"并点击"Next"，选择安装位置，本例中安装在"D:\anaconda3\"目录下，然后点击"Next"，如图 1–3所示。对于环境变量的选择，为了方便其他程序的使用，选择

第二种方式，然后点击"Install"安装，如 1–4 所示。安装完成后的界面如图 1–5 所示，点击"Finish"后可在菜单栏中显示。

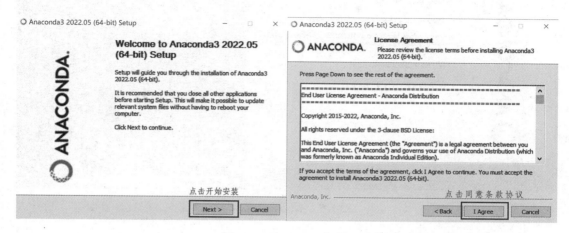

图 1–2 Anaconda 安装-1

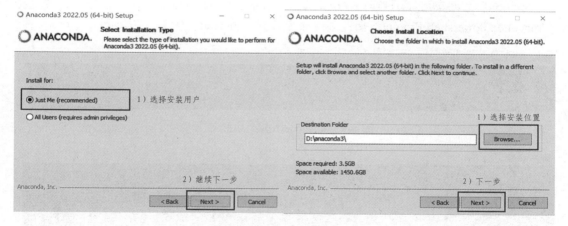

图 1–3 Anaconda 安装-2

图 1–4 Anaconda 安装-3

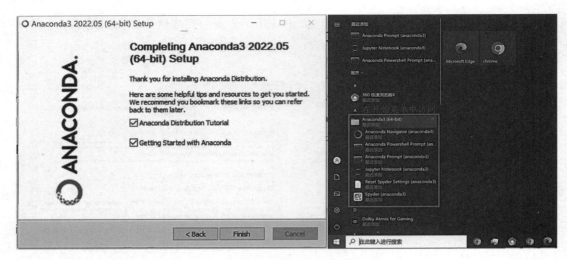

图 1-5　Anaconda 安装-4

安装完成后，点击"Anaconda Powershell Prompt"进入命令行界面，如图 1-6所示，输入"python"后回车可显示当前 Python 版本，说明 Anaconda 安装成功。注意，需要选择"Anaconda Powershell Prompt"而非系统命令行提示符 cmd，如图 1-7所示。

图 1-6　Anaconda 安装成功测试-1

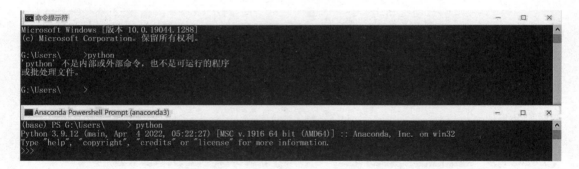

图 1-7　Anaconda 安装成功测试-2

2. 第三方库

如果直接从 Python 官网下载安装 Python，则主要是安装了 Python 解释器，它只具有最基础的功能。当编写 Python 代码完成具体功能（比如爬取网页资源）时，很多需求功能是大家都会遇到的，例如自动获得网页上所有标题内容或者下载所有图片。针对常见需求，不同的开发者会有不同的实现方式，有很多开发人员编写了高效的代码并将它们开源，因此可以便捷地实现这些功能。这些完成特定功能的代码就是第三方库（第三方工具包）。正是因为 Python 社区有众多功能强大的第三方库，Python 被广泛应用。比如爬取网页的 BeautifulSoup 库、进行高效计算的 numpy 库和 scipy 库、本书后面将要学习到的 torch 库等，都是广泛使用的第三方库。每个库都要独立下载会带来很大的麻烦，因此 Anaconda 将常用库和 Python 进行了集成。简单来说，Anaconda 集成了 Python 和 numpy、scipy 等科学计算库，省去了自己下载和安装各种库的麻烦。如果需要使用 Anaconda 中未集成的第三方库，则可直接通过 pip 或 conda 命令进行安装。

3. 虚拟环境

每个第三方库都在与时俱进地更新功能，因此会有不同的版本，当我们进行不同应用的开发时，可能会用到不同版本的库。例如，应用 A 需要使用 torch 库，而应用 B 不需要使用，或是应用 A 需要使用 numpy 1.14 版本，而应用 B 需要使用 numpy 1.22 版本。为了解决这一问题，可以使用虚拟环境隔开。在运行应用 A 的虚拟环境中安装 PyTorch，在运行应用 B 的虚拟环境中不安装。如图 1-8 所示，假设有虚拟环境名为 "py38"，初始时其与 base 环境中均没有 torch 库，然后在 py38 环境中运行 "pip install torch" 命令进行安装，安装完成后，py38 环境中有 torch 库，而 base 环境中仍然没有该库。

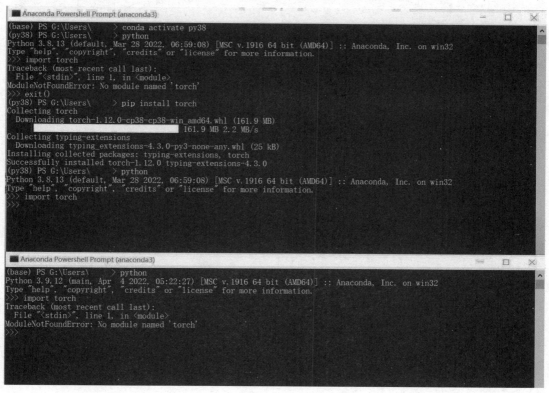

图 1-8 conda 环境创建示例

虚拟环境的具体创建步骤如下：

（1）查看当前环境。打开命令行，输入 "conda info --envs" 查看当前系统中的所有环境，例如图 1-9 中只有 base 环境。输入 "python"，当前 Python 版本为 3.9.12。

（2）创建名为 "py38"、Python 版本为 3.8 的虚拟环境。输入 "conda create -n py38 python=3.8" 命令，其中 "py38" 可以替换为自己想命名的环境名，Python 版本也可根据

图 1-9   conda 环境创建-1

自身需求进行替换。

（3）确认创建。如图 1-10所示，conda 会进行环境检查，把新环境的相关文件存放在"D:\anaconda3\envs\py38"目录下，并安装相关文件，输入"y"确认安装。

图 1-10   conda 环境创建-2

（4）安装完成后，开启环境并测试。输入"conda activate py38"启用当前环境，可以看到图 1-11命令行中的"（base）"变为"（py38）"，输入"python"，可以看到当前 Python 版本为 3.8.13。

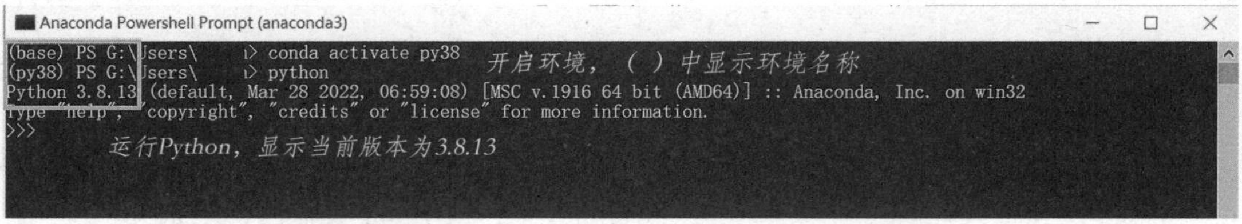

图 1-11   conda 环境创建-3

三、PyCharm 的下载与使用

1. PyCharm 的下载与安装

PyCharm 是一款针对 Python 的 IDE，可以方便地进行代码调试，下面展示其安装过程。如图 1-12所示，双击下载程序后，点击"下一步"进入选择安装位置界面，选择安装目录后点击"下一步"进入安装选项界面；如图 1-13所示，在安装选项界面中按需勾选后，点击"下一步"进入选择开始菜单目录界面，再点击"安装"开始安装 PyCharm；如图 1-14所示，进入安装界面并等待安装完成后，点击"完成"即可开始使用。

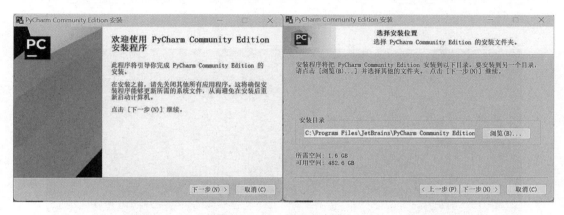

图 1-12　PyCharm 安装-1

图 1-13　PyCharm 安装-2

2. PyCharm 中使用虚拟环境

在前面部分创建了名为"py38"的虚拟环境，为了让 PyCharm 能够使用该环境运行所编写的代码，需要进行如下配置：

（1）如图 1-15所示，在"Settings"中选择"Project: PycharmProjects → Python Interpreter"，而后选择"Add"。

（2）如图 1-16所示，选择"Conda Environment"，选择"Existing environment"，点击右侧"..."浏览文件夹。

图 1-14   PyCharm 安装-3

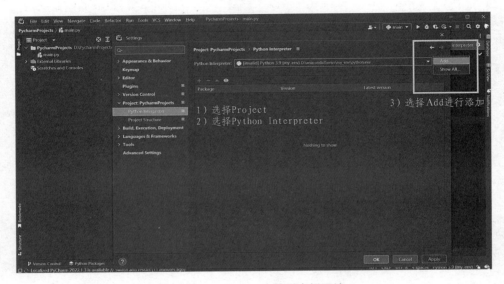

图 1-15   PyCharm 中使用虚拟环境-1

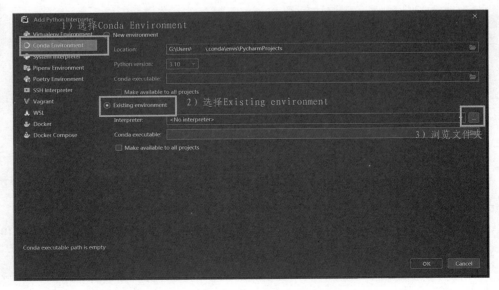

图 1-16   PyCharm 中使用虚拟环境-2

（3）如图 1-17 所示，选择对应环境位置，并选择"python.exe"文件。

图 1-17　PyCharm 中使用虚拟环境-3

（4）配置完成后的结果如图 1-18 所示，运行结果如图 1-19 所示。

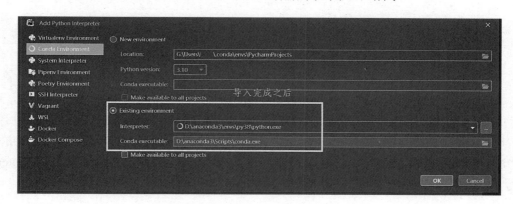

图 1-18　PyCharm 中使用虚拟环境-4

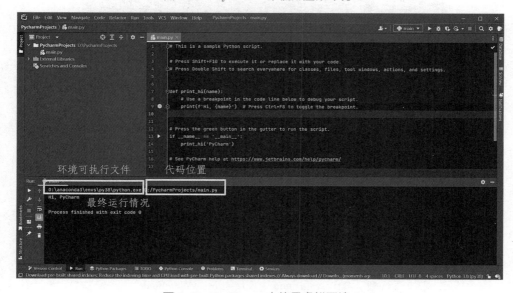

图 1-19　PyCharm 中使用虚拟环境-5

四、Jupyter Notebook 的使用

Jupyter Notebook（此前被称为 IPython Notebook）是一个交互式笔记本。它本质上是一个支持实时代码、数学方程、可视化和 Markdown 的 Web 应用程序。如图 1–20所示，Jupyter Notebook 可以重现整个分析过程，并将说明文字、代码、图表、公式和结论都整合在一个文档中。

编写情况	运行结果	解释说明
1 # 定义函数	定义函数	Markdown，一级标题
1 完成圆面积计算，输入为半径大小，输出为圆面积	完成圆面积计算，输入为半径大小，输出为圆面积	Markdown，正文
1 面积公式: $ S=\pi * r^{2} $	面积公式: $S = \pi * r^2$	Markdown，LaTex公式
In [ ]: 1 import math	In [1]: 1 import math	Python代码，引入math库
In [ ]: 1 def area(r): 2 s = math.pi * r * r 3 return s	In [2]: 1 def area(r): 2 s = math.pi * r * r 3 return s	Python代码，定义函数
In [ ]: 1 print(area(1))	In [3]: 1 print(area(1)) 3.141592653589793	Python代码，运行结果

图 1–20　Jupyter Notebook 使用示例

Anaconda 中使用 Jupyter Notebook 如图 1–21所示，输入"jupyter notebook"后回车，可自动跳转至默认浏览器打开 Jupyter Notebook；若没有跳转，则可手动复制命令行中最后一行"http://127.0.0.1:8 888/xxxx"至浏览器中打开 Jupyter Notebook，在打开网页的右上角点击"New"，再点击"Python 3 (ipykernel)"则可创建空笔记本，编写代码后，按"Shift+Enter"运行该代码块。

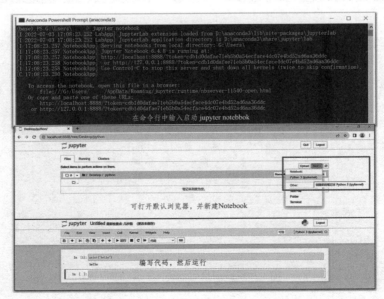

图 1–21　Anaconda 中使用 Jupyter Notebook

在前面部分创建了名为“py38”的虚拟环境，为了让 Jupyter Notebook 能够使用该环境运行所编写的代码，需要进行如下配置：

（1）如图 1–22所示，输入“python -m ipykernel install --name py38”，即可完成虚拟环境的添加。如果提示没有 ipykernel 模块，则可通过 pip 进行安装。

```
(py38) PS G:\Users\      > conda activate base
(base) PS G:\Users\      > python -m ipykernel install --name py38
Installed kernelspec py38 in G:\ProgramData\jupyter\kernels\py38
(base) PS G:\Users\      >
```

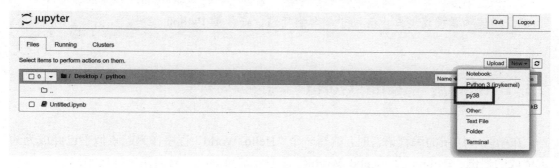

图 1–22　在 Jupyter Notebook 中使用虚拟环境-1

（2）如图 1–23所示，点击“New”后选择“py38”即可。

图 1–23　在 Jupyter Notebook 中使用虚拟环境-2

1.4 习　题

1. 在一台计算机上运行 C 语言编译的程序，不需要在该计算机上安装 C 编译器，但是运行 Python 编写的程序时，需要安装 Python 环境。请解释其原因。
2. 请列举几种编译型语言和解释型语言，并比较其优缺点。
3. 请列举几种运行 Python 程序的方式，并比较其优缺点。
4. 在自己的计算机上安装 Anaconda 环境和一个 Python 集成开发环境。
5. 请用集成开发环境构建一个 Python 程序，在屏幕上输出“Hello world”字符串。将程序代码文件命名为 hello.py 并保存，在集成开发环境中运行和调试该程序。

在本章，我们将介绍 Python 最基本的组成元素，包括变量与赋值、基本数据类型、表达式与运算符、输入和输出等内容。这些元素是构建 Python 程序的核心和基础，理解和掌握这些知识有助于编写出简洁、高效的 Python 代码。

2.1 Python 版 "Hello, World" 程序

在学习一门新的编程语言时，编写一个 "Hello, World" 程序作为起点似乎已经成为约定俗成的惯例。Python 的 "Hello, World" 程序异常简单，它只需要一行代码：

```
1  >>> print('Hello, World')  # 要执行的语句
2  Hello, World
```

在上述代码中，print 是一个 Python 命令（它实际上是一个函数，在后面的章节中会有针对函数的讲解），该命令的作用是将括号中的内容输出到屏幕上；'Hello, World' 则是一个字符串，前后用英文引号包裹，表示一段文本。两者结合之后的作用就是将 "Hello, World" 这段文本输出至屏幕。代码中的 "#" 表示注释内容，一般是关于本行或相关部分代码的解释性语言，以增加代码的可读性，便于他人理解。注释内容会被 Python 解释器忽略，并不会实际执行。

2.2 变量与赋值

变量，顾名思义，指的是可以变化的量，一般用于在程序执行过程中存储必要的信息，将信息存储于变量中的操作一般称为赋值操作。Python 采用等号 "=" 来赋值，例如，下面的语句将整数 2 赋值给变量 "a"：

```
1  >>> a = 2
```

赋值语句一定是将等号右边的值存储于等号左边的变量，上述语句表达的含义也并非数学意义上的 "等于"，因此 2 = averb 不是一个合法的语句，因为等号左边并不是一

个变量。上述赋值语句执行完成后，整数 2 就被存储在变量 "a" 中，我们可以利用上节介绍的print函数将其输出：

```
1 >>> print(a)
2 2
```

作为一个变量，"a" 中存储的数据是可以改变的。下面的代码修改 "a" 的值并输出：

```
1 >>> a = 3
2 >>> print(a)
3 3
```

我们也可以用一个变量中存储的值为另一个变量赋值，例如：

```
1 >>> a = 2
2 >>> b = 3
3 >>> a = b
4 >>> print(a)
5 3
```

上述代码中的第三行将变量 "b" 的值赋给变量 "a"，因此输出的变量 "a" 的值为3。

Python 中，所有变量都有自己的名称，我们可以利用该变量的名称来访问该变量中存储的数据。例如上面的代码中，"a" 就是变量的名称，当执行 "print(a)" 这行代码时，Python 解释器会先找到变量 "a"，然后将其中存储的数据输出。

需要注意的是，变量的名称需要满足一定的约束条件。Python 程序中，一个合法的变量名需要符合以下条件：

（1）变量可以使用英文字母、下划线 "_" 或中文开头；

（2）除开头字符外，变量的其他部分可以使用英文字母、下划线 "_"、中文或者数字；

（3）Python 保留字不能用作变量名。

例如，"number" "_string" "_str1ng" "一个 Python 变量" 都是合法的 Python 变量名，但 "1 个 Python 变量" 是不合法的。Python 保留字是 Python 语言中具有特殊含义的单词，因此也不能被用作变量名。表 2–1 中展示了 Python 3.10 中的 35 个保留字。

表 2–1　Python 3.10 中的保留字

False	assert	continue	except	if	nonlocal	return
None	async	def	finally	import	not	try
True	await	del	for	in	or	while
and	break	elif	from	is	pass	with
as	class	else	global	lambda	raise	yield

> **特别提示**
>
> Python 中，变量名对大小写敏感，即大小写不同的变量名是不同的。例如，"number" 和 "Number" 是不同的变量名。

在 Python 中，创建一个变量并不需要进行显式的定义，在第一次使用时直接赋值即可，这与其他一些编程语言（如 C、C++、Java 等）不同。这是因为 Python 对于变量的一些处理方法与其他语言不同，因此显式定义不再是必要的，这在某种意义上简化了程序的编写。

2.3 Python 基本数据类型

本节将讨论 Python 中的基本数据类型，并简单介绍它们的基本用法。

2.3.1 数字类型

数学计算是很多编程任务中的必要部分，而数学计算就必须对数字进行处理。Python 中的数字类型主要包括 3 种：整数、浮点数、复数。

一、整数

Python 中的整数与数学中的整数概念相同，支持正负数，且没有大小限制。

```
1 >>> a = 2 ** 500
2 >>> print(a)
3 327339060789614187001318969682759915221664204604306478948329136809633796404
4 6745554883270092325904157150886684127560071009217256545885393053285589376
```

上面的例子中，"**" 是计算指数的运算符，"2 ** 500" 可以计算 2^{500} 的值。Python 中定义负数的方法也与数学中相同，即以负号 "−" 开头即可。

```
1 >>> a = -5
2 >>> a + 8
3 3
```

我们还可以采用不同于十进制的进制方式来表示整数，常用的进制还包括二进制、八进制、十六进制等。二进制表示的整数只包含 "0" 和 "1" 两个符号；八进制表示的整数只包含 "0""1""2""3""4""5""6""7" 这 8 个符号；而使用十六进制表示一个整数时，除了 "0" 至 "9" 这 10 个符号外，还需要 "a""b""c""d""e""f" 这 6 个符号（Python 中不区分这 6 个符号的大小写），它们分别表示十进制的 "10" 至 "15"。为了向 Python 解释器表明使用的进制，我们需要在数字前加上特定的前缀，二进制、八进制、十六进制所使用的前缀分别是 "0b""0o""0x"（分别对应它们的英文：binary、octal、hexadecimal）。

```
>>> a = 0b10010
>>> b = 0o537
>>> c = 0x2D4
>>> a + b + c
1093
```

二、浮点数

浮点数即包含小数点的数，对应数学中的实数概念。例如：

```
>>> a = 2.5
>>> print(a)
2.5
>>> print(2 ** a)
5.656854249492381
```

浮点数除了利用小数点表示以外，还可以采用科学计数法来表示。在 Python 中，"a e b" 或 "a E b" 表示 $a \times 10^b$。

```
>>> a = 2.5e2
print(a)
250.0
```

但与实数不同的是，Python 中浮点数的表示存在一些限制，这与不同的计算机系统有关。例如，在 Python 中，我们能够处理的最大浮点数一般约为 1.8×10^{308}，计算时若超过该限制，Python 会输出 "inf" 或直接输出溢出错误。

```
>>> print(1.9e308)
inf
>>> print(2.0 ** 2000)
Traceback (most recent call last):
  File "<stdin>", line 1, in <module>
OverflowError: (34, 'Result too large')
```

此外，浮点数小数部分的精度也存在限制，当超出表示精度的限制时，Python 会选择只保留一定的小数位数。

```
>>> 1.0 + 2e-100
1.0
```

三、复数

Python 中的复数与数学中的复数含义相同。在数学中，我们一般用 $a+bj$ 来表示一个复数，其中 a 和 b 是两个实数，分别是复数的实部和虚部，j 是虚数单位，满足 $j^2 = -1$。在 Python 中，我们也可以使用形如"a+bj"的代码来定义一个复数。

```
>>> a = 2 + 3j
>>> b = 1 - 2j
>>> a + b
(3+1j)
```

如果需要获取一个复数 a 的实部和虚部，可以使用"a.real"和"a.imag"。

```
>>> a = 2 + 3j
>>> print(a.real)     # 输出a的实部
2.0
>>> print(a.imag)     # 输出a的虚部
3.0
```

四、数字类型的判断和转换

在 Python 中，我们可以使用type函数输出一个变量的类型，它也可以帮助我们判断一个数字的类型。

```
>>> type(2)      # 输出为int，是"整数"一词英文integer的缩写
<class 'int'>
>>> type(2.0)    # 输出为float，是"浮点数"一词英文floating-point
                   number的缩写
<class 'float'>
```

不同数字类型之间可以相互转换，使用int、float、complex可以将其他类型的数字分别转换为整数、浮点数、复数。需要注意的是，复数无法被转换为整数或浮点数，无论该复数的虚部是否为 0。在进行类型转换后，数字的表示或者精度可能会有所变化，这是因为每种数字类型都不能完美表示所有实数或复数，转换过程中的信息损失在所难免。

```
>>> a = int(2.7)
>>> print(a)              # 浮点数转换为整数，小数部分被丢弃，不遵循
                            四舍五入原则
2
>>> a = int(-2.7)
>>> print(a)              # 浮点数转换为整数，小数部分被丢弃
-2
>>> a = 2 ** 100
```

```
 9  >>> b = a + 1
10  >>> print(a)
11  1267650600228229401496703205376
12  >>> print(b)              # 转换前a与b不同
13  1267650600228229401496703205377
14  >>> float(a)
15  1.267650600228229e+30
16  >>> float(b)              # 转换为浮点数后两者相等
17  1.267650600228229e+30
```

五、数字类型的基本运算

在 Python 中，数字之间可以进行各种基本运算，除了四则运算外，还包括取模、幂次等运算。表 2–2 列举了 Python 支持的数字之间的基本操作及其含义。

表 2–2　数字之间的基本操作及其含义

操作符	描述
$x + y$	变量 x 与 y 之和
$x - y$	变量 x 与 y 之差
$x * y$	变量 x 与 y 之积
x/y	变量 x 与 y 之商
$x//y$	变量 x 与 y 的整数商，即不大于 x 与 y 之商的最大整数
$x \% y$	变量 x 与 y 之商的余数，也称取模运算
$-x$	变量 x 的相反数
$+x$	变量 x 本身
$x **y$	x 的 y 次幂，即 x^y

不同数字类型之间也可以进行运算，最终结果会根据实际情况自动判断是否需要进行数域的扩充。例如：

```
 1  >>> a = 2             # a是一个整数
 2  >>> b = 2.0           # b是一个浮点数
 3  >>> c = 2 + 1j        # c是一个复数
 4  >>> print(a + b)      # 整数与浮点数相加，结果是浮点数
 5  4.0
 6  >>> print(b - c)      # 复数与各类型数字进行运算，结果都是复数
 7  -1j
 8  >>> print(a / 2)      # 整数与整数之间的除法运算，结果是浮点数
 9  1.0
10  >>> print(b / 2)      # 整数与浮点数之间的除法运算，结果是浮点数
```

```
11  1.0
```

在编程实践中，我们经常需要对一个数字类型的变量进行操作，并用操作结果更新该变量，即将结果赋值给该变量，如：

```
1  >>> i = 5
2  >>> i = i + 1              # 将i的值加1，并用结果更新变量i
3  >>> print(i)
4  6
```

在 Python 中，我们可以将上述代码第二行中的i = i + 1简写为i += 1。实际上，表2–2中列举的所有二元运算符（"+" "-" "*" "/" "//" "%" "**"）均支持上述简写（"+=" "-=" "*=" "/=" "//=" "%=" "**="）。例如：

```
1  >>> a = 7
2  >>> a **= 3    # 等价于a = a ** 3，即计算a的立方，并将结果赋值给a
3  >>> print(a)
4  343
```

六、数值计算函数

Python 还提供了一些用于数值计算的函数，表 2–3列举了一些常用的数值计算函数。

表 2–3 常用数值计算函数

函数	描述
abs(x)	变量 x 的绝对值 例：abs(-3.14) 输出3.14
divmod(x, y)	同时输出 x 除以 y 的商和余数 例：divmod(10, 3) 输出(3, 1)
pow(x,y[, z])	输出 x 的 y 次方再除以 z 的余数，其中 z 是可选参数 例：pow(2, 3) 输出8, pow(2, 3, 5) 输出3
round(x[, d])	变量 x 四舍五入的值，d 是可选参数，表示保留小数的位数 例：round(2.71) 输出3, round(2.71, 1) 输出2.7
max($x1$, $x2$, …)	输出变量 $x1$, $x2$, …中的最大值
min($x1$, $x2$, …)	输出变量 $x1$, $x2$, …中的最小值

七、math 模块

Python 语言的很多功能都是通过各种模块来实现的，Python 官方提供了一些基本的功能模块，一些第三方也会提供各种功能的模块。下面，我们将简单介绍 Python 自带的math 模块，该模块提供了一些与科学计算相关的常数、函数。

● 圆周率 π、自然常数 e、无穷大（inf）、非数值（NaN）。

● 16 个数值表示函数，包括绝对值（fabs）、上下取整（ceil, floor）、阶乘（factorial）、最大公约数（gcd）等。

● 8 个幂对数函数，包括幂次（pow）、对数（log）、根号（sqrt）等。

● 16 个三角函数，包括角度弧度转换函数（degrees、radians）、三角函数（sin、cos、tan）、反三角函数（asin、acos、atan）、双曲三角函数（sinh、cosh、tanh）、反双曲三角函数（asinh、acosh、atanh）等。

● 4 个高等特殊函数（erf、erfc、gamma、lgamma）。

使用 math 模块前，需要先使用"import math"加载该模块，然后才能调用 math 模块中的功能。例如，使用"math.pi"可以得到常数 π，而使用"math.cos(math.pi)"则可以计算 $\cos \pi$ 的值。

```
>>> import math
>>> math.pi
3.141592653589793
>>> math.cos(math.pi)
-1.0
```

2.3.2 字符串类型

在 Python 中，字符串类型的变量常用于保存一段文本。在之前的"Hello, World"程序中，我们已经使用 print 函数将字符串 'Hello, World' 输出到屏幕上。在该程序中，文本"Hello, World"被英文单引号包裹，以表明这是一个字符串。事实上，在 Python 中，我们也可以使用英文双引号甚至三引号（三个英文单引号）来表示一个字符串。单引号与双引号在使用上并没有区别，但需要注意的是，单双引号不可混用，即不能以其中一种引号开始，但以另一种引号结束。方便起见，我们一般在文本本身包含单引号时使用双引号包裹文本，而在文本本身包含双引号时使用单引号包裹文本。例如：

```
>>> sentence1 = 'How are you?'
>>> sentence2 = "I'm fine."
```

在编程中，我们经常会用到一类特殊字符，它们有时无法用键盘直接输入，例如换行符或制表符。如果在编程中需要使用此类字符，可以使用"转义字符"，表示其含义需要计算机进行转换后才能识别。转义字符一般以反斜杠"\"开头，表 2-4 中列举了几个常用的转义字符。

表 2-4　Python 中常用的转义字符

代码	\n	\t	\r	\b	\'	\"	\\
含义	换行符	制表符	回车符	退格	单引号	双引号	反斜杠

注意，虽然转义字符看上去包含两个符号，但它实际上只表示一个字符。

```
>>> path = 'C:\\tools\\python.exe'
>>> print(path)
C:\tools\python.exe
>>> poem = '徘徊庭树下\n自挂东南枝'
>>> print(poem)
徘徊庭树下
自挂东南枝
```

我们也可以在单引号包裹的文本中使用转义字符表示单引号。

```
>>> sentence = 'I\'m fine.'
>>> print(sentence)
I'm fine.
```

与单引号和双引号不同，三引号可以直接用于定义多行字符串。

```
>>> poem = '''徘徊庭树下
... 自挂东南枝'''
>>> print(poem)
徘徊庭树下
自挂东南枝
```

如果字符串中既包含单引号，也包含双引号，则使用三引号定义字符串会比较方便。

```
>>> sentence = '''"I'm fine." she said.'''
>>> print(sentence)
"I'm fine." she said.
```

一、字符串的索引

字符串是由多个字符组成的序列，若要取出其中的某个字符或者字符子串，我们就需要了解 Python 中字符串的"索引"，即 Python 是如何对字符串中的每个字符进行编号的。考虑下面的例子：

```
>>> sentence = "RUC代表中国人民大学"
```

上面的例子中包含 11 个字符，其中 3 个英文字符，8 个中文字符。在 Python 中，字符串编号从 0 开始，从头到尾依次递增。如表 2-5 所示，所有字符都有对应的编号，最后一个字符对应的编号是字符串长度减 1。

表 2-5　Python 中的字符串索引

字符	R	U	C	代	表	中	国	人	民	大	学
索引	0	1	2	3	4	5	6	7	8	9	10

我们可以使用方括号"[]"来获得字符串中某个编号对应的字符，例如：

```
1 >>> sentence[2]        # 取出字符串中的第三个（编号为2）字符
2 'C'
3 >>> sentence[11]
4 Traceback (most recent call last):
5   File "<stdin>", line 1, in <module>
6 IndexError: string index out of range
```

注意，此时方括号中的数字是字符的编号，而并非其在字符串中排第几位。如果试图获取超出索引范围的字符，Python 解释器就会报错。Python 中并不区分单个字符与字符串，即 Python 将单个字符视为一个长度为 1 的字符串。

此外，Python 还支持使用负数从右向左对字符串进行索引。表 2-6 对应字符串的反向索引。如果需要获取字符串的最后一个字符，可以直接使用 -1 作为索引编号，这样做的好处是不需要知道字符串的实际长度，方便了代码的编写。

表 2-6　Python 中字符串的反向索引

字符	R	U	C	代	表	中	国	人	民	大	学
索引	-11	-10	-9	-8	-7	-6	-5	-4	-3	-2	-1

```
1 >>> sentence[-1]        # 取出字符串中的最后一个字符
2 '学'
```

在 Python 中，我们还可以方便地利用字符串索引获得字符串的一个子串，具体使用方法是在方括号中指定子串的起始位置start和结束位置end，并用冒号":"隔开，即[start:end]。例如：

```
1 >>> sentence[0:3]       # sentence[3]不包含在子串中
2 'RUC'
3 >>> sentence[5:-2]      # 去除前五个和末尾两个字符
4 '中国人民'
5 >>> sentence[5:]        # 省略结束位置，默认一直获取到字符串结尾
6 '中国人民大学'
```

注意，上述例子中，起始位置和结束位置都是各自字符的索引，并且结束位置对应的字符不包含在子串内。如sentence[0:3]中，索引3对应的字符为"代"，但该字符并不包括在子串中。这样做的好处是，子串的长度计算更为方便，只需将结束位置和起始位置作差即可。起始位置和结束位置也可以省略不写，如果省略了起始位置，那么 Python 解释器将默认从第一个字符开始；而如果省略了结束位置，那么 Python 解释器将默认从起始位置一直获取到字符串结尾。

如果需要获取不连续的子串，可以使用[start:end:step]来获取起始位置为start、结束位置为end、步长为step的子串。例如：

```
1 >>> sentence[7::2]      # 从索引位置为7的字符开始，每移动两个索引位
                            置获取一次字符，直至字符串结尾
2 '人大'
3 >>> sentence[::-1]      # 省略起始位置与结束位置，步长为-1
4 '学大民人国中表代CUR'
```

上述例子sentence[::-1]中，起始位置与结束位置均被省略，故均采用默认值，取出整个字符串，步长设为 –1，即每向前移动一个索引位置取出一个字符，所以最终的输出结果是原字符串的逆向输出。

二、字符串的基本操作

Python 支持字符串的多种操作，这些操作功能强大、使用简单，使用 Python 进行文本处理任务非常方便。

Python 中的字符串支持加法 "+" 和乘法 "*" 操作，加法操作可以将两个字符串拼接到一起，而乘法操作只能在字符串和整数之间进行，表示将一个字符串重复整数次。

```
1 >>> '奥' + '利' + '奥'
2 '奥利奥'
3 >>> '奥' + '利奥' * 2
4 '奥利奥利奥'              # 见图2-1
```

(a) 奥利奥　　　　　　　　(b) 奥利奥利奥

图 2-1　字符串的加法和乘法操作示例

对于非字符串类型的变量，我们可以利用str函数将其转换为一个字符串。在 Python 中，几乎所有类型的变量都可以转换为字符串，因此即使变量使用错误，程序也不会报错，但我们在编写程序时要注意可能出现的错误。

```
1 >>> n = 12
2 >>> n_str = str(n)
3 >>> print(n_str)        # n_str是字符串'12'
4 12
5 >>> print(n_str * 2)    # 字符串与整数相乘，表示字符串重复整数次
6 1212
```

```
7 >>> print(n * 2)          # 整数与整数相乘，是数学意义上的乘法
8 24
```

我们可以使用len函数来获取字符串的长度，一个汉字、一个英文字母、一个标点符号、一个空格、一个转义字符都计作一个字符，例如：

```
1 >>> len('RUC代表中国人民大学')
2 11
3 >>> len('徘徊庭树下\n自挂东南枝')
4 11
5 >>> len("I'm fine.")
6 9
```

除了上述操作外，Python 还支持大小写转换等各种操作，表 2-7列举了常用的字符串操作，调用这些操作的方法是在字符串后面输入英文句号"."后再输入相应的操作函数，这是因为字符串本质上是一个"类"，这些操作实际上是调用了类的方法，我们将在后面讲解 Python 面向对象编程时详细说明。各种操作示例如下：

表 2-7　Python 字符串操作

操作	描述
<string>.upper()	将字符串转换为全大写字符串，没有大写字母的字符（如汉字、标点符号等）不做改动
<string>.lower()	将字符串转换为全小写字符串，没有小写字母的字符（如汉字、标点符号等）不做改动
<string>.strip()	去除两端空格、回车等，或去除指定字符
<string>.split()	按照指定字符将字符串分割成数组
<string>.join()	以字符串为分隔符连接数组中的字符
<string>.find()	搜索指定字符串
<string>.replace()	替换字符串
<string>.format()	字符串格式化

```
1 >>> sentence = "RUC代表中国人民大学"
2 >>> sentence.lower()              # 'RUC'被转换为小写
3 'ruc代表中国人民大学'
4 >>> sentence.find('中国')        # 输出'中国'在原字符串中出现的位置
5 5
6 >>> sentence.replace('中国人民大学', '人大')      # 将'中国人民大学'
                                                      替换为'人大'
7 'RUC代表人大'
8 >>> poem = '    徘徊庭树下\n自挂东南枝\n'
```

```
9  >>> poem.strip()                    # 去除开头空格和结尾回车
10 '徘徊庭树下\n自挂东南枝'
11 >>> poem.strip().split('\n')   # 按回车符分割成字符串数组
12 ['徘徊庭树下', '自挂东南枝']
13 >>> '代表'.join(['RUC', '中国人民大学'])
              # 以'代表'为分隔符连接'RUC'和'中国人民大学'两个字符串
14 'RUC代表中国人民大学'
```

在 Python 中，我们可以使用format函数方便地生成具有固定格式的文本，这类文本通常用于系统日志等场景。使用format函数时，我们需要提供一个格式化模板和填充到模板中的实际内容，模板中待填充的部分使用花括号"{}"代替，具体的填充内容则作为format函数的参数。例如：

```
1 >>> pattern = '{}是{}的英文缩写'
2 >>> string = pattern.format('RUC', '中国人民大学')
3 >>> print(string)
4 RUC是中国人民大学的英文缩写
5 verb
```

我们也可以在花括号"{}"中加入数字，指定该位置填充format函数中的第几个参数，与字符串索引类似，format函数的参数仍然从 0 开始编号。例如：

```
1 >>> '{0}是{1}的英文缩写，{1}位于{2}。'.format('RUC', '中国人民大
    学', '北京市')
2 >>> print(string)
3 RUC是中国人民大学的英文缩写，中国人民大学位于北京市。
```

该示例的详解见图 2–2。

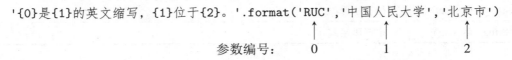

'{0}是{1}的英文缩写，{1}位于{2}。'.format('RUC','中国人民大学','北京市')

参数编号：   0   1   2

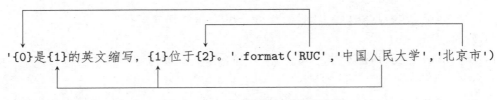

'{0}是{1}的英文缩写，{1}位于{2}。'.format('RUC','中国人民大学','北京市')

图 2–2　format函数应用示例详解

除此之外，format函数还支持更精细的格式控制，只需将花括号替换为{<参数编号>:<格式控制标记>}即可。表 2–8列举了格式控制标记的使用方法。

表 2–8　format函数格式控制标记

:	<填充>	<对齐>	<宽度>	,	<.精度>	<类型>
引导符号	单个字符用于填充	"<"：左对齐 ">"：右对齐 "^"：居中对齐	输出宽度	千位分隔符用于数字	小数位数或字符串最大输出长度	整数类型： b,c,d,o,x,X 浮点数类型： e,E,f,%

应用示例如下：

```
>>> pattern = '{0:*^10}是{1}的英文缩写，{1}占地面积{2:,}平方米。'
>>> string = pattern.format('RUC', '中国人民大学', 696462)
>>> print(string)
***RUC****是中国人民大学的英文缩写，中国人民大学占地面积696,462平
方米。
```

2.3.3　布尔类型

在编程中，我们经常会遇到需要判断一些条件是否成立的情况，此时就要用到布尔类型的变量。一个布尔类型的变量只有两种可能的取值：True 或 False。True 代表"真"，一般用于表示某条件成立；而 False 代表"假"，一般用于表示某条件不成立。布尔类型变量之间的运算符合布尔代数规则，常用的布尔类型变量运算符包括"与"（and）、"或"（or）、"非"（not）。其中"与"和"或"是二元运算符，"非"则是一元运算符，它们的真值分别如表 2–9 至表 2–11 所示。

表 2–9　and 运算符真值表

输入 1	输入 2	运算结果
True	True	True
True	False	False
False	True	False
False	False	False

表 2–10　or 运算符真值表

输入 1	输入 2	运算结果
True	True	True
True	False	True
False	True	True
False	False	False

表 2-11　not 运算符真值表

输入	运算结果
True	False
False	True

运算示例如下：

```
1 >>> True and False
2 False
3 >>> True or False
4 True
```

2.4　表达式与运算符

在编程语言中，一个表达式由操作数和运算符组成，它们是一个程序的基础组成部分。Python 中的运算符除了本章前面提到的赋值运算符（=，+=，-=，*=，/=，%=，//=）、算术运算符（+，-，*，/，%，//）、逻辑运算符（and，or，not）之外，还包括比较运算符（<，>，==，<=，>=）等。

比较运算符 "<" ">" "==" "<=" ">=" 的含义分别是 "小于" "大于" "等于" "小于等于" "大于等于"，它们的运算结果是一个布尔类型变量。例如：

```
1 >>> 1 > 2
2 False
3 >>> 4 < 5.2
4 True
```

在使用 "==" 运算符判断两个浮点数是否相等时，需要特别注意由浮点数的表达和计算产生的误差。例如：

```
1 >>> 0.1 + 0.2
2 0.30000000000000004
3 >>> 0.1 + 0.2 == 0.3
4 False
```

在一些对数值并不十分敏感的应用中，可以改为判断两个浮点数是否足够接近。例如：

```
1 >>> abs(0.1 + 0.2 - 0.3) <= 1e-8
2 True
```

事实上，本章前面介绍的 math 模块就提供了一个功能类似的 isclose 函数。例如：

```
1 >>> import math
2 >>> math.isclose(0.1 + 0.2, 0.3)
3 True
```

在使用上述比较运算符比较字符串时，Python 解释器会逐个取出两个字符串中的字符，并比较它们对应的 Unicode 编码值，如果两个字符串所有位置上的字符都相同，那么它们会被认定为相等，否则，Python 解释器会按照第一个不相等的字符来判断大小。例如：

```
1 >>> a = 'RUCRUC'
2 >>> b = 'RUCruc'
3 >>> a < b
4 True
```

Python 比较字符串时是区分大小写的，大写字母的 Unicode 编码值比小写字母要小，因此 "R" 会被判定为小于 "r"。

当一个表达式中包含多个运算符时，运算符的计算顺序将影响计算结果，因此，Python 中对运算符有优先级规定。表 2–12 按优先级顺序列举了本章中涉及的运算符的优先级，越靠上的运算符优先级越高，Python 解释器会按照优先级逐步计算。

表 2–12　运算符优先级列表

运算符	说明
()	括号
**	幂次
+、-	一元运算符（变量本身、变量相反数）
*、/、//、%	二元算术运算
+、-	二元运算符（加、减）
<、>、==、<=、>=	比较运算符
not	逻辑 "非"
and	逻辑 "与"
or	逻辑 "或"
=、+=、-=、*=、/=、//=、%=	赋值运算符

如果一个表达式比较复杂，包含多个优先级的运算符，就容易让人混淆，误解代码含义。因此，尽量不要编写此类代码，而是建立中间变量，逐步计算，或者使用括号明确计算顺序。例如，在下面的例子中，由于幂次运算是**右结合**（即当有多个幂次运算并列时，Python 会从最右边开始计算）的，使用括号可以指定计算顺序。

```
1 >>> 2 ** 2 ** 3      # 先计算第二个幂次运算，即 2 ** 3
2 256
```

```
3 >>> (2 ** 2) ** 3
4 64
```

2.5 输入输出与文件读写

在2.1节中，我们编写了"Hello, World"的 Python 程序，且已经使用print函数将信息输出到屏幕上。如果需要让用户输入内容，可以使用 Python 内置的input函数，并将提示用户输入的信息作为参数传入。执行代码时，Python 解释器会将提示信息输出到屏幕上，用户得到提示后输入信息，按下回车，Python 解释器将读取用户输入的内容，并存储到一个**字符串**中。例如：

```
1 >>> number = input('请输入一个整数: \n')   # 提示用户输入，并将用户
2                                            输入结果存储为字符串
3 请输入一个整数:
4 5
5 >>> number = int(number)                  # 将存储用户输入的字符
6                                            串转换为整数
7 >>> print('{}的平方是{}'.format(number, number ** 2))
8 5的平方是25
```

在实际编程中，我们还经常需要从文件中读取信息或将信息输出到文件中。文件是保存在存储器（如硬盘等）中的数据序列，可以包括各种类型的数据，如常用的图片文件、音频文件、视频文件等。按照文件保存内容的不同，可以将文件粗略地分为文本文件和二进制文件。文本文件中保存的是文本信息；而二进制文件中保存的是其他类型的信息（如图片、音频等），计算机采用特定方式对这些信息进行编码，处理成二进制数据，再存入文件中。由于二进制文件的读写需要指定编码和解码方式，不同二进制文件的编解码方式也不尽相同。本节中，我们只讨论文本文件的读写。

在 Python 中，我们可以方便地进行文件的读写。读写文件时，需要先使用open函数打开一个文件，根据文件打开模式的不同，可以实现不同的文件读写功能。文件使用完成后，需要使用close函数关闭文件，否则会占用不必要的系统资源。使用open函数打开文件的语法为<变量> = open(<文件名>, [<模式>])。例如：

```
1 >>> f = open('input_file.txt')
2 >>> f.close()
```

在上面的例子中，open函数只有一个参数，即打开的文件名，并没有指定文件的打开模式，因此，Python 将采用默认的模式，即读取文本文件的'r'模式。由于计算机中的任何文件本质上都是一个数据序列，当我们打开一个文件时，Python 解释器会维护一个文

件指针，它指向文件中数据序列中的一个位置，表示从当前位置开始读或写。表 2–13列举了 Python 支持的文件打开模式。

表 2–13　Python 支持的文件打开模式

模式	说明
r	读模式 文件指针在文件头部
r+	读与写模式 文件指针在文件头部
w	写模式 如果文件不存在，则新建文件，否则覆盖原文件
w+	读与写模式 如果文件不存在，则新建文件，否则覆盖原文件
a	追加写模式 如果文件不存在，则新建文件，否则打开原文件，并将文件指针置于文件尾部（不覆盖原文件）
a+	读与追加写模式 如果文件不存在，则新建文件，否则打开原文件，并将文件指针置于文件尾部（不覆盖原文件）
x	创建模式 如果文件已经存在，则报错

打开文件后，我们可以对文件进行读取操作，常用的读取文本文件的函数如表 2–14所示。

表 2–14　Python 中读取文本文件的常用函数

函数	说明
<variable>.read(size=-1)	根据给定的size参数，读取size长度的字符串或字节流，默认size=-1为读取整个文件
<variable>.readline(size=-1)	根据给定的size参数，读取当前行size长度的字符串或字节流，默认size=-1为读取整行
<variable>.readlines(hint=-1)	从文件中读取前hint行，并保存为一个列表，默认hint=-1为读取整个文件

假设我们需要读取文本文件"text_file.txt"，文件中包含以下内容：

```
1 第一行
2 第二行
```

采用readline函数可以读取文件中的一行内容。例如：

```
1 >>> text_file = open('text_file.txt')
2 >>> text_file.readline()   # 换行符在该行的结尾
```

```
3  '第一行\n'
4  >>> text_file.readline()
5  '第二行'
6  >>> text_file.close()
```

采用read函数或readlines函数可以将文件中的所有内容全部读取（包括换行符）。例如：

```
1  >>> text_file = open('text_file.txt')
2  >>> text_file.read()
3  '第一行\n第二行'
4  >>> text_file.close()
```

```
1  >>> text_file = open('text_file.txt')
2  >>> text_file.readlines()
3  ['第一行\n', '第二行']
4  >>> text_file.close()
```

特别提示

　　Python 读写文件时，有时读取的文件会出现乱码，这时需要注意文本文件的编码问题。中文版 Windows 操作系统中默认的文字编码为 GBK，是国（G）标（B）扩（K）展的拼音缩写，大部分 Linux 发行版和 macOS 操作系统中默认的文字编码为 UTF-8。我们可以使用encoding参数来指定 Python 打开文件时所使用的文字编码：open('text_file.txt', encoding = 'GBK')。

　　在实际编程中，我们更推荐使用with…as…的方式来读写文件。Python 解释器在执行with…as…语句时，会启动一个"上下文管理器"来自动管理调用的系统资源，因此使用此方式读写文件时，我们不需要显式关闭文件，当退出上下文管理器时，Python 解释器会自动清理系统资源，关闭文件。例如：

```
1  with open('text_file.txt') as text_file:
2      print(text_file.readline())
3      print(text_file.readline())
```

代码的运行结果为：

```
1  第一行
2
3  第二行
```

　　此时两行输出之间有一个空行，这是因为print函数默认会在输出完成后再输出一个换行符，如果需要消除该空行，可以在print函数中加入一个参数"end=''"来指定输出完成后的行为，或者使用"text_file.readline().strip()"来删除读取到的文本内容最后的换行符。

　　在读取文件时，我们需要注意，由于调用一次read函数会将文件中的所有内容全部读取，如果文件过大，超过计算机的内存大小，就会造成内存溢出问题，因此为了保险起见，我们可以反复调用read(size)函数，每次只读取size大小的内容。

　　与读取文本文件类似，Python 提供如表 2–15 所示的写入文本文件的常用函数。

表 2–15　Python 中写入文本文件的常用函数

函数	说明
`<variable>.write()`	向文件中写入字符串或字节流
`<variable>.writelines()`	将字符串列表写入文件
`<variable>.seek(offset)`	改变文件操作指针的位置 offset的值： 0：文件开头 1：当前位置 2：文件结尾

　　我们可以使用下面的代码来生成上面例子中使用的文件。例如：

```
1 with open('text_file.txt', 'w') as text_file:
2     text_file.write('第一行\n第二行')
```

　　注意，此时需要在open函数中显式指定文件的打开模式为'w'，即写入模式。下面的代码使用writelines函数实现同样的功能。

```
1 with open('text_file.txt', 'w') as text_file:
2     text_file.writelines(['第一行\n', '第二行'])
```

　　我们也可以使用追加写模式'a'在文件中增加内容：

```
1 with open('text_file.txt', 'a') as text_file:
2     text_file.write('\n')
3     text_file.write('第三行')
```

进行上述操作后，文件中的内容变为：

```
1 第一行
2 第二行
3 第三行
```

2.6 习 题

1. 以下代码的输出是什么?

```
1 x = 3
2 x = x * 4 + 5
3 print(x)
```

2. 运行以下代码并解释输出结果:

```
1 x = 2
2 y = '24'
3 print(x * y)
4 print(x * len(y))
5 print(x + int(y))
6 print(str(x) + y)
```

3. 以下代码的输出是什么?

```
1 print(3 >= 1 or 5 > 6 and 7 > 8)
2 print((3 >= 1 or 5 > 6) and 7 > 8)
```

4. 给定一个小数 x,编写代码,计算 x 的整数部分与小数部分的乘积。例如,如果 x 存储的数是 5.7,则代码的输出应为 3.5。

5. 假设文本文件data.txt中有如下内容:

```
1 3
2 15.0
```

运行以下代码并解释输出结果:

```
1 with open('data.txt') as f:
2     x = f.readline()
3     y = f.readline()
4     print(x + y)
```

## 第 3 章

Python 的程序控制结构

在本章，我们将介绍 Python 的程序控制结构。计算机编程语言的研究表明，使用顺序、分支、循环三种程序控制结构即可表达任意的可计算函数，该理论被称为"结构化程序理论"。顺序结构比较容易理解，即代码语句逐行执行，因此，本章主要介绍分支结构和循环结构。

3.1 分支结构：if语句

分支结构可以简单分为单分支结构和双分支结构，如图 3-1所示，通过双分支结构的嵌套和组合可以得到多分支结构。

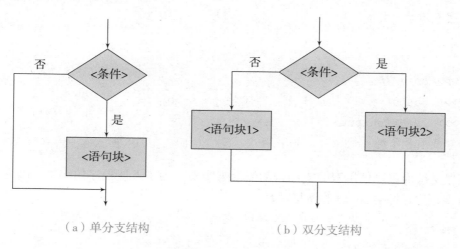

（a）单分支结构　　　　　　　　（b）双分支结构

图 3-1　分支结构

Python 中的分支结构主要通过 if 语句实现，单分支结构的基本语法为：

```
1  if <条件>:
2      <语句块>
```

双分支结构的基本语法为：

```
1 if <条件>:
2     <语句块1>
3 else:
4     <语句块2>
```

其中，< 条件 > 部分应为一个能够判断真假的语句，它可以是一个简单的比较运算符，也可以是一个稍复杂的逻辑表达式，还可以是一个返回布尔变量的函数。例如：

```
1 pm = 75
2 if 0<= pm < 35:
3     print('空气质量好')
4 else:
5     print('空气质量不好')
```

输出结果为：

```
1 空气质量不好
```

Python 中的双分支结构还有一种更为紧凑的写法：

```
1 >>> pm = 75
2 >>> print('空气质量好') if 0<= pm < 35 else print('空气质量不好')
3 空气质量不好
```

或者：

```
1 >>> pm = 75
2 >>> output = '空气质量好' if 0<= pm < 35 else '空气质量不好'
3 >>> print(output)
4 空气质量不好
```

多分支结构可以使用双分支结构的嵌套来实现。为了方便程序的编写，Python 提供了elif保留字，即else if的缩写。

```
1 pm = 75
2 if 0 <= pm < 35:
3     print('空气优质，快去户外运动')
4 elif 35 <= pm < 75:
5     print('空气良好，适度户外活动')
6 else:
7     print('空气污染，请小心')
```

上述代码的输出为：

```
1  空气污染，请小心
```

3.2　循环结构：`for`语句和`while`语句

　　循环结构是指根据条件判断结果来反复执行代码，常用于遍历某些结构中的元素。循环结构示例图如图 3-2 所示。

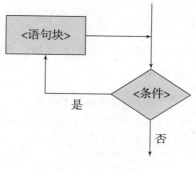

图 3-2　循环结构

　　Python 中，循环结构一般采用**for**和**while**来实现。使用**for**语句实现循环结构的语法为：

```
1  for <循环变量> in <遍历结构>:
2      <语句块>
```

　　该语句表示，每次循环时，从 < 遍历结构 > 中取出一个元素，用 < 循环变量 > 来表示该元素，并执行 < 语句块 >。其中，< 遍历结构 > 可以是字符串、列表、生成器等。例如，使用**range**函数可以生成 n 个连续整数，将一段代码执行 n 次：

```
1  for i in range(3):
2      print(i)
```

上述代码的输出为：

```
1  0
2  1
3  2
```

　　值得注意的是，**range**函数生成的 n 个连续整数从 0 开始，到 $n-1$ 结束，不包含 n。
　　我们也可以使用**for**循环语句来遍历一个字符串，此时，< 遍历结构 > 为一个字符串，< 循环变量 > 为字符串中的一个字符。

```
1 for s in 'Python':
2     print(s)
```

上述代码的输出为:

```
1 P
2 y
3 t
4 h
5 o
6 n
```

我们还可以使用for循环语句来遍历一个文本文件,此时,<遍历结构>为一个文件,<循环变量>为该文件中的某一行文本。

```
1 with open('text_file.txt') as text_file:
2     for line in text_file:
3         print(line.strip())
```

上述代码将遍历文本文件'text_file.txt'的每一行,并将每一行的内容输出到屏幕上。

使用while语句实现循环的语法为:

```
1 while <条件>:
2     <语句块>
```

上述代码的含义为,只要 < 条件 > 成立,就执行 < 语句块 >,因此使用while语句时,一般并不需要事先知道循环执行的次数。

```
1 count = 0
2 while count < 3:
3     print('Programming is fun')
4     count += 1
```

上述代码的输出为:

```
1 Programming is fun
2 Programming is fun
3 Programming is fun
```

上面的例子中,while语句块中"count += 1"的作用是改变当前状态,从而改变 < 条件 > 的判断,如果语句块中没有改变 < 条件 > 判断的语句,那么该while循环将永远执行,成为一个死循环。

下面的代码使用二分查找法求 $\sqrt{2}$ 的近似值。

```python
lower_bound = 1            # 下界
upper_bound = 2            # 上界
eps = 1e-8                 # 精度
while upper_bound - lower_bound > eps:
    mid = (lower_bound + upper_bound) * 0.5
    if mid ** 2 > 2:
        upper_bound = mid  # 更新上界
    else:
        lower_bound = mid  # 更新下界
print(lower_bound)
```

上述代码的输出为:

```
1.4142135605216026
```

在使用for或while来循环执行代码时,我们还可以使用continue和break语句来对循环执行过程进行更为细致的控制。continue语句的作用是跳出当前循环,直接进入下一次循环执行前的条件判断,而break语句的作用是直接跳出整个循环,即提前结束整个循环。例如:

```python
for s in 'Python':
    if s == 't':
        continue
    print(s, end='')
```

上述代码的输出为:

```
Pyhon
```

如果将上述代码中的continue改为break,即改为下面的代码:

```python
for s in 'Python':
    if s == 't':
        break
    print(s, end='')
```

那么其执行结果为:

```
Py
```

产生此种区别的原因在于,continue仅仅跳出当前执行的循环,所以't'之后的字母仍然会输出,而break则会跳出整个循环,因此't'之后的字母就不会输出了。

3.3 异常处理

在编程中经常会出现程序运行异常的情况，例如，需要读取的文件不存在，或者用户输入的内容不合法等。出现这些情况时，我们就需要对这些异常进行处理，否则程序就会崩溃。Python 中的异常处理一般使用**try…except…**语句来实现，具体语法为：

```
1  try:
2      <语句块1>
3  except <异常类型>:
4      <语句块2>
```

Python 解释器会尝试执行 < 语句块 1>，而**except**语句则会尝试捕捉 < 语句块 1> 执行过程中出现的错误，如果错误的类型为 < 异常类型 >，Python 解释器就会执行 < 语句块 2>。我们也可以增加**except**部分，从而对不同的错误类型进行针对性的处理，例如：

```
1  try:
2      <语句块1>
3  except <异常类型1>:
4      <语句块2>
5  except <异常类型2>:
6      <语句块3>
```

我们也可以忽略 < 异常类型 > 部分，从而让**except**捕捉所有错误。例如：

```
1  num_str = input('请输入一个数：\n')
2  try:
3      num = float(num_str)
4      print('{}的平方是{}'.format(num, num ** 2))
5  except:
6      print('输入不是一个数')
```

上面的例子中，我们提示用户输入一个数，然后尝试将用户的输入转换为一个浮点数，如果转换过程中出现了错误，就说明用户的输入并不是一个数，此时的错误会被**except**捕捉到，并且输出错误的说明：'输入不是一个数'。用户输入 "2.5" 时，上述代码的执行结果为：

```
1  请输入一个数：
2  2.5
3  2.5的平方是6.25
```

如果用户输入 "qwer"，那么代码的执行结果为：

```
1  请输入一个数:
2  qwer
3  输入不是一个数
```

此外，Python 还支持使用**else**和**finally**关键字对异常处理过程进行更精细的控制。其语法结构为:

```
1  try:
2      <语句块1>      # 尝试执行的语句块
3  except:
4      <语句块2>      # 出现异常时执行的语句块
5  else:
6      <语句块3>      # 无异常时执行的语句块
7  finally:
8      <语句块4>      # 不管是否出现异常都会执行的语句块
```

3.4　函数的定义与调用

在编程中，有时需要在相似的场合执行相似的代码，为了方便使用，我们可以定义一个"函数"将上述代码封装起来，形成一个完整的功能，在需要执行类似代码的场合直接调用该函数即可实现该功能。封装成函数后，不仅可以使功能的实现变得简单，也可以使后期的维护变得方便，因为我们只需修改函数的定义，所有该函数的调用就都得到了修改。因此，函数也可以看作一种"子程序"。另外，函数还提供了参数输入功能，以实现对不同数据的处理。

3.4.1　函数的定义与调用

Python 中内置了很多较为底层的函数，例如**print**、**input**等，Python 标准库中也包含一些函数，例如**math**模块中的**log**等。当然，我们也可以自定义函数。在 Python 中，定义一个函数通常需要指定函数名、输入参数，有时还需要给出函数的返回值，用以将数据处理的结果反馈给调用者。Python 中自定义函数的基本框架如下:

```
1  def <函数名>(<参数列表>):
2      <函数体>
3      return <返回值列表>
```

在上面的框架中，< 参数列表 > 和 < 返回值列表 > 都可以为空，甚至**return**语句也可以省略，但这需要根据实际情况来决定。例如:

```
1 def print_happy():
2     print('Happy birthday to you!')
```

上面的函数没有输入参数,也没有返回值,该函数的作用是在屏幕上输出字符串'Happy birthday to you!',而下面的函数则可以根据不同的人名输出不同的字符串:

```
1 def print_happy_with_name(name):
2     print('Happy birthday to you, {}!'.format(name))
```

该函数有一个输入参数name,该参数在函数体中将被作为输出字符串的一部分,从而实现根据不同的输入得到不同的输出。一般将函数定义中的参数叫作"形式参数",简称"形参",而将调用函数时实际传入函数的参数称为"实际参数",简称"实参"。

需要使用某函数时,可以通过该函数的名称进行调用,并指定函数的参数:< 函数名 >(< 参数列表 >)。指定函数的参数时,要让实参与形参一一对应。函数也可以嵌套调用,即在函数中调用另一个函数。例如,下面的函数将调用上面两个函数,并输出生日歌的歌词:

```
1 def print_lyrics(name):
2     print_happy()
3     print_happy()
4     print_happy_with_name(name)
5     print_happy()
```

该函数调用了之前定义的两个函数,其中的参数name又被当作子函数print_happy_with_name的参数,被子函数输出。若采用'Mike'作为函数print_lyrics的参数,则其输出为:

```
1 Happy birthday to you!
2 Happy birthday to you!
3 Happy birthday to you, Mike!
4 Happy birthday to you!
```

在上面的例子中,调用print_lyrics函数时,首先调用子函数print_happy,进入子函数后,该子函数执行"print('Happy birthday to you!')",输出第一行歌词到屏幕上,待函数print_happy执行完成,退出该函数,又返回函数print_lyrics中,开始执行该函数的后续代码。按照上述执行过程,print_lyrics函数不断调用其他函数,最终输出完整的 4 句歌词。

一般情况下,传入的实参应与函数定义中的形参的顺序相同,但 Python 还提供了另一种参数传入方式,即按照参数名传入实参,其语法为 < 形参名 >=< 实参名 >,例如:

```
1 >>> def f(a, b):
2     print('形参a对应的实参为{},形参b对应的实参为{}'.format(a, b))
```

```
3
4  >>> f(1, 2)
5  形参a对应的实参为1，形参b对应的实参为2
6  >>> f(b=1, a=2)
7  形参a对应的实参为2，形参b对应的实参为1
```

在上述代码中，第 4 行调用函数f时是按照顺序来传入参数的，因此第一个实参 1 被传递给第一个形参a。而第 6 行则是按照参数名的方式传入参数的，因此传递给a的实参变为了 2。

除了上述函数定义方法外，Python 还提供了lambda保留字，我们可以利用该保留字定义匿名函数（也称lambda函数），定义匿名函数的语法结构为：

```
1  lambda <参数列表>:<表达式>
```

如果我们需要显式调用该函数，也可以将定义的函数赋值给一个变量，此时，该变量就变成了匿名函数的函数名，相当于给匿名函数命名。

```
1  <函数名> = lambda <参数列表>:<表达式>
```

上面的匿名函数定义等价于下面的函数定义形式：

```
1  def <函数名>(<参数列表>):
2      return <表达式>
```

与正常定义的函数相比，匿名函数没有函数体，因此一般也只用于定义非常简单、一个表达式就可以定义清楚的函数。而且，相较于正常的函数定义，匿名函数显得不太正式，所以，我们一般也只是在需要的时候临时构造一个匿名函数来使用（例如需要使用函数作为参数进行输入时）。下面的例子展示了匿名函数的定义和调用方法。

```
1  >>> f = lambda x, y: x + y
2  >>> type(f)
3  <class 'function'>
4  >>> f(2, 3)
5  5
```

我们再分析下面的例子：

```
1  >>> def f(g, x):
2  ...     return g(x) * 2
3
4  >>> result2 = f(lambda y: len(y) + 1, 'Python')
5  >>> print(result2)
6  14
```

```
7 >>> result3 = f(str, True)
8 >>> print(result3)
9 TrueTrue
```

上述代码中，我们先定义了一个函数f，该函数有两个参数，第一个参数是另一个函数 g，第二个参数是x。在运行函数f时，先调用函数g，并将x作为其参数传入，计算出g(x)的值后，再返回g(x) * 2。在代码的第4行，我们定义了一个匿名函数"lambda y: len(y) + 1"作为函数f的第一个参数，所以，此时在函数f中，g(x)就是上述匿名函数，g(x)的值就是len('Python') + 1，即7，因此最终f(g, x)的输出为14。在代码的第7行，函数f的第一个参数是将变量转换为字符串的函数str，因此最终输出是 str(True) * 2。

3.4.2 可选参数和可变数量参数

在 Python 中，我们可以将函数的某些参数定义为可选参数，实际上就是给这些参数设置默认值，即如果用户不指定该参数，则使用默认值进行计算。其定义的语法为：

```
1 def <函数名>(<参数列表>, <可选参数1>=<默认值1>, <可选参数2>=<默认
    值2>, …):
2     <函数体>
3     return <返回值列表>
```

注意，在定义此类函数时，可选参数需要写在非可选参数的后面。下面的例子定义了一个包含可选参数的函数：

```
1 >>> def dup(string, times=2):
2 ...     print(string * times)
3
4 >>> dup('RUC')
5 RUCRUC
6 >>> dup('RUC', 4)
7 RUCRUCRUCRUC
```

上面的例子中，dup函数会将输入的字符串参数重复times遍并输出，其中，times是可选参数。如果用户没有指定该参数（代码第4行），则使用默认值2；如果用户指定了该参数（代码第6行），则使用用户指定的参数。

我们还可以定义可变数量的参数，定义的方法是在最后增加一个参数，并以"*"开头，超出数量的参数最终都会被合并转换成一个元组，并被以"*"开头的参数接收。例如：

```
1 >>> def calc_sum(a, *b):
2 ...     res = a
3 ...     for item in b:
```

```
4 ...          res += item
5 ...      return res
6
7 >>> calc_sum(1, 2, 3, 4)
8 10
```

上面的例子中，实际调用 calc_sum 函数时传入了 4 个参数，其中，参数 a 对应第一个参数 1，而其他参数 2，3，4 被转换成一个元组 (2，3，4) 并传入第二个参数 b。在 calc_sum 函数的定义中，我们使用 for 循环不断取出元组中的元素，并使用该元素与 res 的和来更新 res，最终求得所有传入参数的和。

3.4.3　函数的返回值

在 Python 中，一个函数可以返回一个或者多个值，也可以不返回任何值。前面已经介绍了返回一个值或不返回值的情况。如果函数需要返回多个值，我们可以将多个值用逗号隔开，此时 Python 解释器会将需要返回的多个值组成一个元组返回，因此本质上还是返回一个值。例如：

```
1 >>> def f(a, b):
2 ...      return b, a
3
4 >>> f(1, 2)
5 (2, 1)
```

通过上述例子可以看出，函数返回的多个值会被合并成一个元组。如果想要将函数返回的多个值赋值给多个变量，可以采用将多个变量用逗号隔开的方式来同时赋值。例如：

```
1 >>> a, b = f(1, 2)
2 >>> a
3 2
4 >>> b
5 1
```

3.4.4　函数对变量的作用

在一个程序中，变量一般分为两类——全局变量和局部变量。全局变量在程序执行的全过程都有效，而局部变量一般存在生命周期，有生效和失效的时刻。我们在函数中定义的变量（包括形式参数）一般都是局部变量，它们在调用函数时开始生效，在函数执行完成后就失效。例如：

```
1 >>> def f(num):
2 ...      result = num ** 2
```

```
3  ...        return result
4
5  >>> square = f(3)
6  >>> print(result)
7  Traceback (most recent call last):
8    File "<stdin>", line 1, in <module>
9  NameError: name 'result' is not defined
```

上面的例子中，result就是局部变量，当函数执行完成后，该变量就会失效，因此尝试输出该变量的值就会报出未定义的错误。

在函数的定义中，我们可以使用全局变量，例如：

```
1  >>> n = 2                # 全局变量
2  >>> def f(num):
3  ...        result = num ** n   # 使用全局变量
4  ...        return result
5
6  >>> f(3)
7  9
```

注意，如果我们试图修改一个全局变量，Python 会创建一个同名的局部变量来进行操作，例如：

```
1  >>> n = 2          # 全局变量
2  >>> def f(num):
3  ...        n = num     # 此处的n是局部变量
4
5  >>> f(1)
6  >>> print(n)
7  2
```

该例子中，函数中的变量n是一个局部变量，因此修改该变量并不会影响函数外定义的全局变量n。如果确实有必要修改全局变量，可以使用global保留字来显式声明。

```
1  >>> n = 2              # 全局变量
2  >>> def f(num):
3  ...        global n    # 显式声明使用全局变量
4  ...        n = num
5
6  >>> f(1)
7  >>> print(n)
```

```
8  1
```

出现上述现象的原因在于，Python 解释器在寻找一个变量时，会首先在同级代码块（即拥有相同缩进量的代码块）中寻找，如果没有找到，那么 Python 解释器会继续在上一级代码块（即少一次缩进的代码块）中寻找，依此类推。例如：

```
1  >>> n = 2        # 全局变量
2  >>> def f(num):
3  ...     n = num
4  ...     def g(num2):
5  ...         print(num2 * n)
6  ...     g(5)
7
8  >>> f(3)
9  15
```

上面的例子中，我们在函数f中定义了另一个函数g，在函数g中，我们使用了变量n，同级代码块中并没有该变量，因此，Python 解释器中会在上级代码块（即函数f）中寻找。函数f中定义了一个局部变量n，因此，在执行g(5)时，Python 解释器会采用代码第 3 行定义的变量n。

`global`保留字可改变 Python 解释器的行为，改为直接寻找相应的全局变量，例如：

```
1  >>> n = 2                    # 全局变量
2  >>> def f(num):
3  ...     n = num
4  ...     def g(num2):
5  ...         global n    # 声明使用全局变量n
6  ...         print(num2 * n)
7  ...     g(5)
8
9  >>> f(3)
10 10
```

与之前的例子相比，我们增加了一行代码，使用 global 关键字声明使用全局变量n，此时g函数在执行时会直接找到最外层的全局变量n，因此最终的输出变为 10。

特别提示

　　使用全局变量是一个比较危险的操作，可能会产生意想不到的结果，因此，在任何情况下，都不建议使用全局变量。如果需要在不同代码或函数之间共享数据，可以将需要共享的数据作为函数的参数和返回值进行传递。

3.4.5 函数的递归

函数可以封装一段代码被其他程序或代码调用，当然也可以被自己调用。函数在定义中调用自身的方式称为递归。递归在数学和计算机中的应用非常强大，可以非常简洁地解决一些问题。在数学上，一个经典的例子是阶乘的定义，自然数 n 的阶乘使用 $n!$ 来表示，其定义为：

$$n! = \begin{cases} 1, & n = 0 \\ n \cdot (n-1)!, & \text{其他} \end{cases} \tag{3.1}$$

可以看到，递归一般满足以下两个特征：

- 存在一个或多个基例，基例不需要通过递归定义，它们有确定的表达式；
- 所有递归链要以基例结尾。

如果使用 Python 编程来计算阶乘，我们可以编写如下的代码：

```python
def fact(n):
    if n == 0:
        return 1
    else:
        return n * fact(n - 1)
```

可以看到，上述代码就是式（3.1）的简单描述。以计算 3 的阶乘为例，图 3-3 展示了函数的调用关系。

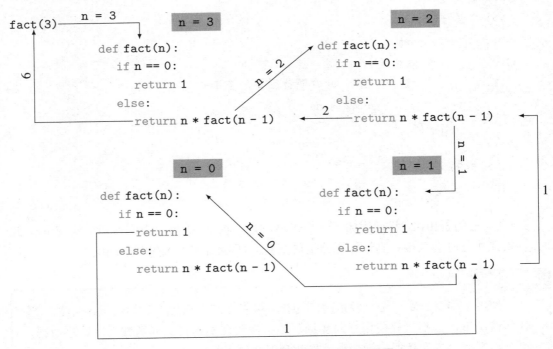

图 3-3 计算 fact(3) 时的函数递归调用图

下面的函数使用递归方法将一个字符串反转：

```python
def reverse(s):
    if s == '':
        return s
    else:
        return reverse(s[1:]) + s[0]
```

当需要反转一个长度为 n 的字符串时，可以这样考虑：假设我们可以反转一个长度为 $n-1$ 的字符串，那么只需要将原字符串的后 $n-1$ 个字符构成的子串反转，再将原字符串的第一个字符放置在最后即可。当然还需要一个基例，即如何反转长度为 0 的字符串，该基例的答案是显然的。

3.5 习 题

1. 假设文本文件data.txt中每行都保存了一个整数，编写代码，找出其中的最大值。
2. 假设文本文件data.txt中每行都保存了一个整数，编写代码，计算所有数字之和。
3. 假设字符串s中只包含英文大小写字母、下划线、数字、空格、英文括号等字符，如果该字符串是一个合法的 Python 变量名，那么它应该满足：
   - 不包含空格和英文括号；
   - 第一个字符不能是数字。

   编写代码，判断s是否为一个合法的 Python 变量名。
4. 斐波那契数列的数学定义如下：

$$F(n) = \begin{cases} 1, & n = 1,\ 2 \\ F(n-1) + F(n-2), & \text{其他} \end{cases}$$

   试编写递归函数，计算 $F(100)$ 的值。
5. 运行以下代码，并解释输出结果。

```python
def f(a=2, **kwargs):
    s = 0
    for k in kwargs:
        s += kwargs[k]
    return s * a

s = f(a=3, b=6, c=4)
print(s)
```

第 4 章
Python 组合数据类型

当面对更复杂的目标和任务时，基本数据类型因其单一的数据形式可能无法满足需求。为此，Python 提供了组合数据类型，它们能够有效地组织并统一表示多个数据，从而实现对数据的批量处理，提高对复杂数据的处理与计算效率。在本章，我们将深入探讨 Python 中的组合数据类型，并根据数据组织关系的不同，逐一介绍序列类型、集合类型和映射类型。

4.1 概 述

当给定一个学院的学生信息，需要统计男女生人数及比例时，仅使用基本数据类型将无法实现该目的，因为基本数据类型仅能表示一个数据。为了能够同时处理多个数据，我们需要将数据有效组织起来并统一表示，这种能够表示多个数据的类型就称为组合数据类型。组合数据类型能够将多个同类型或不同类型的数据组织起来，通过统一表示使数据操作更有序和便捷。根据数据之间的关系，组合数据类型可以分为三类，即序列类型、集合类型和映射类型。

（1）序列类型：序列类型的成员有序排列，并可通过成员的下标偏移量（称为索引）进行访问。Python 中的序列类型包括字符串（str）、元组（tuple）和列表（list）。

（2）集合类型：集合类型与数学中集合的概念一致，即包含 0 个或多个数据项的无序组合。Python 中的集合数据类型对应集合（set）。

（3）映射类型：映射类型是一种关联式的数据类型，它存储了对象与对象之间的映射关系。字典（dict）是 Python 中唯一的映射类型。

4.1.1 序列类型

序列类型包括字符串、元组和列表，它们均是由一些数据项共同组成的有序整体。例如，字符串"Python"由字符有序排列组成，其中第一个字符是"P"，第二个字符是"y"。与此字符串类似，元组和列表也同样由元素有序排列组成，其中元组是包含 0 个或多个数据项的不可变序列类型，列表是包含 0 个或多个数据项的可变序列类型。不同于字符串的数据项仅是单一的字符数据类型，元组和列表的数据项可以是不同类型的数据，如数字、字符、字符串或其他元组、列表等。

由于序列类型的数据项有序排列，所以序列类型的每个元素都可以通过指定索引的方式访问。例如，对字符串 "Python" 指定索引 1 即可访问字符 "y"。序列类型还支持成员关系操作符（in）、长度计算函数（len）、切片操作符（[]）。序列类型中的元素本身也可以是序列类型。序列类型的通用操作符或函数及其功能描述如表 4-1 所示。

表 4-1　序列类型的通用操作符或函数及其功能描述

通用操作符或函数	功能描述
obj in L	如果元素 obj 在序列 L 中，返回 True
obj not in L	如果元素 obj 不在序列 L 中，返回 True
L1 + L2	连接序列 L1 和 L2
L * n	将序列 L 复制 n 次
L[i]	返回序列 L 中的第 i 个元素
L[i:j]	返回序列 L 中第 i 到第 j 个元素的子序列
L[i:j:k]	返回序列 L 中第 i 到第 j 个元素、以 k 为步长的子序列
len(L)	返回序列 L 中元素的个数
max(L)	返回序列 L 中元素的最大值
min(L)	返回序列 L 中元素的最小值
L.index(obj)	从序列 L 中找出元素 obj 第一个匹配项的索引位置
L.count(obj)	统计元素 obj 在序列 L 中出现的次数

下面以元组为例，演示序列类型的基本操作。元组采用逗号和圆括号（可选）来表示，一旦创建就不能修改，因此元组属于不可变的序列类型。元组可使用正向/负向索引访问，且支持其他序列类型的通用操作和函数。例如：

```
1 >>> example_tuple = ('北京大学', '中国人民大学', '清华大学')
2 >>> example_tuple
3 ('北京大学', '中国人民大学', '清华大学')
4
5 >>> example_tuple[0]
6 '北京大学'
7
8 >>> example_tuple[-1]
9 '清华大学'
10
11 >>> example_tuple[:2]
12 ('北京大学', '中国人民大学')
```

由于元组不可变的性质，元组类型在表达固定数据项、函数多返回值、多变量同步赋值、循环遍历等情况时更为有用。例如：

```
1  def example_func(x):
2      return x, x*2
3  example_tuple = example_func(2)
4
5  example_tuple = ('北京大学', '中国人民大学', '清华大学')
6  obj_1, obj_2, obj_3 = example_tuple
7
8  example_tuple = ('北京大学', '中国人民大学', '清华大学')
9  for obj in example_tuple:
10     print(obj, end='\t')
11 '北京大学'     '中国人民大学'      '清华大学'
```

相比元组，同为序列类型的列表拥有更灵活的操作，在 4.2 节，我们将详细介绍列表的相关操作。

4.1.2 集合类型

在数学中，不同元素组成的集合称为 Set，集合中的成员通常称为集合元素。Python 中集合的概念与数学中集合的概念一致，即包含 0 个或多个数据项的无序组合。在 Python 中，集合数据类型对应集合（set），其元素不可重复，且只能是固定数据类型，例如整数、浮点数、字符串、元组等。

在 4.3 节，我们将详细介绍集合类型的相关操作。

4.1.3 映射类型

映射类型是"键-值"数据项的组合。映射类型中的每个元素是一个键值对 (key-value)，且元素无序排列。键值对刻画了属性和其内容的二元映射关系，其中键（key）表示一个属性或类别，值（value）是属性对应的内容。可见，键值对将映射关系结构化，更易于计算机的存储和表达。在 Python 中，字典（dict）是唯一的映射类型。

在 4.4 节，我们将详细介绍字典类型的相关操作。

4.2 列　表

4.2.1 列表的概念

列表（list）是最常用的 Python 数据类型，它是包含 0 个或多个数据项的有序序列，属于序列类型。列表的长度和内容都是可变的，因此可自由对列表中的数据项进行增加、删除或替换。列表使用非常灵活，没有长度限制，且列表元素的类型可以不同。

列表使用中括号"[ ]"表示。当创建空列表时，可单独使用中括号或使用 list 函数；当创建非空列表时，可使用逗号分隔不同的数据项并用中括号括起来，也可通过 list 函数将元组或字符串转化成列表。例如：

```
1  >>> []
2  []
3
4  >>> list()
5  []
6
7  >>> example_list = ['中国人民大学', 1949, ['RUC', 100872]]
8  >>> example_list
9  ['中国人民大学', 1949, ['RUC', 100872]]
10
11 >>> example_list = list(('中国人民大学', 1949, ('RUC', 100872)))
12 >>> example_list
13 ['中国人民大学', 1949, ('RUC', 100872)]
```

特别提示

　　与整数和字符串不同，简单将一个列表赋值给另一个列表仅能生成一个对旧列表的引用，并不会生成新的列表对象。因此，列表必须通过显式的数据赋值才能生成。

4.2.2 列表的基本操作

　　列表属于序列类型，因此成员关系操作符（in）、切片操作符（[]）、比较操作符（<、<=、==、!=、>=、>）等序列类型的操作符均可用于列表。接下来将对列表访问、更新和增删的基本操作进行介绍。

　　一、访问列表

　　与字符串一样，列表的索引也从 0 开始，且同时支持正向递增序号访问和反向递减序号访问。列表的切片操作也同字符串一样，可以通过切片操作符（[]）和索引值或索引值范围来访问列表中的元素。例如：

```
1  >>> example_list = ['中国人民大学', 1949, ['RUC', 100872]]
2  >>> example_list[0]
3  '中国人民大学'
4
5  >>> example_list[-1]
6  ['RUC', 100872]
7
```

```
 8  >>> example_list[:2]
 9  ['中国人民大学', 1949]
10
11  >>> example_list[2][0]
12  'RUC'
```

由于列表属于序列类型，所以列表也支持成员关系操作符（in）。因此，列表可以通过 "for…in…" 语句对其元素进行遍历。例如：

```
1  >>> example_list = ['中国人民大学', 1949, ['RUC', 100872]]
2  >>> for obj in example_list:
3  ...       print(obj, end=' ')
4  中国人民大学 1949 ['RUC', 100872]
```

二、更新列表

可以通过指定索引或者索引范围的方式更新列表的一个或几个元素。此外，当使用一个列表更新另一个列表时，Python 遵循 "多增少减" 的原则，并不要求两个列表长度相同。例如：

```
 1  >>> example_list = ['中国人民大学', 1949, ['RUC', 100872]]
 2  >>> example_list[1] = 2022
 3  >>> example_list
 4  ['中国人民大学', 2022, ['RUC', 100872]]
 5
 6  >>> example_list[:2] = ['北京大学', 1898]
 7  >>> example_list
 8  ['北京大学', 1898, ['RUC', 100872]]
 9
10  >>> example_list[:2] = ['北京大学']
11  >>> example_list
12  ['北京大学', ['RUC', 100872]]
13
14  >>> example_list[:1] = ['中国人民大学', 1949, 2022]
15  >>> example_list
16  ['中国人民大学', 1949, 2022, ['RUC', 100872]]
```

三、增删列表

列表是一个动态长度的数据结构，能够根据需求增加或减少元素。可以使用 append 方法在列表结尾添加新元素，也可以使用 del 语句或者 remove 方法删除列表元素。例如：

```
1  >>> example_list = ['中国人民大学', 1949, ['RUC', 100872]]
2  >>> example_list.append('北京大学')
3  >>> example_list
4  ['中国人民大学', 1949, ['RUC', 100872], '北京大学']
5
6  >>> del example_list[-1]
7  >>> example_list
8  ['中国人民大学', 1949, ['RUC', 100872]]
9
10 >>> example_list.remove(1949)
11 >>> example_list
12 ['中国人民大学', ['RUC', 100872]]
```

由此可见，列表是十分灵活的数据结构，它具有处理任意长度、混合类型数据的能力，并提供了丰富的基础操作符和方法。当程序需要使用组合数据类型管理批量数据时，推荐使用列表。

4.2.3　列表内置函数或方法

表 4–2 列出了目前列表所支持的函数或方法及其功能描述。

表 4–2　列表内置函数或方法及其功能描述

函数或方法	功能描述
list(seq)	将元组转换为列表
L.append(obj)	在列表最后增加一个元素 obj
L.clear()	删除列表中所有元素
L.copy()	生成一个新列表，浅复制列表中所有元素
L.insert(index, obj)	在列表第 index 位置增加元素 obj
L.pop(index=-1)	将列表中第 index 项元素取出并删除，默认是最后的元素
L.remove(obj)	将列表中元素 obj 的第一个匹配项删除
L.reverse()	列表中元素反转
L.count(obj)	统计元素 obj 在列表中出现的次数
L.extend(seq)	把序列 seq 的内容添加到列表中
L.index(obj)	从列表中找出元素 obj 第一个匹配项的索引位置
L.sort(func=None, key=None, reverse=False)	对列表进行排序

4.3 集　合

4.3.1 集合的概念

集合（set）是包含 0 个或多个数据项的无序组合。集合中元素不可重复，可以动态增加或删除。由于集合是无序组合，因此它不能通过索引和位置进行访问或切片。集合元素的类型只能是固定数据类型，例如整数、浮点数、字符串、元组等。可变数据类型（如列表、字典和集合类型）不能作为集合的元素出现。

集合用大括号"{}"表示。当创建非空集合时，可以使用大括号"{}"或者 set 函数，set 函数可以将任何组合数据类型处理成一个无重复且排序任意的集合；当创建空集合时，则必须使用 set 函数而非"{}"，因为"{}"被用来创建空字典。例如：

```
1  >>> set()
2  set()
3
4  >>> example_set = set('中国人民大学')
5  >>> example_set
6  {'民', '国', '人', '中', '学', '大'}
7
8  >>> example_set = {'北京大学', '中国人民大学', '清华大学'}
9  >>> example_set
10 {'清华大学', '中国人民大学', '北京大学'}
```

> **特别提示**
>
> 由于集合元素是无序的，因此集合元素的输出顺序与定义顺序也可以不一致。

4.3.2 集合的基本操作

由于集合元素无序，所以不能通过索引访问，但可以动态增加或删除。由于集合支持关系运算且不包含重复元素，所以集合在成员关系测试、元素去重和删除数据项等场景中的使用非常灵活。

一、更新访问

集合虽然不能通过索引访问，但可以使用 add 函数或 remove 函数对集合的元素进行增加或删减。此外，集合支持使用成员关系操作符（in）进行成员关系测试。例如：

```
1  >>> example_set = {'北京大学', '中国人民大学', '清华大学'}
2  >>> example_set
3  {'清华大学', '中国人民大学', '北京大学'}
4
```

```
5  >>> example_set.add('北京师范大学')
6  >>> example_set
7  {'清华大学', '中国人民大学', '北京师范大学', '北京大学'}
8
9  >>> example_set.remove('清华大学')
10 >>> example_set
11 {'中国人民大学', '北京师范大学', '北京大学'}
12
13 >>> '中国人民大学' in example_set
14 True
```

二、关系运算

同数学中集合的概念一致，Python 中的集合同样支持关系运算，其中包括 4 种基本关系运算操作：交集（&）、并集（|）、差集（-）、补集（^）。例如：

```
1  >>> example_set = {'北京大学', '中国人民大学', '清华大学'}
2  >>> another_set = {'中国人民大学', '北京师范大学'}
3  >>> example_set & another_set
4  {'中国人民大学'}
5
6  >>> example_set | another_set
7  {'中国人民大学', '北京师范大学', '清华大学', '北京大学'}
8
9  >>> example_set - another_set
10 {'清华大学', '北京大学'}
11
12 >>> example_set ^ another_set
13 {'清华大学', '北京大学', '北京师范大学'}
```

三、元素去重

由于集合支持关系运算且不包含重复元素，因此集合常被用于对一维数据进行去重和数据项的删除。例如：

```
1  >>> example_tuple = ('北京大学', '中国人民大学', '中国人民大学',
      '清华大学')
2  >>> set(example_tuple)
3  {'清华大学', '中国人民大学', '北京大学'}
4
5  >>> new_tuple = tuple(set(example_tuple)-{'中国人民大学'})
```

```
6  >>> new_tuple
7  ('北京大学', '清华大学')
```

如上述例子所示，集合类型不包含重复元素且支持灵活的关系运算，可主要用于三个场景：成员关系测试、元素去重和删除数据项。

4.3.3 集合内置函数或方法

表 4-3 列出了目前集合所支持的函数或方法及其功能描述。

表 4-3　集合内置函数或方法及其功能描述

函数或方法	功能描述
obj in S	如果元素 obj 在集合 S 中，返回 True
obj not in S	如果元素 obj 不在集合 S 中，返回 True
S1 - S2	返回新集合，包括在集合 S1 中但不在集合 S2 中的元素
S1.difference(S2)	返回新集合，包括在集合 S1 中但不在集合 S2 中的元素
S1 -= S2	更新集合 S1，包括在集合 S1 中但不在集合 S2 中的元素
S1.difference_update(S2)	更新集合 S1，包括在集合 S1 中但不在集合 S2 中的元素
S1 & S2	返回新集合，包括同时在集合 S1 和 S2 中的元素
S1.intersection(S2)	返回新集合，包括同时在集合 S1 和 S2 中的元素
S1 &= S2	更新集合 S1，包括同时在集合 S1 和 S2 中的元素
S1.intersection_update(S2)	更新集合 S1，包括同时在集合 S1 和 S2 中的元素
S1 ^ S2	返回新集合，包括在两集合中但不同时在两集合中的元素
S1.symmetric_difference(S2)	返回新集合，包括在两集合中但不同时在两集合中的元素
S1 ^= S2	更新集合 S1，包括在两集合中但不同时在两集合中的元素
S1.symmetric_difference_update(S2)	更新集合 S1，包括在两集合中但不同时在两集合中的元素
S1	S2	返回新集合，包括集合 S1 和 S2 中的所有元素
S1.union(S2)	返回新集合，包括集合 S1 和 S2 中的所有元素
S1 |= S2	更新集合 S1，包括集合 S1 和 S2 中的所有元素
S1.update(S2)	更新集合 S1，包括集合 S1 和 S2 中的所有元素
S1 <= S2 或 S1.issubset(S2)	如果集合 S1 是 S2 的子集，则返回 True
S1 >= S2 或 S1.issuperset(S2)	如果集合 S1 是 S2 的超集，则返回 True
len(S)	返回集合 S 中的元素个数
set(seq)	将可迭代对象 seq 转换为集合
S.add(obj)	将元素 obj 添加到集合 S 中
S.clear()	删除集合中的所有元素
S.copy()	返回集合的一个拷贝
S.pop(index=-1)	随机删除集合中的一个元素并返回被删除元素
S.discard(obj)	若集合中存在元素 obj，则删除该元素
S.remove(obj)	删除集合中的元素 obj，若不存在该元素，则触发 KeyError 异常
S.isdisjoint(T)	如果集合 S 和 T 中没有相同元素，则返回 True

4.4 字 典

4.4.1 字典的概念

如前文所介绍，序列类型可以通过成员的索引进行访问，但在很多场景中，应用程序需要使用更加灵活的信息查找方式。例如，在查找学生信息时，我们习惯使用学号而不是存储的编号（即索引）检索。在程序设计中，我们使用键值对表示这种一个信息（键）和对应的另一个信息（值）构成的成对关系。例如，我们可以构建学校中文名称和英文简称的键值对，如表 4–4 所示。

表 4–4　键值对示例

键（中文名称）	值（英文简称）
中国人民大学	RUC
北京大学	PKU
清华大学	THU
北京理工大学	BIT

在一组数据中，通过任意键信息查找值信息的过程叫作映射。在 Python 中，字典（dict）是唯一的映射类型。Python 中的字典可以使用大括号"{}"或构造函数 dict 创建。其中，键和值通过冒号连接，不同键值对使用逗号隔开。值得注意的是，大括号同时可用于表示集合，因此字典类型也可以看成元素是键值对的集合。另外，单独使用大括号将创建空字典而不是空集合。例如：

```
1  >>> empty_dict = {}
2  >>> empty_dict
3  {}
4
5  >>> example_dict = {'北京大学': 'PKU', '中国人民大学': 'RUC',
      '清华大学': 'THU'}
6  >>> example_dict
7  {'北京大学': 'PKU', '中国人民大学': 'RUC', '清华大学': 'THU'}
8
9  >>> copied_dict_1 = dict(example_dict)
10 >>> copied_dict_1
11 {'北京大学': 'PKU', '中国人民大学': 'RUC', '清华大学': 'THU'}
12
13 >>> copied_dict_2 = dict([('北京大学', 'PKU'), ('中国人民大学',
      'RUC'), ('清华大学', 'THU')])
14 >>> copied_dict_2
```

```
15 {'北京大学': 'PKU', '中国人民大学': 'RUC', '清华大学': 'THU'}
```

特别提示

字典是集合类型的延续，字典元素之间没有顺序之分，所以字典元素的输出顺序可能与创建顺序不一致。

4.4.2 字典的基本操作

Python 中字典的用法非常灵活，如使用索引查找特定键的值，增加或修改键值对等。接下来对字典的访问和修改的基本操作进行介绍。

一、访问字典

字典中元素以键信息作为索引进行访问，一个键信息只能对应一个值信息。具体地说，我们可以通过中括号"[]"或 get 方法访问字典中特定键的值。若键不存在，使用中括号会报错并抛出异常，而使用 get 方法将返回默认的值（默认为 None）。例如：

```
1 >>> example_dict = {'北京大学': 'PKU', '中国人民大学': 'RUC',
     '清华大学': 'THU'}
2 >>> example_dict
3 {'北京大学': 'PKU', '中国人民大学': 'RUC', '清华大学': 'THU'}
4
5 >>> example_dict['中国人民大学']
6 'RUC'
7
8 >>> example_dict.get('中国人民大学')
9 'RUC'
10
11 >>> example_dict['北京理工大学']
12 Traceback (most recent call last):
13   File "<stdin>", line 1, in <module>
14 KeyError: '北京理工大学'
15
16 >>> example_dict.get('北京理工大学')
17 >>>
```

由此可见，字典和序列类型的区别是存储和访问的方式不同。序列类型使用数字类型的"键"（下标偏移量）；字典可以使用其他类型的数据作为键，一般最常见的是使用字符串作为键。此外，我们还可以使用 keys、values 或 items 方法返回字典所有的键、值或键值对，使用成员关系操作符（in）判断键是否在字典中，使用"for…in…"语句遍历字典。例如：

```
>>> example_dict.keys()
dict_keys(['北京大学', '中国人民大学', '清华大学'])

>>> example_dict.values()
dict_values(['PKU', 'RUC', 'THU'])

>>> example_dict.items()
dict_items([('北京大学', 'PKU'), ('中国人民大学', 'RUC'), ('清华
    大学', 'THU')])

>>> '清华大学' in example_dict
True

>>> for key in example_dict:
...     print(example_dict[key], end=' ')
PKU RUC THU
```

二、修改字典

字典的长度是可变的，我们可以使用中括号"[]"对键信息赋值来实现修改或增加键值对。例如：

```
>>> example_dict = {'北京大学': 'PKU', '中国人民大学': 'RUC',
    '清华大学': 'THU'}

>>> example_dict['中国人民大学'] = 'Renmin University of China'
>>> example_dict
{'北京大学': 'PKU', '中国人民大学': 'Renmin University of China',
    '清华大学': 'THU'}

>>> example_dict['北京理工大学'] = 'BIT'
>>> example_dict
{'北京大学': 'PKU', '中国人民大学': 'Renmin University of China',
    '清华大学': 'THU', '北京理工大学': 'BIT'}
```

此外，我们可以通过 del 删除字典中特定的键值对，若键不存在，则会报错并抛出异常；也可以使用 pop 方法删除特定的键值对，若键不存在，则会返回默认值，若默认值没有指定，则会触发 KeyError 异常。例如：

```
1  >>> del example_dict['中国人民大学']
2  >>> example_dict
3  {'北京大学': 'PKU', '清华大学': 'THU', '北京理工大学': 'BIT'}
4
5  >>> del example_dict['中国人民大学']
6  Traceback (most recent call last):
7    File "<stdin>", line 1, in <module>
8  KeyError: '中国人民大学'
9
10 >>> example_dict.pop('北京理工大学')
11 'BIT'
12
13 >>> example_dict
14 {'北京大学': 'PKU', '清华大学': 'THU'}
15
16 >>> example_dict.pop('北京理工大学', None)
17 >>>
```

4.4.3 字典内置函数或方法

表 4–5 列出了目前字典所支持的函数或方法及其功能描述。

表 4–5　字典内置函数或方法及其功能描述

函数或方法	功能描述
key in D	如果键 key 在字典 D 中，返回 True
key not in D	如果键 key 不在字典 D 中，返回 True
del D[key]	删除字典中的一个键值对
D.keys()	返回所有的键信息
D.values()	返回所有的值信息
D.items()	返回所有的键值对
D.get(key, default=None)	若键在字典中存在，则返回键的值，否则返回默认值
D.pop(key, default=None)	若键在字典中存在，则返回键的值，并删除该键值对，否则返回默认值
D.popitem()	随机返回字典中的一个键值对
D.clear()	删除字典中所有的键值对
D.copy()	返回一个字典的浅拷贝
D1.update(D2)	把字典 D2 的键值对更新到 D1 中

4.5 列表推导式

列表推导式（list comprehension）又称列表解析式，它可以利用列表、元组、字典和集合等数据类型，快速创建一个满足指定需求的列表。列表推导式的语法格式是在一个中括号里包含一个表达式，后跟一个 for 语句，然后是 0 个或多个 for 以及可选的 if 条件语句。如下所示：

```
[表达式 for 迭代变量 in 可迭代对象 if 条件表达式 ]
```

列表推导式中各语句之间是嵌套关系，"for…in…"语句是最外层，依次往右的 if 语句更进一层，左边的表达式是最后一层。因此，列表推导式的执行顺序是：

```
for 迭代变量 in 可迭代对象：
    if 条件表达式：
        表达式
```

列表推导式的合理使用可以极大地方便列表或其他组合数据类型创建。例如，我们可以利用列表推导式筛选数据或生成字典等：

```
>>> [x for x in range(10) if x % 2 == 0]
[0, 2, 4, 6, 8]

>>> {x: x*2 for x in range(5)}
{0: 0, 1: 2, 2: 4, 3: 6, 4: 8}
```

4.6 函数式编程

函数式编程允许我们更简洁地处理组合数据类型，而不必担心复杂的循环和分支。map、filter 和 reduce 是函数式编程的范例，它们允许一次性地将一个函数应用于多个可迭代对象，其中 map 和 filter 不需要导入，reduce 通过 functools 模块导入。

4.6.1 map 函数

map 即映射。map 函数会将一个函数 func 映射到可迭代对象的每一个元素上，生成新的可迭代对象。Python 中 map 函数的语法为：

```
map(func, *iterable)
```

Python 3 中的 map 函数将返回一个生成器对象，如果要获取列表结果，可以在 map 对象上调用内置的 list 函数。例如，当我们想让列表中的元素值都变为原来的平方，或者想将元素值都转换为字符串时，可以通过如下方式实现：

```
1 >>> data_list = [0, 1, 2, 3, 4]
2 >>> map(lambda x: x*x, data_list)
3 <map object at 0x0000016BFF3B5CC0>
4
5 >>> list(map(lambda x: x*x, data_list))
6 [0, 1, 4, 9, 16]
7
8 >>> list(map(str, data_list))
9 ['0', '1', '2', '3', '4']
```

另外，map 函数还可传入多个可迭代对象作为参数。例如：

```
1 >>> data_list1 = [0, 1, 2, 3, 4]
2 >>> data_list2 = [5, 6, 7, 8, 9]
3 >>> list(map(lambda x, y: x*y, data_list1, data_list2))
4 [0, 6, 14, 24, 36]
```

4.6.2 filter 函数

filter 即筛选。filter 函数接收一个函数 func 和一个可迭代对象作为参数，并要求函数 func 返回布尔值（True 或 False），将可迭代对象中使函数 func 返回 False 的元素过滤掉。Python 中 filter 函数的语法为：

```
1 filter(func, iterable)
```

filter 函数同样返回一个生成器对象。当我们想对数据进行过滤或筛选时，可以使用 filter 函数，例如：

```
1 >>> data_list = [0, 1, 2, 3, 4]
2 >>> list(filter(lambda x: x%2==0, data_list))
3 [0, 2, 4]
```

4.6.3 reduce 函数

reduce 即规约。reduce 函数接收一个函数 func、一个可迭代对象和一个可选的 initial 值作为参数，其中函数 func 被累积应用到可迭代对象中的每个元素，可选的 initial 值在计算中放置在可迭代对象元素之前，当可迭代对象为空时作为默认值。Python 中 reduce 函数的语法为：

```
1 reduce(func, iterable[, initial])
```

reduce 函数返回规约的最终结果，将可迭代对象"减少"为单个值。例如：

```
1 >>> from functools import reduce
2 >>> data_list = [1, 2, 3, 4, 5]
3 >>> reduce(lambda x,y: x*y, data_list)
4 120
5
6 >>> reduce(lambda x,y: x*y, data_list, 10)
7 1200
8
9 >>> reduce(lambda x,y: x if x>y else y, data_list)
10 5
11
12 >>> reduce(lambda x,y: x if x>y else y, data_list, 10)
13 10
```

4.7 习　题

1. 给定一个数组 nums，数组"动态和"的计算公式为：runningSum[i]=sum(nums[0]⋯
   nums[i])。请返回 nums 的动态和。
2. 给定正整数 n，按任何顺序（包括原始顺序）将数字重新排序，注意其前导数字不能
   为零。如果可以通过上述方式得到 2 的幂，则返回 True；否则返回 False。
3. 元素的频数是该元素在一个数组中出现的次数。给定一个整数数组 nums 和一个整
   数 k，在一步操作中，可以选择 nums 的一个下标，并将该下标对应元素的值增加 1。
   执行最多 k 次操作后，返回数组中最高频元素的最大可能频数。
4. 请根据注释和代码输出将 "?" 处的代码填写完整。

```
1 >>> L = [
2 ... ['Alibaba', 'Tencent', 'ByteDance'],
3 ... ['C++', 'Python', 'Java', 'Go'],
4 ... ['Intel', 'AMD', 'Nvidia']
5 ... ]
6
7 >>> print(?)
8 Alibaba
9
10 >>> print(?)
```

```
11  Java
12
13  >>> print(?)                    # 使用负数索引实现
14  Nvidia
15
16  >>> print(?)
17  ['AMD', 'Nvidia']
18
19  >>> print(?)
20  ['ByteDance', 'Tencent', 'Alibaba']
21
22  >>> print(?)
23  ['Go', 'Python']
```

5. 请根据注释和代码输出将"?"处的代码或输出填写完整。

```
1   >>> a = ?                       # 请使用多种方式创建数组 a
2   >>> print(a)
3   [1, 3, 5, 7, 9]
4
5   >>> def pow2(x):
6   ...     return x ** 2
7
8   >>> a2 = ?                      # 请使用 map 函数创建数组 a2
9   >>> print(a2)
10  [1, 9, 25, 49, 81]
11
12  >>> a2.extend(a)
13  >>> a2.remove(9)
14  >>> print(a2)                   # 请写出该代码的输出
15  ?
16  >>> print(a2.index(5))          # 请写出该代码的输出
17
18  >>> a2.sort()
19  >>> print(a2)                   # 请写出该代码的输出
```

6. 请使用 for 循环和 filter 函数计算小于等于 n 的所有质数。

7. 给定图片 im（二维数组）和卷积核 ker（二维数组），请实现 im 对 ker 的二维卷积。

8. 给定一个数组 arr，请输出数组里每个元素是否在下标比它小的元素中出现过，如果出现过，请输出上一次出现的下标。

9. 输入一个字符串 *s*，请输出字符串 *s* 中有多少个不同的字符，以及每个字符出现的频数和频率。要求代码实现不能使用 Python 内置的计数器类 collections.Counter。

10. 假设有两个列表 list1 和 list2，请编写一个函数 common_elements，该函数接收两个参数 list1 和 list2，返回一个集合，集合中包含 list1 和 list2 中都出现过的元素。请使用多种方法实现。

第 5 章
Python 面向对象编程

>   Python 是一种支持面向对象编程的语言。在 Python 中，所有数据类型都可以视为对象，甚至 Python 中定义的函数也可以视为一种特殊的对象。在本章，我们首先介绍面向对象编程的基本概念和特性，然后介绍如何在 Python 中实现自定义类、属性访问控制、继承、多态和运算符重载等面向对象编程中常见的编程模式。

5.1 面向对象编程简介

    面向对象编程（object-oriented programming，OOP）是一种程序设计思想，它将现实世界抽象成为对象，把对象作为程序的基本单元。一个对象包含了属性和方法。属性是对象包含的数据，通常代表了对象的个体特征；而方法则是可以操作数据或和其他对象交互的函数，通常代表了对象的动作和行为。面向对象的程序设计把计算机程序视为一组对象的集合，而每个对象都可以接收其他对象发过来的消息，并处理这些消息。计算机程序的执行就是一系列消息在各个对象之间传递。

    与面向对象编程相对应的概念是面向过程编程（procedure-oriented programming，POP），它是一种以过程为中心的编程思想。面向过程的程序设计方法把计算机程序视为一系列命令的集合，即一组函数的顺序执行。为了简化程序设计，面向过程编程会把复杂的函数一步步划分为简单的子函数来降低系统的复杂度。

    面向对象的程序设计方法可以很好地解决面向过程的程序设计方法所面临的一系列问题。面向对象编程将现实世界中某类客观事物的许多共同特点（属性）归纳在一起，形成一个个数据结构（可以用多个变量来描述事物的属性）；将这类客观事物所能进行的行为也归纳在一起，形成一个个函数，这些函数可以用来操作数据结构（这一步叫作抽象）。然后通过某种语法形式，将数据结构和操作该数据结构的函数"捆绑"在一起，形成一个"类"，从而使得数据结构和操作该数据结构的函数呈现出显而易见的紧密关系，这就是"封装"。面向对象的程序设计方法具有以下特性：

- 面向对象的程序 = 类 + 类 + … + 类；
- 面向对象设计程序的过程就是设计类的过程。

面向对象程序设计的程序模式如图 5–1 所示。

面向对象编程有如下特性。

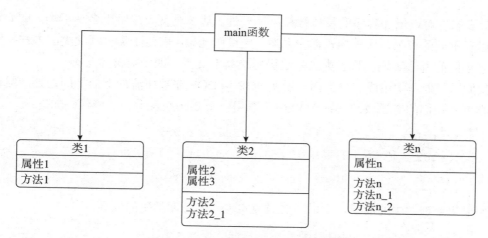

图 5-1　面向对象程序设计的程序模式

1. 封装性

把客观事物封装成抽象的类，并且类的数据和方法只让可信的类或者对象操作，对不可信的类和对象进行信息隐藏。即抽象数据类型对数据信息以及数据的操作方法打包，将其变为一个不可分割的实体，在实体内部，我们对数据进行隐藏和保密，只留下一些接口供外部调用。通过封装，对象对内部的数据提供了不同级别的保护，以防止程序中无关的部分意外地改变或者错误地使用对象的私有部分。

通过对属性的封装，使用者只能通过特定的方法来访问数据，可以方便地加入逻辑控制，限制对属性的不合理的操作和修改；通过对方法的封装，使用者只需要调用特定的方法，而不必关心方法的内部实现，这有利于方法的维护。生活中随处可见接口的设计，例如自动售卖机，我们在购买饮料时，只需要按照参考步骤选定商品并支付就可以得到想要的商品，并不需要知道自动售卖机是怎么实现商品的无人出货的，我们不关心也不需要关心实现自动售卖的这些技术细节，只需要知道自动售卖机向我们提供了选择商品和支付的接口，并且通过接口就可以得到我们想要的商品。

2. 继承性

继承是从已有的类中派生出新的类，新的类能自动获得已有类的某些属性和方法，并具有扩展新属性和方法的能力。通过继承可以避免对一般类和特殊类之间的共同特征进行重复的描述，如果两个类之间存在 "is a" 的关系，则可以使用继承。使用继承能够很清晰地体现类之间的层次结构关系，也大大增加了代码的重用性，降低了代码的冗余度。如果一个类 A 继承自另一个类 B，那么称 A 为 B 的子类（又称为派生类），B 为 A 的父类（又称为基类）。继承可以使子类具有父类的各种属性和方法，而不需要再次编写相同的代码。在子类继承父类的属性和方法的同时，子类也可以重新定义某些属性，并重写某些方法，即覆盖父类原有的属性和方法，从而使得子类和父类在属性和功能上有所不同，同时子类也可以追加新的属性和方法。

3. 多态性

多态性是指在父类中定义的属性和方法被子类继承后，可以具有不同的数据类型或表现出不同的行为，这使得向不同的对象发送同一条消息时，其会在接收时表现出不同的行为。多态性可以增加程序的灵活性和可扩展性。从一个父类派生出多个子类，且子类之间可以有不同的行为，这种形式称为多态。更直白地说，就是子类重写父类的方法，使子类具有不同的方法实现，且子类的方法优先级高于父类，即子类覆盖父类。

我们以"处理学生成绩"为例来说明 POP 和 OOP 在程序流程上的不同之处。假设有几个学生和他们的考试成绩，在 POP 中可以用一个 dict 来表示。示例代码如下：

```
1 >>> std1 = {'name': 'Michael', 'score': 98}
2 ... std2 = {'name': 'Bob', 'score': 81}
3 ... std3 = {'name': 'Kristen', 'score': 93}
```

如果想处理学生的成绩，可以通过函数实现，如打印学生的成绩：

```
1 >>> def print_score(std):
2 ...     print('%s: %d' % (std['name'], std['score']))
3 ... print_score(std1)
4 Michael: 98
```

如果采用 OOP，那么首先需要考虑的不是程序的执行流程，而是先观察这些学生的共性并抽象出一个学生类。通过观察，我们发现所有学生都有姓名和成绩并且可以打印成绩，那么我们可以得到一个具有姓名和成绩属性以及打印成绩方法的学生类，学生类的实例（instance）就是每个具体的学生对象，其都有姓名和成绩属性以及打印成绩的方法，每个学生的属性的取值不是唯一的，但是两个学生的成绩属性有可能相同。

当需要打印一个学生的信息时，只需要先创建这个学生对应的对象，再给该对象发送一个打印成绩（print_score）的消息，就可以让对象完成打印成绩的操作。在这里，给对象发消息实际上就是调用对象对应的关联函数，我们称之为对象的方法。示例代码如下：

```
1  >>> class Student(object):
2  ...     def __init__(self, name, score):
3  ...         # 类的构造函数，self代表类的实例
4  ...         self.name = name
5  ...         self.score = score
6  ...     def print_score(self):
7  ...         # 类的方法
8  ...         print('%s: %d' % (self.name, self.score))
9  ... Michael = Student('Michael',98)        # 创建实例对象
10 ... Kristen = Student('Kristen',93)        # 创建实例对象
11 ... Michael.print_score()                  # 调用类的方法
12 Michael: 98
13 ... Kristen.print_score()                  # 调用类的方法
14 Kristen: 93
```

5.2　自定义类

OOP 的设计思想是尽可能模拟人类的思维方式，使得程序设计的方法和过程尽可能接近人类认识世界、解决现实问题的方法和过程。我们首先引入类和实例的概念。

类：用来描述具有相同属性和方法的对象的集合。类是抽象的模板，可以用来创建一个个具体的"对象"。例如，我们定义的 Student 类是指学生这个概念，其定义了学生都具有的姓名和成绩属性，以及打印成绩的方法。

实例：实例是根据类创建出来的一个个具体的"对象"，如果把类看作一个模具，实例就是用这个模具生产出来的产品，例如一个具体的 Student 类，Michael 和 Kristen 就是两个具体的 Student 实例，由同一个类创建的不同对象都拥有相同的方法，但是各自的数据可能不同。

关于类的定义有如下几点说明：

- 在 Python 中，通过关键字 class 定义类。
- class 后面为类名，类名通常是大写字母开头的单词（注意：类的命名必须符合标准的 Python 变量命名规则，即必须以字母或者下划线开头，其中只能包含字母、下划线或者数字。同时，Python 代码风格指南建议类名应该使用驼峰式记法，即以大写字母开头，并且紧随其后的任意一个单词都要以大写字母开头）。
- 父类类名（object），表示该类从 object 父类继承下来。通常如果没有合适的继承类，就使用 object 类，这是所有类最终都会继承的类。

我们仍以"处理学生成绩"为例来说明类和实例的概念。示例代码如下：

```
1 >>> class Student2(object):
2 ...     pass
```

定义好 Student2 类后，就可以利用它来创建实例对象。

```
1 >>> Michael = Student2()      # 创建实例对象
2 ... Kristen = Student2()      # 创建实例对象
3 ... print(Michael)
4 <__main__.Student2 object at 0x000002414ECFC400>
5 ... print(Kristen)
6 <__main__.Student2 object at 0x000002414ED39FD0>
7 ... print(Student2)
8 <class '__main__.Student2'>
```

Student2 本身是一个类，Michael 指向的是 Student2 的一个实例，0x000002414ECFC400 是其内存地址，每个 object 的内存地址都是不一样的。

Student2 类实例化之后，可以自由地给一个实例变量绑定属性，我们可以采用 <object>.<attribute>=<value> 的形式为对象绑定一个属性并赋值。

```
1 >>> Michael.name = "Michael Simon"
2 ... print(Michael.name)
3 Michael Simon
4 >>> print(Kristen.name)
5 Traceback (most recent call last):
6 File "<input>", line 10, in <module>
7 AttributeError: 'Student2' object has no attribute 'name'
```

可以看到，在给 Michael 绑定了 name 属性之后，可以通过 Michael.name 对其进行访问，而我们未给 Kristen 绑定 name 属性，故访问 Kristen.name 会提示出错，因为 Kristen 这个对象没有 name 属性。

类是一个抽象出来的对象的模板，可以在创建类的实例时，把一些我们认为必须绑定的属性强制写进去。在创建实例时，通过定义一个特殊的__ init __方法（构造函数），把 name、score 等属性绑定上去，除了有一个特殊的名称__ init __，Python 的初始化方法和其他方法没有什么不同，开头和结尾的双下划线的意思是："这是一个特殊的方法，Python 解释器会特殊对待它"。对于我们自定义的方法，名称中一定不要使用双下划线开头和结尾。示例代码如下：

```
1 >>> class Student(object):
2 ...     def __init__(self, name, score):
3 ...     # 类的构造函数，self代表类的实例
4 ...         self.name = name
5 ...         self.score = score
```

● __ init __前后分别有两条下划线，__ init __方法括号内的第一个参数永远是 self，表示创建的实例本身，因此，在__ init __方法内部，可以把各种属性绑定到 self。

● 有了__ init __方法之后，在创建变量时，就不能传入空的参数，而是必须传入与 __ init __方法相匹配的参数，但是 self 不需要传入，Python 解释器自己会传入实例变量。

示例代码如下：

```
1 >>> Michael = Student('Michael', 98)
2 ... print(Michael.name)
3 Michael
4 ... print(Michael.score)
5 98
```

与普通方法相比，在类中定义的方法只有一点不同，就是第一个参数永远是实例变量 self，并且在调用方法时，不需要传递该参数。除此之外，类的方法和普通方法没有显著区别，都是以关键字 def 开头，紧跟一个空格和方法名，方法名后面紧跟一对小括号，括

号内包含参数列表，所以仍然可以使用默认参数、可变参数、关键字参数和命名关键字参数。

Student 类中，每个实例都有各自的 name 和 score 数据，可以通过方法来访问实例数据，例如打印某个学生的成绩。示例代码如下：

```
1 >>> def print_score(std):
2 ...     print('%s %d' % (std.name, std.score))
3 >>> print_score(Michael)
4 Michael 98
```

Student 类的实例本身就拥有这些数据，如果要访问它们，可以直接在 Student 类的内部定义访问数据的方法，进而把数据封装。

封装数据的方法和 Student 类本身是关联起来的，称为类的方法。示例代码如下：

```
1 >>> class Student(object):
2 ...     def __init__(self, name, score):
3 ...         # 类的构造函数，self代表类的实例
4 ...         self.name = name
5 ...         self.score = score
6 ...     def print_score(self):
7 ...         print('%s %d' % (self.name, self.score))
8 >>> Michael = Student('Michael', 98)
9 >>> Michael.print_score()
10 Michael 98
```

- 在类中定义一个类的方法，除了第一个参数是 self 外，其他和普通方法一样，当需要调用一个方法时，只需要在实例变量上直接调用该方法即可，除了不用传入 self 参数，其他参数正常传入。
- 从调用方来看 Student 类，只需在创建实例时给定 name 和 score。
- score 输出在 Student 类的内部实现。这些数据和逻辑被封装在一起，使调用变得容易。

通过封装，可以给 Student 类增加新的方法。下面我们给 Student 类增加了一个获取成绩等级的 get_grade 方法，其可以根据学生成绩的高低给出相应的等级 A、B、C。示例代码如下：

```
1 >>> class Student(object):
2 ...     def __init__(self, name, score):
3 ...         # 类的构造函数，self代表类的实例
4 ...         self.name = name
5 ...         self.score = score
6 ...     def print_score(self):
```

```
7  ...          print('%s %d' % (self.name, self.score))
8  ...      def get_grade(self):
9  ...          if self.score >= 90:
10 ...              return 'A'
11 ...          elif self.score >= 60:
12 ...              return 'B'
13 ...          else:
14 ...              return 'C'
```

5.3 属性访问控制

在 class 内部，可以有属性和方法，而外部可以通过直接调用实例变量的方法来操作数据，从而隐藏了内部的复杂逻辑。示例代码如下：

```
1  >>> Michael = Student('Michael', 98)
2  ... Michael.print_score()
3  Michael 98
4  ... Michael.score = 80
5  ... Michael.print_score()
6  Michael 80
```

- 从示例的 Student 类的定义来看，外部代码可以修改一个实例的属性。
- 为了不让内部属性被外部访问，可以在属性的名称前加上两条下划线 "__"，使其变为一个私有（private）变量，未加下划线的则为公有（public）变量。
- 类的私有变量只能在类的内部访问，外部不能访问。
- 类的公有变量在类的内部和外部均可被访问。

```
1  >>> class Student(object):
2  ...     def __init__(self, name, score):
3  ...     # 类的构造函数，self代表类的实例
4  ...         self.__name = name            # 私有变量
5  ...         self.__score = score          # 私有变量
6  ...     def print_score(self):
7  ...         print('%s %d' % (self.__name, self.__score))
8  ... Michael = Student('Michael', 98)      # 创建实例对象
9  ... Michael.print_score()
10 Michael 98
11 ... print(Michael.__score)  # 从外部访问私有属性，会报错
```

```
12 Traceback (most recent call last):
13 File "<input>", line 10, in <module>
14 AttributeError: 'Student' object has no attribute '__score'
```

示例代码如下:

```
1 >>> class Student(object):
2 ...      def __init__(self, name, score):
3 ...      # 类的构造函数，self代表类的实例
4 ...          self.__name = name          # 私有变量
5 ...          self.__score = score        # 私有变量
6 ...      def print_score(self):
7 ...          print('%s %d' % (self.__name, self.__score))
8 ... Michael = Student('Michael', 98)     # 创建实例对象
9 ... Michael.print_score()
10 Michael 98
11 ... Michael.__score = 80
12 ... Michael.print_score()
13 Michael 98
```

引入私有变量可以确保外部代码不能随意修改对象内部的状态，通过访问限制的保护使代码变得更加安全和健壮。如果外部代码想要访问、修改私有变量，则可以通过增加类的方法来实现。示例代码如下:

```
1 >>> class Student(object):
2 ...      ...
3 ...      def get_name(self):
4 ...          return self.__name
5 ...      def get_score(self):
6 ...          return self.__score
7 ...      def set_score(self, score):
8 ...          self.__score = score
```

那么类的方法与直接通过外部访问/修改相比有哪些优势呢？

```
1 >>> class Student(object):
2 ...      ...
3 ...      def set_score(self, score):
4 ...          if 0 <= score <=100:
5 ...              self.__score = score
6 ...          else:
```

```
7  ...       raise ValueError('bad score')
```

在类的方法中，可以对参数做相关检查，避免因异常的输入而导致错误。

- 类似于 __xxx 的变量是私有变量，外部代码不能直接访问。
- 类似于 _xxx 的变量允许外部代码访问，但是按照约定俗成的规定，当你看到这样的变量时，其含义是"虽然我可以被访问，但请把我视为私有变量，不要随意访问"。
- 类似于 __xxx__ 的变量是特殊变量，不是私有变量，外部代码可以直接访问。

分析下面的示例：

```
1  >>> Michael = Student('Michael', 98)      # 创建实例对象
2  ... Michael.print_score()
3  Michael 98
4  ... Michael.__score = 80
5  ... Michael.print_score()
6  Michael 98
7  ... print(Michael._Student__score)
8  98
9  ... print(Michael.__score)
10 80
```

Student 对象的内部私有属性 __score 变量已经被 Python 解释器自动改成了 _Student__score，外部代码给 Michael 示例新增了一个 __score 变量，此变量不是私有变量，可以从外部进行访问。

- Python 不允许实例化的类访问私有数据，但可以使用 object._className__attrName（对象名._类名__私有属性名）来访问私有属性。

5.4 继承：基类和子类

在 OOP 中定义一个 class 时，可以从某个现有的 class 继承，新的 class 称为子类（subclass），而被继承的 class 称为父类、基类（base class）或超类（super class）。我们可以理解为一个子类来自父类，同时也扩展了父类。实际上，在 Python 中我们所创建的每个类都使用了继承。所有的 Python 类都是一个叫作 object 的特殊类的子类。object 类提供了非常少的数据和行为（其提供的行为都使用以双下划线开头的方法，这些方法只能在内部使用），但是其实 Python 以同样的方式对待所有对象。在 Python 中，定义一个继承关系只需要在定义类的时候在其类名后面的括号里包含父类的名字，如果在定义一个类时没有显式表明其继承自某个类，那么该类会自动继承 object 类。

```
1  >>> class Animal(object):
```

```
2 ...      pass
```

上述代码创建了一个类 Animal，其继承自 object 类。

```
1 >>> class Animal(object):
2 ...      def run(self):
3 ...          print('Animal is running...')
4 >>> class Dog(Animal):
5 ...      pass
6 >>> class Cat(Animal):
7 ...      pass
8 >>> dog = Dog()
9 >>> dog.run()
10 Animal is running...
11 >>> cat = Cat()
12 >>> cat.run()
13 Animal is running...
```

我们以 Dog、Cat 和 Animal 类为例来进行说明。对于 Dog 类，Animal 是它的父类，对于 Animal 类，Dog 和 Cat 是它的子类。由于 Animal 实现了 run 方法，所以继承自 Animal 类的子类 Dog 和 Cat 也拥有了 run 方法。

在继承时，也可以给子类增添新的方法。

```
1 >>> class Dog(Animal):
2 ...      def run(self):
3 ...          print('Dog is running...')
4 ...      def eat(self):
5 ...          print('Eating meat...')
6 >>> dog = Dog()
7 >>> dog.run()
8 Dog is running...
```

通过在子类中增添新的方法，可以实现对子类功能的进一步扩充。

5.5　多态和鸭子类型

5.5.1　多态

多态（polymorphism）是面向对象的重要特性，简单来说，就是"一个接口，多种实现"，即同一种事物表现出多种形态。在现实生活中也有对应的例子，如在南美种群中存在浅黄色和黑色两种颜色的美洲豹，浅黄色和黑色即美洲豹的多种状态。

编程其实就是一个将具体世界抽象化的过程，多态就是抽象化的一种体现，把一系列具体事物的共同点抽象出来，再通过这个抽象的事物与不同的具体事物对话。举一个比较形象的例子：比如有一个函数是安排某个学生考试，函数要求传递的参数是学生的专业，如果传入的是数学专业的学生，那么可能为该生安排"微分几何"的考试，如果传入的是人工智能专业的学生，那么可能为该生安排"人工智能与 Python 程序设计"的考试，这就体现出了同样的方法，却可以产生不同的形态。这就是多态的一种具体应用场景。

多态的作用如下：

- 应用程序不必为每个派生类编写功能调用，只需要对抽象基类进行处理即可，大大提高了程序的可复用性。（继承。）

- 派生类的功能可以被基类的方法或引用变量调用，这叫作向后兼容，可以提高可扩充性和可维护性。（多态的真正作用，以前需要用 switch 实现。）

从一个父类派生出多个子类，且子类之间可以有不同的行为，这种形式称为多态。更直白地说，就是子类重写父类的方法，使子类具有不同的方法实现，且子类的方法的优先级高于父类，即子类覆盖父类。示例代码如下：

```python
1  >>> class Animal(object):    # 父类/基类
2  ...     def run(self):
3  ...         print('Animal is running...')
4  ...     def eat(self):
5  ...         print('Animal is eating meat...')
6
7  >>> class Dog(Animal):        # 子类/派生类1
8  ...     def run(self):
9  ...         print('Dog is running...')
10
11 >>> class Cat(Animal):        # 子类/派生类2
12 ...     def run(self):
13 ...         print('Cat is running...')
14
15 >>> def run_animal(animal):
16 ...     animal.run()
17
18 >>> run_animal(Animal())
19 Animal is running...
20
21 >>> run_animal(Dog())
22 Dog is running...
```

```
23
24 >>> run_animal(Cat())
25 Cat is running...
```

在上述代码中，我们首先定义了 Animal 类，其具有 run 方法。随后定义了 Dog 类、Cat 类，它们均继承 Animal 类，但都有自己的 run 方法。最后通过 run_animal 方法验证结果，可知：Dog 类以及 Cat 类均能被解释为 Animal 类，且子类（Dog 类、Cat 类）的方法的优先级高于父类（Animal 类）。

5.5.2　鸭子类型

在程序设计中，鸭子类型（duck typing）是动态类型（dynamic typing）的一种风格。在这种风格中，一个对象有效的语义不是由继承关系决定的，而是由当前方法和属性的集合决定的。这个概念的名字源于 James Whitcomb Riley 提出的鸭子测试，鸭子测试可以这样表述："如果一只鸟走路像鸭子、游泳像鸭子、叫声也像鸭子，那么这只鸟就可以称为鸭子。"

示例代码如下：

```
1 >>> class Duck():
2 ...     def walk(self):
3 ...         print('a duck is walking')
4 ...     def swim(self):
5 ...         print('a duck is swimming')
6 ...     def quack(self):
7 ...         print('a duck is quacking')
8
9 >>> class Bird():
10 ...     def walk(self):
11 ...         print('a bird is walking like a duck')
12 ...     def swim(self):
13 ...         print('a bird is swimming like a duck')
14 ...     def quack(self):
15 ...         print('a bird is quacking like a duck')
16
17 >>> def run_duck(duck):
18 ...     duck.walk()
19 ...     duck.swim()
20 ...     duck.quack()
21
22 >>> run_duck(Duck())
```

```
23  a duck is walking
24  a duck is swimming
25  a duck is quacking
26
27  >>> run_duck(Bird())
28  a bird is walking like a duck
29  a bird is swimming like a duck
30  a bird is quacking like a duck
```

在上述代码中，我们分别定义了 Duck 类和 Bird 类，两者没有直接的继承关系，但两者都拥有 walk、swim 以及 quack 方法。可以看到，虽然 Duck 类和 Bird 类的类别不同，但上述代码能顺利运行，这是因为 Python 作为动态类型编程语言，对鸭子类型编程方式有良好的兼容性。

5.6 运算符重载

所谓运算符重载，是指在类中定义并实现一个与运算符对应的处理方法，这样当类对象进行运算符操作时，系统就会调用类中相应的方法来处理，就像 Python 中字符串类型支持直接做加法来实现字符串的拼接功能，集合类型可以直接使用减法实现求差集的功能等。这些类型能够使用运算符直接操作，都实现了运算符重载。

```
1  >>> str_1 = 'string1 '
2  >>> str_2 = 'string2'
3
4  >>> set_1 = {'set1', 'a common element'}
5  >>> set_2 = {'set2', 'a common element'}
6
7  >>> str_1+str_2
8  'string1 string2'
9
10 >>> set_1-set_2
11 {'set1'}
12
13 >>> str_1-str_2
14 Traceback (most recent call last):
15   File "<stdin>", line 1, in <module>
16 TypeError: unsupported operand type(s) for -: 'str' and 'str'
```

```
17
18  >>> set_1+set_2
19  Traceback (most recent call last):
20    File "<stdin>", line 1, in <module>
21  TypeError: unsupported operand type(s) for +: 'set' and 'set'
```

从上述代码中可以看出，对于内置的 String 类和 Set 类，它们的 "+" 和 "−" 运算符实际对应的是不同的操作：对于 String 类，"+" 运算符实际表示字符串拼接，且不支持 "−" 运算符；对于 Set 类，其不支持 "+" 运算符，而 "−" 运算符表示求集合的差集。如果想要重载运算符（如 "+" 运算符），可通过修改__add__方法来实现。例如：

```
1  >>> class CusAdd():
2  ...     def __init__(self, id_=1):
3  ...         self.instance_name = f'Component #{id_}'
4  ...     def __add__(self, other):
5  ...         return f'custom add_operator of {self.instance_name}
                     and {other.instance_name}'
6
7  >>> CusAdd('1') + CusAdd('2')
8  'custom add_operator of Component #1 and Component #2'
```

还有其他一系列运算符，详见官方文档。①

5.7　变量和对象的引用关系

在 Python 中，一切皆为对象，对象本质上是被分配的一块内存，有足够的空间去表现它们所代表的值。变量则是一个系统表的元素，其可以指向任一对象，并拥有指向对象的空间。所有从变量到对象的连接称为引用。引用可以看作一种关系，类似 C 语言中指针的概念，在内存中也以指针的形式实现。对象、变量以及两者之间的引用关系本质上如下：

- **变量**是一个系统表的元素，拥有指向对象的连接的空间。
- **对象**是被分配的一块内存，有足够的空间去表现它们所代表的值。
- **引用**是自动形成的从变量到对象的指针。

---

① https://docs.python.org/3/reference/datamodel.html#emulating-containertypes.

5.8 可变对象和不可变对象

Python 中有两种类型的对象：可变对象与不可变对象。可变对象与不可变对象的区别在于对象本身是否可变。例如，Python 内置的一些类型中，可变对象有 list、dict 和 set 等，其引用所指向的对象内存地址中的值发生改变后，引用所指向的对象内存地址不会改变；不可变对象有 tuple、string、int、float 和 bool 等，其引用所指向的对象内存地址中的值不能改变，只能重新赋值，重新赋值后，引用所指向的对象内存地址会改变，即指向新的对象内存地址。

首先对可变对象进行探索，这里以 list、dict 以及 set 为例：

```
1  >>> the_list = ['an initial element']
2  >>> the_dict = {'element':'an initial element'}
3  >>> the_set = {'an initial element'}
4  >>> init_list = the_list.copy()
5  >>> init_dict = the_dict.copy()
6  >>> init_set = the_set.copy()
7
8  >>> init_id_list = id(the_list)
9  >>> init_id_dict = id(the_dict)
10 >>> init_id_set = id(the_set)
11
12 >>> # 改变值
13 >>> the_list[0] = 'a new element'
14 >>> the_dict['element'] = ['a new element']
15 >>> the_set.remove('an initial element')
16 >>> the_set.add('a new element')
17
18 >>> current_id_list = id(the_list)
19 >>> current_id_dict = id(the_dict)
20 >>> current_id_set = id(the_set)
21
22 >>> print('List:\ninitial value:', init_list,'\ncurrent value:',
           the_list,'\nthe id of the list does NOT change:',
           init_id_list==current_id_list,'\n')
23 List:
24 initial value: ['an initial element']
25 current value: ['a new element']
26 the id of the list does NOT change: True
```

```
27
28  >>> print('Dict:\ninitial value:', init_dict,'\ncurrent value:',
            the_dict,'\nthe id of the dict does NOT change:',
            init_id_dict==current_id_dict,'\n')
29  Dict:
30  initial value: {'element': 'an initial element'}
31  current value: {'element': ['a new element']}
32  the id of the dict does NOT change: True
33
34  >>> print('Set:\ninitial value:', init_set,'\ncurrent value:',
            the_set,'\nthe id of the set does NOT change:',
            init_id_set==current_id_set,'\n')
35  Set:
36  initial value: {'an initial element'}
37  current value: {'a new element'}
38  the id of the set does NOT change: True
```

在上述代码中，我们首先分别初始化了一个列表（list）、字典（dict）以及集合（set），并记录修改前后的 id 是否相同，以此来判断原对象是否可变。可以看到，三种示例类型修改前后 id 均未发生改变，故它们都是可变对象。

接下来对不可变对象进行探索，这里以 string 以及 tuple 为例：

```
1   >>> the_str = 'an initial string'
2   >>> the_tuple = ('an initial element',)
3   >>> init_id_str = id(the_str)
4   >>> init_id_tuple = id(the_tuple)
5   >>> init_str = the_str
6   >>> init_tuple = the_tuple
7   >>> # the_string[0] = 'a new string' # TypeError: 'str' object
        does not support item assignment
8   >>> # the_tuple[0] = 'a new string' # TypeError: 'tuple' object
        does not support item assignment
9   >>> the_str = 'a new string'
10  >>> the_tuple = ('a new element',)
11  >>> current_id_str = id(the_str)
12  >>> current_id_tuple = id(the_tuple)
13
14  >>> print('String:\ninitial value:', init_str,'\ncurrent value:',
            the_str,'\nthe id of the String does NOT change:',
```

```
              init_id_str==current_id_str,'\n')
15 String:
16 initial value: an initial string
17 current value: a new string
18 the id of the String does NOT change: False
19
20 >>> print('Tuple:\ninitial value:', init_tuple,'\ncurrent
        value:',the_tuple,'\nthe id of the Tuple does NOT
        change:',init_id_tuple==current_id_tuple,'\n')
21 Tuple:
22 initial value: ('an initial element',)
23 current value: ('a new element',)
24 the id of the Tuple does NOT change: False
```

从上述代码的运行结果可以看到，与前面提到的可变对象示例不同，string 类型以及 tuple 类型修改前后的 id 均出现了变化，这证明了修改前后指向的是不同的内存空间，即系统新开辟了一块空间来存储新的内容，而不是修改原来内存空间中的内容，这是不可变对象所具有的行为。

特别提示

强行修改不可变对象会怎样？

如上述（不可变对象）代码所注释的第 7 ~ 8 行所示，强行修改不可变对象的值会得到 TypeError 错误。

5.9 习 题

1. 编写一个名为 Rectangle 的类，它的构造函数接收两个参数——矩形的宽（width）和高（height），并具有以下方法：area（返回矩形的面积）以及perimeter（返回矩形的周长）。请补全以下代码，并注意考虑对构造函数中传入的参数进行一定的检查，使每个Rectangle类的实例均代表一个合法的矩形。

```
1 class Rectangle:
2     def __init__(self, width, height):
3         # 请补全代码
4
5     def area(self):
```

```
6              # 请补全代码
7
8      def perimeter(self):
9          # 请补全代码
10
11 rect = Rectangle(5, 10)
12 print(rect.area())      # 50
13 print(rect.perimeter()) # 30
```

2. 编写一个名为BankAccount的类来表示银行账户。该类的实例具有以下属性：balance（表示账户当前的余额），account_holder（表示账户的持有者）。务必确保这些属性不会被意外地更改。该类还应具有以下方法：deposit（将特定数额的钱存入账户），withdraw（从账户中取出特定数额的钱）。

```
1 class BankAccount:
2     def __init__(self, account_holder, balance=0):
3         # 请补全代码
4
5     def deposit(self, amount):
6         # 请补全代码
7
8     def withdraw(self, amount):
9         # 请补全代码
10
11    def get_account_holder(self):
12        return self.__account_holder
13
14    def get_balance(self):
15        return self.__balance
16
17 account = BankAccount("John Smith")
18 account.deposit(1000) # $1000 has been deposited into your
                         account.
19 account.withdraw(500) # $500 has been withdrawn from your
                         account.
20 print(account.get_balance()) # 500
21 account.withdraw(600)        # Insufficient balance.
```

3. 请阅读以下代码，给出代码运行结果，并思考其原因。

```python
1  class Animal(object):
2      name = 'Animal'
3      def __init__(self):
4          print('This is an animal class.')
5
6      def live(self):
7          print("{}'s life:".format(self.name))
8          self.eat()
9          self.play()
10         self.sleep()
11
12     def play(self):
13         print('Animal is playing')
14
15     def eat(self):
16         print('Animal is eating')
17
18     def sleep(self):
19         print('Animal is sleeping')
20
21 class Dog(Animal):
22     name = 'Dog'
23     def play(self):
24         print('Dog likes playing frisbee!')
25
26 class Husky(Dog):
27     name = 'Husky'
28     def play(self):
29         print('Husky likes playing sofa!')
30
31 animal = Husky()
32 animal.live()
33
34 animal = Dog()
35 animal.name = 'Lucky'
36 animal.live()
```

4. 编写一个名为MyVector的类，该类的实例表示二维空间中的一个向量，其构造函数接收两个整数x和y作为参数，并通过运算符重载的方式，实现用+、-、*三个运算符分别计算向量相加、相减、数乘（和内积）（提示：可以分别实现__rmul__和__mul__方法）。

```python
class MyVector(object):
    def __init__(self, x, y):
        self.__x = x
        self.__y = y

    def __repr__(self):
        return "({}, {})".format(self.__x, self.__y)

    # 请补全以下代码


v1 = MyVector(1,2)
v2 = MyVector(2,3)
print(v1+v2)        # (3, 5)
print(10*v1)        # (10, 20)
print(v1-2*v2)      # (-3, -4)
print(v1*v2)        # 8
```

5. 有两个列表list1和list2，分别初始化为[1，2，3]和[4，5，6]。请思考以下程序运行后输出的结果及其原因。

```python
# 初始化 list1 和 list2
list1 = [1, 2, 3]
list2 = [4, 5, 6]

# 将 list2 赋值给 list1，并修改 list1 的值
list1 = list2
list1[0] = 0

# 打印 list1 和 list2 的值
print(list1)
print(list2)

# 复制 list2 到 list1，并修改 list1 的值
list1 = list2.copy()
list1[0] = 0
```

```
16
17  # 打印 list1 和 list2 的值
18  print(list1)
19  print(list2)
```

6. 请阅读以下代码，给出代码运行结果，并思考其原因。

```
1   def modify_list(data_list, data_tuple):
2       # 修改列表
3       data_list[1] = "changed"
4
5       # 修改元组
6       data_tuple = data_tuple[:2] + ("changed",)
7
8       # 输出修改后的列表和元组
9       print(f"Modified List: {data_list}")
10      print(f"Modified Tuple: {data_tuple}")
11
12  # 测试
13  test_list = ["original", "value"]
14  test_tuple = ("original", "value", "tuple")
15
16  print(f"Original List: {test_list}")
17  print(f"Original Tuple: {test_tuple}")
18
19  modify_list(test_list, test_tuple)
20
21  print(f"After function call List: {test_list}")
22  print(f"After function call Tuple: {test_tuple}")
```

Python 作为一门语法简单易懂的脚本语言，被广泛应用于数据分析、科学计算、人工智能等计算密集的领域，在这些领域存在大量的数值型数据需要被高效地读取和运算。本章将介绍如何使用 numpy 创建和存储多维数组，并且高效地进行各种复杂的矩阵运算。

6.1 numpy 库简介

numpy 是一个 Python 开发工具包，其提供了最基本的向量和矩阵操作。Python 很多知名的机器学习、数据挖掘、深度学习框架（如 scikit-learn、pandas、TensorFlow、PyTorch）都是基于 numpy 定义的数据结构和运算实现的。numpy 的前身是 1955 年就开始开发的一个用于数组运算的代码库，发展到今天已经成为 Python 用于科学计算的首选利器。其功能包括但不限于：

- 强大的多维数组结构。
- 高效而简洁的调用接口。
- 面向 C/C++ 和 Fortran 语言的代码集成工具。
- 线性代数、傅立叶变换、随机数等基本数学运算。

特别提示

什么是工具包？

通俗来讲，工具包就是由他人编写好的、实现通用功能的一组函数和类。其他人如果希望使用相同或者类似的功能，便可以直接调用此代码而无须自己从头编写代码。

Python 的一个重要优势是可以很方便地安装并使用其他人编写的各种工具包。想要使用这些工具包，第一步便是将其下载并安装到本地的 Python 环境中。一种便捷的安装方式是通过包管理工具 pip 或 Anaconda 进行安装，仅使用一行命令即可实现包的下载和安装。以安装 numpy 为例：

```
# 使用 pip 安装
```

```
2 pip install numpy 或 python -m pip install numpy
3
4 # 使用 Anaconda 安装
5 conda install numpy
```

安装之后如何开始使用呢？这就需要用到import 语句。

```
1 import numpy as np
```

其中，as用来为numpy包起一个别名，np是一个广泛使用的numpy的别名，用户也可以起自己喜欢的其他名称。

6.2 numpy 数组的创建

使用 numpy 的第一步便是创建一个数组，在 numpy 中，数组在名为ndarray的类中实现。通常来说，数组包含多个相同类型和形状的元素，这些元素可以是整型、浮点型等基础数据类型，也可以是数组或对象等复杂数据类型。可以使用 "np.array()" 从 Python 的列表中创建一个 numpy 类型的数组。

```
1 >>> import numpy as np
2 >>> x = np.array([[1, 2, 3], [4, 5, 6]])    # 创建一个包含整型元素
                                                  的二维数组
3 >>> type(x)                                 # 输出数组变量的类型
4 <class 'numpy.ndarray'>
5
6 >>> x.shape                                 # 输出数组变量的形状
7 (2, 3)
8
9 >>> y = np.array([4, 5, 6], dtype=np.int32)     # 在创建数组时指
                                                      定元素类型
10
11 >>> y.dtype                                 # 输出数组中元素的类型
12 dtype('int32')
```

除了上面这种从列表上创建 numpy 数组的方法，numpy 还针对一些常用的数组提供了直接创建的方法。这些常用的数组包括元素全都为 1 的数组、元素全都为 0 的数组、元素为随机数的数组等。示例代码如下：

```
1 >>> import numpy as np
2 >>> a = np.ones(3)              # 创建一个包含3个1的数组
3 >>> a
```

```
4  array([1. 1. 1.])
5
6  >>> b = np.ones(shape=(3, 2))     # 创建一个形状为(3,2)、元素均为1的
                                       数组
7  >>> b
8  array([[1. 1.]
9         [1. 1.]
10        [1. 1.]])
11
12 >>> c = np.zeros(3)              # 创建一个包含3个元素且均为0的数组
13 >>> c
14 array( [0. 0. 0.])
15
16 >>> d = np.random.random((2, 3)) # 创建一个2行3列的数组，
                                      元素均为随机数
17 >>> d
18 array([[0.63220634 0.04987549 0.31057212]
19        [0.09982978 0.53247773 0.88604805]])
20
21 >>> e = np.linspace(start=1, stop=5, num=5)
         # 创建一个包含5个元素的数组，元素在[1, 5]区间内均匀分布
22 >>> e
23 array([1.  2.  3.  4.  5. ])
```

numpy 提供了多种创建数组的方法，除了上面展示的方法之外，还有np.arange、np.indices、np.empty。读者可以自己使用这些方法查看会创建什么样的数组。

特别提示

每次运行生成的随机数都会变化，可以通过固定 numpy 的随机数种子让每次运行得到的随机数相同。读者可以自己查询如何固定。

上面的方法得到的 numpy 数组都是对象，其包含多种属性和方法供我们访问或调整其内容。

ndarray 类的常用属性包含以下 5 种：

```
1  >>> import numpy as np
2  >>> a = np.ones(shape=(4, 5))
3  >>> a.ndim                      # 数组的维度，也称为数组的秩
4  2
```

```
5
6  >>> a.shape                      # 数组的形状，返回一个整型元组
7  (4, 5)
8
9  >>> a.size                       # 数组中包含的元素总数
10 20
11
12 >>> a.dtype                      # 数组中元素的类型，可以在创建时通
                                     过dtype参数指定
13 float64
14
15 >>> a.itemsize                   # 数组中每个元素占用的字节数，与元
                                     素类型相关
16 8
```

对于 numpy 数组，一个常用的操作是改变数组的形状，如将数组压缩到一维或扩充到指定维度。针对这样的需求，我们可以使用其包含的一系列方法轻松实现。改变数组形状的常用方法有 4 种，如以下代码所示：

```
1  >>> import numpy as np
2  >>> a = np.ones(shape=(3, 4))
3  >>> b = a.reshape(2,6)           # 改变数组形状为(2，6)且返回一个
                                     新的数组
4  >>> b.shape, a.shape
5  (2, 6), (3, 4)
6
7  >>> a.resize((4,3))              # 改变当前数组的形状为(4，3)
8  >>> a.shape
9  (4, 3)
10
11 >>> c = a.swapaxes(0, 1)         # 交换数组的第0个维度和第1个维度
                                     且返回一个新的数组
12 >>> c.shape
13 (3, 4)
14
15 >>> d = a.flatten()              # 将数组维度变为1且返回一个新的
                                     数组
16 >>> d.shape, a.shape
17 (12,), (4, 3)
```

6.3 numpy 数组的索引和切片

ndarray 数据类型除了支持改变数组的形状之外，还可以非常方便地进行下标索引以及对数组中指定部分进行切片操作。常用的对数组进行索引和切片的方式如下：

```
1  >>> import numpy as np
2  >>> a = np.random.rand(5)
3  >>> a
4  array([0.9830359  0.34861214 0.5115622  0.37729931 0.69090264])
5
6  >>> a[2]                         # 索引a数组从前往后的第3个元素
7  0.5115621977052504
8
9  >>> a[-2]                        # 索引a数组从后往前的第2个元素
10 0.3772993125146352
11
12 >>> a[2: 4]                      # 取出a数组从前往后第3个元素到第5
                                      个元素之前的切片
13 array([0.5115622  0.37729931])
14
15 >>> a[-3: -1]                    # 取出a数组从后往前第1个元素之前到
                                      第3个元素的切片
16 array([0.5115622  0.37729931])
17
18 >>> a[2: 5: 2]                   # 以步长为2取出a数组从前往后第3个
                                      到第6个元素之前的切片
19 array([0.5115622  0.69090264])
20
21 >>> b = np.random.rand(5, 3)
22 >>> b
23 array([[0.99316955 0.44432104 0.34213342]
24        [0.77442003 0.23832677 0.90775536]
25        [0.97902063 0.4241129  0.08046282]
26        [0.66251765 0.64332116 0.70073361]
27        [0.66342308 0.3761424  0.8723482 ]])
28
29 >>> b[2:4, 1:3]                  # 取出b数组第3行到第5行之前、第2列
                                      到第4列之前的元素切片
```

```
30  array([[0.4241129  0.08046282]
31        [0.64332116 0.70073361]])
```

所有切片操作返回的结果均是原数组的一个视图，即与原数组共享内存，切片发生任何数据改变时原数组也会相应改变。如果希望得到一个脱离原数组的切片，可以使用复制操作，如 x[2:5].copy()。

> **特别提示**
>
> 　　在对 numpy 数组进行索引和切片时，下标统一从 0 开始，所有的切片区间均为前闭后开区间。

6.4 numpy 数组的运算

除了对数组的读取和切片之外，numpy 还提供了一系列直接对数组进行运算的方法，这些方法可以让我们像对待普通的数值类型一样对数组对象进行整体计算。C 语言中，如果我们要将 a 和 b 两个数组中的元素对应相加，必须使用 for 循环遍历数组，而 numpy 中则可以直接使用 a+b 或 np.add(a,b)。numpy 支持的算术运算函数包括：

```
1  >>> import numpy as np
2  >>> a = np.array([4, 5, 6])
3  >>> b = np.array([1, 2, 3])
4  >>> np.add(a,b)            # 对数组a和b逐元素相加，等价于 a + b
5  array([5 7 9])
6
7  >>> np.subtract(a, b)      # 对数组a和b逐元素相减，等价于 a - b
8  array([3 3 3])
9
10 >>> np.multiply(a, b)      # 对数组a和b逐元素相乘，等价于 a * b
11 array([4 10 18])
12
13 >>> np.divide(a, b)        # 对数组a和b逐元素相除，等价于 a / b
14 array([4.  2.5 2. ])
15
16 >>> np.floor_divide(a, b)  # 对数组a和b逐元素整除，等价于 a // b
17 array([4 2 2])
18
19 >>> np.negative(a)         # 对数组a逐元素取反，等价于 -a
```

```
20 array([-4 -5 -6])

21

22 >>> np.power(a, b)          # 对数组a和b逐元素乘方，等价于 a ** b
23 array([4  25 216])

24

25 >>> np.remainder(a, b)      # 对数组a和b逐元素取模，等价于 a % b
26 array([0 1 0])
```

numpy 除了支持像上面这种直接对两个数组进行的运算以外，还支持对数据进行比较操作。所有常用的比较运算函数及其功能如下：

```
1 >>> import numpy as np
2 >>> a = np.array([4, 1, 2])
3 >>> b = np.array([2, 3, 2])
4 >>> np.equal(a, b)              # 等价于判断 a == b
5 array([False  False   True])

6

7 >>> np.not_equal(a, b)          # 等价于判断 a != b
8 array([True   True  False])

9

10 >>> np.less(a, b)               # 等价于判断 a < b
11 array([False   True  False])

12

13 >>> np.less_equal(a, b)         # 等价于判断 a <= b
14 array([False   True   True])

15

16 >>> np.greater(a, b)            # 等价于判断 a > b
17 array([True   False  False])

18

19 >>> np.greater_equal(a, b)      # 等价于判断 a >= b
20 array([True   False   True])
```

所有的比较运算都将返回一个元素为布尔类型的数组。布尔类型在参与计算时，True 被认为是 1，False 被认为是 0，所以可以通过1*x的方式将布尔类型的数组x转换为整型数组。

除了这些基础的运算和比较函数之外，numpy 还提供了一些与数学相关的函数，这些函数及其功能描述如表 6–1所示。

除了对数组中元素进行逐元素的运算或比较，numpy 还提供了更为复杂的计算，包括三角函数、傅里叶变换、矩阵运算、位运算、概率运算等。感兴趣的读者可以在官方网站

表 6–1　numpy 常用数学计算函数

函数	功能描述
np.abs(x)	对 x 中元素取绝对值
np.sqrt(x)	对 x 中元素取平方根
np.square(x)	对 x 中元素取平方
np.sign(x)	取 x 中元素的符号，正数为 1，负数为 –1，0 不变
np.ceil(x)	取 x 中元素向上的第一个整数
np.floor(x)	取 x 中元素向下的第一个整数
np.rint(x)	取 x 中元素最接近的整数，保留数据类型
np.exp(x)	取 x 中元素以 e 为底的指数
np.log(x), np.log10(x), np.log2(x)	取 x 中元素的对数，底分别为 e，10，2

（https://numpy.org）查询其具体用法。在之后的机器学习的相关章节中，我们会经常用到矩阵运算。

6.5　numpy 科学计算实践

本节将通过一个具体的例子介绍如何使用 numpy 进行科学计算。

到了一年级开学的日子，11 位小朋友来到了新的学校，有以下两个问题需要你使用 numpy 编写代码解决：（1）首先统计所有小朋友的名字以及每个名字出现的次数；（2）每位小朋友都迫切地希望知道自己和其他所有小朋友之间的"姓名相似度"。对于每位小朋友，其与自己的"姓名相似度"永远为 1；与其他有不同名字的小朋友之间的"姓名相似度"为 0；与跟他重名的小朋友之间的"姓名相似度"则为他的名字在除自己外的所有小朋友中所占的比例。给你 11 位小朋友的姓名，请设计算法快速地计算出"姓名相似度"，并将结果以矩阵形式返回。

示例代码如下：

```
import numpy as np

name = np.array([
    '小明',
    '小天',
    '小明',
    '小红',
    '小风',
    '小明',
    '小红',
    '小风',
```

```
12        '小明',
13        '小天',
14        '小亮'
15   ])
16
17   # 此函数用于计算所有出现过的姓名及其对应的出现次数
18   def unique_count(A):
19       unique, inverse = np.unique(A, return_inverse=True)
20       count = np.zeros(len(unique), dtype=int)
21       np.add.at(count, inverse, 1)
22       return np.vstack((unique, count)).T
23
24   name_counts = unique_count(name)
25   print(name_counts)
26   # 获取总人数
27   total = name_counts[:, 1].astype(int).sum() - 1
28
29   # 以名字为key、出现次数-1为value构建字典
30   dcounts = dict(zip(name_counts[:, 0], name_counts[:, 1].astype(
                 int) - 1))
31
32   sim_matrix = np.zeros((name.shape[0], name.shape[0]))
33
34   x, y = sim_matrix.shape
35
36   # 逐一计算相似度
37   for i in range(0, x):
38       for j in range(0, y):
39           if i != j:               # 计算不同小朋友之间的"姓名相似度"
40               if name[i] == name[j]:
41                   sim_matrix[i, j] = (dcounts[name[i]])/total
42               else:
43                   sim_matrix[i, j] = 0
44           else:
45               sim_matrix[i, j] = 1
46
47   print(sim_matrix)
```

上面代码的运行结果为:

```
[['小亮' '1']
 ['小天' '2']
 ['小明' '4']
 ['小红' '2']
 ['小风' '2']]

[[1.  0.  0.3 0.  0.  0.3 0.  0.  0.3 0.  0. ]
 [0.  1.  0.  0.  0.  0.  0.  0.  0.  0.1 0. ]
 [0.3 0.  1.  0.  0.  0.3 0.  0.  0.3 0.  0. ]
 [0.  0.  0.  1.  0.  0.  0.1 0.  0.  0.  0. ]
 [0.  0.  0.  0.  1.  0.  0.  0.1 0.  0.  0. ]
 [0.3 0.  0.3 0.  0.  1.  0.  0.  0.3 0.  0. ]
 [0.  0.  0.  0.1 0.  0.  1.  0.  0.  0.  0. ]
 [0.  0.  0.  0.  0.1 0.  0.  1.  0.  0.  0. ]
 [0.3 0.  0.3 0.  0.  0.3 0.  0.  1.  0.  0. ]
 [0.  0.1 0.  0.  0.  0.  0.  0.  0.  1.  0. ]
 [0.  0.  0.  0.  0.  0.  0.  0.  0.  0.  1. ]]
```

6.6 习　题

1. 给定圆的半径和圆心的位置,利用函数 randPoint 在圆中产生均匀随机点。randPoint(double radius, double x_center, double y_center)用圆的半径 radius 和圆心的位置 (x_center, y_center) 初始化对象 randPoint() 并返回圆内的一个随机点。圆周上的点被认为在圆内。答案作为数组返回 [x, y]。

2. 给定一个二维整数数组 logs,其中每个 logs[i] = [birthi, deathi] 表示第 i 个人的出生年份和死亡年份。年份 x 的人口定义为这一年间活着的人数。第 i 个人被计入年份 x 的人口需要满足: x 在闭区间 [birthi, deathi - 1] 内。注意,任何人不应当计入他们死亡当年的人口中。返回人口最多且最早的年份。

3. 给定一个整数数组 citations,其中 citations[i] 表示研究者的第 i 篇论文被引用的次数,citations 已经按照升序排列。计算并返回该研究者的 h 指数。h 代表"高引用次数"(high citations),一名科研人员的 h 指数是指他(n 篇论文中)总共有 h 篇论文分别被引用了至少 h 次,且其余的 $n-h$ 篇论文每篇被引用次数不超过 h 次。

4. 使用 numpy.random 创建一个 shape 为 (5,5) 的浮点数矩阵,并用三种不同的方法提取该矩阵的整数部分。

5. 使用numpy.random创建一个 shape 为(8,9,10)的浮点数矩阵 A，分别计算矩阵 A 减去每行均值的结果以及矩阵 A 减去每列均值的结果。

6. 对于给定的数组[0,1,2,0,5,8,0,4]，分别使用三种方法给出数组中非零元素的索引。

7. 考虑一个 shape 为(11,5)的整数矩阵 A，设计一个函数输出矩阵 A 中所有包含不完全相同值的行（如[1,1,1,1,9]）。

8. 创建一个长度为8的正整数数组A，A中元素最大值为10，请构建一个相同长度的数组B，其中B[i]的值是数组 A 中除了下标i对应的元素以外的元素的乘积，即B[i]=A[0]×A[1]×⋯×A[i-1]×A[i+1]×⋯×A[7]。

9. 创建一个 shape 为(20,20)的矩阵 A，A 中元素仅包含0，−1，1，分别找到只包含 −1 和 1 的最大正方形，并计算其周长和面积。

10. 创建一个 shape 为(100,100)的整数矩阵 A，A 中元素不包含0，可以包含正整数和负整数，输出所有行中具有最小绝对值的公共元素，如果没有这样的公共元素，则输出 0。

第 7 章
Python 数据可视化

> 数据可视化是将拥有的数据从抽象、无直接意义的数字转换为更直观、信息量更明显的视觉图像形式。可视化是理解数据的第一步，它能够以一种简单的方式转换和呈现数据及其相关性。本章我们将介绍基于 Python 的数据可视化方法中常用的两个工具库 pandas 和 matplotlib。其中，pandas 可用于高效地结构化存储数据，matplotlib 则提供了丰富的数据可视化方法。

7.1 pandas 库简介

pandas 是一个 Python 包，提供了灵活的数据结构，旨在简单、直观地处理关系型或标注型数据。pandas 适用于许多不同类型的数据，例如具有异构类型列的表格数据（SQL 或 Excel）、有序和无序的时间序列数据、具有行标签和列标签的任意矩阵数据（同构或异构），其两个主要数据结构——Series（一维）和 DataFrame（二维）可以处理金融、统计、社会科学和许多工程领域的绝大多数数据。pandas 在 numpy 的基础上构建，在科学计算环境中可与其他第三方库很好地集成。

7.2 pandas 的数据结构

本节介绍 pandas 的两个主要数据结构——Series 和 DataFrame，以及它们的使用方法。pandas 的数据结构可以为快速高效地操作和分析各种类型的数据提供基础。

7.2.1 Series

Series 是类似一维 numpy 数组的带标签的对象，由一组数据（data）和一组数据标签（索引 index）组成，可以存储整数、浮点数、字符串、Python 对象等类型的数据。一般可以利用 Series 对象来存储矩阵型数据中的行或者列数据。

一、创建 Series 对象

通过多种数据对象（例如 list、dict、numpy 数组）可以将一组数据转化存储到 Series 数据结构中，并自动设定或者自定义设置索引值。我们给出了一些示例来展示如何创建 Series 对象。

（1）使用列表（list）：列表中的数据会被顺序转化为 Series 对象中的数据。

```
# 创建Series
# 使用list创建Series
s1 = pd.Series(['RUC', 'THU', 'PKU'])
s1          # 默认使用0到n-1作为索引

0    RUC
1    THU
2    PKU
dtype: object
```

（2）使用字典（dict）：字典中的 key 值和 value 值会被分别顺序转化为 Series 对象中的索引和数据。

```
# 使用字典创建Series
s2 = pd.Series(data={'RUC': '中国人民大学',
    'THU': '清华大学',
    'PKU': '北京大学'})
s2

RUC    中国人民大学
THU    清华大学
PKU    北京大学
dtype: object
```

（3）使用 numpy 数组：一维 numpy 数组中的数值会被顺序转化为 Series 对象中的数据。

```
from numpy import random
# 3个服从标准正态分布的随机数组成Series
s3 = pd.Series(random.randn(3))
print(s3)

0    0.906245
1    0.879184
```

```
8 2    -0.615301
9 dtype: float64
```

（4）指定索引内容：通过 index 属性为索引进行自定义赋值。

```
1 # 可以在创建Series时指定索引
2 s4 = pd.Series(index=['RUC', 'THU', 'PKU'],
3 data=['中国人民大学', '清华大学', '北京大学'])
4 s4
5
6 RUC      中国人民大学
7 THU        清华大学
8 PKU        北京大学
9 dtype: object
```

二、访问和修改 Series

在进行更复杂的数据可视化分析之前，通常需要对一个或者多个 Series 对象中的数据进行操作，例如查看、筛选、修改内容等。我们给出了一些示例来展示如何访问和修改 Series。

（1）访问 Series：使用索引、位置、切片的方式。

```
1 # 访问Series
2 # 可以使用索引、位置来访问Series
3 print(s2[0])
4 print(s2['THU'])
5 # 可以使用切片的方式来访问Series中的元素
6 print(s2[0:2])
7 print(s2[::-1])          # 倒序访问
8
9 中国人民大学
10 清华大学
11 RUC      中国人民大学
12 THU        清华大学
13 dtype: object
14 PKU        北京大学
15 THU        清华大学
16 RUC      中国人民大学
17 dtype: object
```

（2）修改 Series。

```
# 替换前两个数
s3[0:2] = 10 * random.randn(2)
s3

0    -9.662484
1     4.957852
2    -0.615301
dtype: float64
```

7.2.2 DataFrame

DataFrame 是一种类似矩阵的表格型结构，由按一定顺序排列的多行多列数据组成。DataFrame 由多个 Series 组成，包含一组有序的列（其每列可以是不同的数据类型）、一列行索引（若不指定索引，则默认用 $0 \sim n-1$ 作为索引）、一组数据值。

一、创建 DataFrame

通过多种数据对象（例如 list、numpy 数组）可以将多组数据转化存储到 DataFrame 数据结构中，每组数据在 DataFrame 中被存储为一个 Series 对象，可以自动设定或者自定义设置索引值，以及利用 "columns" 指定列的数值（可以通过列名访问 DataFrame 的每列 Series）。我们给出了一些示例来展示如何创建 DataFrame 对象。

（1）使用嵌套列表：在嵌套列表中，每个子列表的数值可以用于创建 DataFrame 中每行对应的 Series 数值。

```
# 创建DataFrame
# 使用嵌套list创建DataFrame
data = [
    ['RUC', '中国人民大学'],
    ['THU', '清华大学'],
    ['PKU', '北京大学']
]
df1 = pd.DataFrame(data=data, columns=['abbr_name',
    'full_name'])
df1

    abbr_name        full_name
0       RUC         中国人民大学
1       THU          清华大学
2       PKU          北京大学
```

（2）使用 numpy 数组：二维 numpy 数组中每行和每列的数据可用于创建 DataFrame 中每行和每列对应的 Series。

```
1  # 5×5个随机数
2  df2 = pd.DataFrame(data=random.randn(5, 5), columns=
                   list('ABCDE'))
3  df2
4
5          A           B           C           D           E
6  0    0.479731    0.101189   -0.018955    0.484175    0.036126
7  1    1.120601    1.485673    0.355660   -1.190482    1.411407
8  2   -1.804057   -0.298719    1.210526   -1.633511   -0.971220
9  3    0.401094    0.423217   -1.473502   -0.522757    0.883791
10 4   -1.188150   -0.176227    0.969178    0.538607    1.223032
```

二、访问 DataFrame

在对 DataFrame 所存储的矩阵数据进行可视化分析之前，我们给出了一些示例来展示如何访问 DataFrame，这等价于访问某些行和列的 Series 对象。

（1）按列名、行数访问。

```
1  # DataFrame的每行或每列都是一个Series
2  from IPython.core.display import display
3  # 用column的名称和[]访问列
4  display(df1['abbr_name'])
5  display(df1.abbr_name)
6  # 用iloc访问行
7  display(df1.iloc[0])              # 整数索引用iloc
8
9  0      RUC
10 1      THU
11 2      PKU
12 Name: abbr_name, dtype: object
13 0      RUC
14 1      THU
15 2      PKU
16 Name: abbr_name, dtype: object
17 abbr_name          RUC
18 full_name      中国人民大学
19 Name: 0, dtype: object
```

（2）按索引访问。

```
1  df3 = df1.copy()
2  df3.index = df1['abbr_name']          # 索引可以是字符串
3  display(df3.loc['PKU'])               # 这时可以用loc访问对应行
4
5  abbr_name       PKU
6  full_name       北京大学
7  Name: PKU, dtype: object
```

（3）遍历。

```
1  # 遍历DataFrame
2  for idx, row in df3.iterrows():
3      print(idx)
4      display(row)
5
6  RUC
7  abbr_name           RUC
8  full_name       中国人民大学
9  Name: RUC, dtype: object
10 THU
11 abbr_name           THU
12 full_name        清华大学
13 Name: THU, dtype: object
14 PKU
15 abbr_name           PKU
16 full_name        北京大学
17 Name: PKU, dtype: object
```

7.3 基于 pandas 的文件和数据操作

在了解了 pandas 的数据结构的使用后，我们可以加载多种数据文件并存储到 pandas 的数据结构中（Series，DataFrame），为后续的数据可视化做准备。本节将以 NBA 球星科比·布莱恩特的投篮数据集为例来展示如何进行文件和数据操作。该数据集是一个 csv 文件，记录了科比·布莱恩特在各个赛季各场比赛中的投篮数据，例如投篮类型、比赛 id、投篮剩余时间、投篮距离等。

7.3.1 使用 pandas 读写文件

pandas 库提供了读写多种数据文件的功能，例如 csv、Excel、sql、html、json、pickle 等。

（1）读取 csv 和 Excel 文件：read_csv 和 read_excel 函数，通过读取科比的投篮数据，我们可以获得一个 DataFrame 对象。

```
# 使用pandas库可以方便地读取和写入不同格式的数据文件
# 读取csv文件
df = pd.read_csv('./kobe-bryant-shot-data.csv')
first5rows = df.head(5)          # 返回DataFrame的前5行
first5rows

  action_type  combined_shot_type  game_event_id  game_id   ...
0  Jump Shot         Jump Shot             10 20000012  ...
1  Jump Shot         Jump Shot             12 20000012  ...
2  Jump Shot         Jump Shot             35 20000012  ...
3  Jump Shot         Jump Shot             43 20000012  ...
...
5 rows × 25 columns
```

```
# 读取Excel文件
df = pd.read_excel('./kobe-bryant-shot-data.xlsx')
df.head(5)
```

（2）写入更新 csv 和 Excel 文件：to_csv 和 to_excel 函数，通过写入文件可以将 DataFrame 对象中的数据创建或者增量更新到文件中。

```
# 写入csv文件
first5rows.to_csv('./first5rows.csv')
```

```
# 写入Excel(.xlsx)文件
# 建立一个写入Excel(.xlsx)文件的writer对象
writer = pd.ExcelWriter('./kobe-bryant-shot-data.xlsx')
# 将DataFrame写入Excel(.xlsx)文件
df.to_excel(writer, sheet_name='Sheet1')
# 保存修改
writer.save()
# 关闭Excel文件
writer.close()
```

（3）读写其他格式的文件。

```
1  # 输出为html表格
2  print(first5rows.to_html())
3  # 输出为json格式
4  print(first5rows.to_json())
5  # 输出为latex表格
6  print(first5rows.to_latex())
```

7.3.2　基于 pandas 的数据操作

在熟悉如何将文件数据加载和转换为 DataFrame 之后，我们可以对其进行多种数据操作，包括条件查询、统计计算、数据分组和聚合等，数据操作得到的结果可以用于构建有信息量的数据可视化。

一、条件查询

在对数据进行可视化分析之前，我们通常需要定位到满足需求和条件的数据子集（包括过滤无效 NaN 值）。将 DataFrame 对象看作一个表格型数据库，我们可以定义查询条件并从中查询数据。查询条件可以通过 condition 进行描述，并通过 &（and）、|（or）、~（not）三个查询逻辑进行组合，从而返回我们需要的数据子集。

（1）通过描述 condition 进行查询。condition 是一维布尔数组，返回值为 True 对应的行。在下面的示例中，我们首先加载投篮数据集，查询条件是找出科比在每节最后一分钟的投篮记录，我们需要找到对应的数据列 minutes_remaining 并判定数值是否为 0（即是否为最后一分钟）。

```
1  df = pd.read_csv('./kobe-bryant-shot-data.csv')
2  # 除了用loc和iloc选择相应行，我们还可以方便地按照一定的条件查询数据
3  display(df[df.minutes_remaining == 0])
4
5      action_type          combined_shot_type game_event_id game_id  ...
6  15   Jump Shot            Jump Shot          86            20000019 ...
7  16   Driving Layup Shot   Layup              100           20000019 ...
8  27   Jump Shot            Jump Shot          369           20000019 ...
9  31   Jump Shot            Jump Shot          499           20000019 ...
10 39   Jump Shot            Jump Shot          202           20000047 ...
11 ...
12 30679 Layup Shot          Layup              212           49900088 ...
13 30680 Tip Shot            Tip Shot           213           49900088 ...
14 30681 Jump Shot           Jump Shot          218           49900088 ...
15 30689 Jump Shot           Jump Shot          326           49900088 ...
```

```
16  30696 Jump Shot              Jump Shot     471              49900088 ...
17  3866  rows × 25 columns
```

```
1  # df.minutes_remaining == 0 返回一个数据类型为布尔类型、行数和df相同
     的Series
2  df.minutes_remaining == 0
3
4  0          False
5  1          False
6  2          False
7  3          False
8  4          False
9  ...
10 30692      False
11 30693      False
12 30694      False
13 30695      False
14 30696      True
15 Name: minutes_remaining, Length: 30697, dtype: bool
```

（2）使用逻辑运算符（&、|、~）对条件进行组合。在下面的示例中，查询的组合条件是找出科比在最后一节或加时赛最后一秒投进的球，组合条件所需访问的列为 minutes_remaining、seconds_remaining、period、shot_made_flag，并把这些条件通过&进行逻辑组合。

```
1  display(df[(df.minutes_remaining == 0) &
2            (df.seconds_remaining == 0) &
3            (df.period >= 4) &
4            (df.shot_made_flag == 1.0)])
```

（3）过滤 NaN 值、选择数据列。在下面的示例中，我们展示如何过滤掉 shot_made_flag 为 NaN 的行。其中 isna 函数可用于判定是否为 NaN 值，~ 表示 not 逻辑。

```
1  df = df[~df.shot_made_flag.isna()]
2  # 选择列
3  # 选择投篮位置、距离和命中信息
4  df[['loc_x', 'loc_y', 'shot_distance', 'shot_made_flag']]
```

二、统计计算

上述数据的逻辑查询操作得到的是 DataFrame 的查询子集。基于查询子集的原始表格数据，我们可以对其进行统计计算，从而获得更有意义的分析结果，为数据可视化做准备。pandas 库提供了若干统计函数，如表 7-1 所示。

表 7-1　pandas 库提供的统计函数

函数	说明
describe	返回描述性统计信息
count	计算非 NaN 数据项的数量
min	计算最小值
max	计算最大值
median	计算中位数
mean	计算平均数
mode	计算众数
std	计算标准差

（1）使用 mean 函数：下列示例展示了如何统计平均命中率和平均投篮距离。首先找到对应数据列 shot_made_flag 和 shot_distance，然后计算对应均值。

```
1 display(df[['shot_made_flag', 'shot_distance']].mean())
2
3 shot_made_flag    0.446161
4 shot_distance    13.457096
5 dtype: float64
```

（2）使用 max 函数：下列示例展示了如何统计最远的投篮距离。首先找到对应数据列 shot_made_flag（命中记录）的数据子集，然后访问数据列 shot_distance（投篮距离）并统计最大值。

```
1 max_dist = df[(df.shot_made_flag == 1.0)]['shot_distance'].max()
2 print(max_dist)
3
4 43
```

（3）使用 count 函数：下列示例展示了如何统计不同类型投篮命中次数，基于命中记录来访问数据列 combined_shot_type（投篮类型）并统计次数。

```
1 df[df.shot_made_flag == 1.0]['combined_shot_type'].
      value_counts()
2
```

```
3  Jump Shot        7708
4  Layup            2561
5  Dunk              980
6  Bank Shot          95
7  Hook Shot          68
8  Tip Shot           53
9  Name: combined_shot_type, dtype: int64
```

（4）使用区间划分（cut）和统计：下列示例展示了如何通过 cut 函数自定义数值范围来划分投篮距离并统计每个区间的命中次数。

```
1  # 首先将连续值变为离散值
2  import numpy as np
3  factor = pd.cut(
4      df[df.shot_made_flag == 1.0].shot_distance,
                                    # 投篮距离
5      [-np.inf, 0, 8, 16, 24, np.inf]
                                    # 投篮距离的区间分割点
6  )
7  # 统计命中次数
8  display(factor.value_counts())
9
10 (16.0, 24.0]     2965
11 (-inf, 0.0]      2925
12 (8.0, 16.0]      2616
13 (0.0, 8.0]       1847
14 (24.0, inf]      1112
15 Name: shot_distance, dtype: int64
```

三、数据分组和聚合

pandas 还支持按列对数据进行分组和聚合，结合统计函数可以进行更复杂的运算。其中分组函数 groupby 可以基于多列属性的唯一键值划分行数据子集，例如，当我们选择 A 和 B 两列进行分组时，其中 A 列和 B 列分别有 X 个和 Y 个唯一键值，分组之后划分的数据子集有 $X \times Y$ 个。聚合函数 agg 可以对数据同时进行多个并列的统计计算并返回结果。

（1）分组函数 groupby：下面的示例展示了如何统计科比对不同对手的出手次数、每个赛季的平均命中率。首先通过 groupby 对不同对手（opponent）或者不同赛季（season）进行分组，然后统计出手次数和平均命中率。

```
1  # 对不同对手的出手次数
2  df.groupby(['opponent'])['opponent'].count()
3  # 每个赛季的平均命中率
4  df.groupby(['season'])['shot_made_flag'].mean()
5
6  opponent
7  ATL      438
8  BKN       45
9  BOS      783
10 CHA      500
11 CHI      516
12 ...
13
14 season
15 1996-1997    0.422977
16 1997-1998    0.430864
17 1998-1999    0.458824
18 1999-2000    0.460366
19 2000-2001    0.466667
20 2001-2002    0.458431
21 ...
```

（2）聚合函数 agg：下面的示例展示了如何统计科比在每个赛季和不同投篮距离范围下的出手次数和命中率。在通过 groupby 对不同赛季（season）或者不同投篮距离范围（shot_zone_range）分组之后，利用 agg 函数聚合，同时利用 len 和 mean 函数统计出手次数和平均命中率。

```
1  # 可以按照多列分组
2  # 每个赛季不同投篮距离下的出手次数和命中率
3  import numpy as np
4  results = df.groupby(['season','shot_zone_range'])['shot_made_
       flag'].agg([len, np.mean])
5  results
6
7                                    len        mean
8  season      shot_zone_range
9              16-24 ft.            99.0     0.414141
10             24+ ft.             67.0     0.313433
```

```
11  1996-1997    8-16 ft.           57.0    0.421053
12               Back Court Shot    1.0     0.000000
13               Less Than 8 ft.    159.0   0.477987
14  ...          ...                ...     ...
15               16-24 ft.          203.0   0.320197
16               24+ ft.            404.0   0.284653
17  2015-2016    8-16 ft.           179.0   0.435754
18               Back Court Shot    1.0     0.000000
19               Less Than 8 ft.    145.0   0.510345
20  98 rows × 2 columns
```

```
1  results.reset_index()
2
3      season      shot_zone_range    len     mean
4   0  1996-1997   16-24 ft.          99.0    0.414141
5   1  1996-1997   24+ ft.            67.0    0.313433
6   2  1996-1997   8-16 ft.           57.0    0.421053
7   3  1996-1997   Back Court Shot    1.0     0.000000
8   4  1996-1997   Less Than 8 ft.    159.0   0.477987
9   ... ...         ...                ...     ...
10  93  2015-2016   16-24 ft.          203.0   0.320197
11  94  2015-2016   24+ ft.            404.0   0.284653
12  95  2015-2016   8-16 ft.           179.0   0.435754
13  96  2015-2016   Back Court Shot    1.0     0.000000
14  97  2015-2016   Less Than 8 ft.    145.0   0.510345
15
16  98 rows × 4 columns
```

7.4 使用 matplotlib 库进行数据可视化

matplotlib 是一个功能强大的 Python 绘图和可视化库，源于模拟 MATLAB 图形命令，但它独立于 MATLAB，并可以以一种 Python 化、面向对象的方式使用。虽然 matplotlib 主要是用纯 Python 编写的，但它大量使用了 numpy 和其他扩展代码，对于大型数组的绘制也能提供良好的性能。在这里，我们主要介绍其中 pyplot 子库的一些常用功能。

基于所了解的数据结构、文件读写和数据分析得到的结果，我们可以用 matplotlib 将结果可视化为更直观的视觉图像形式。

7.4.1　利用 pyplot 子库配置绘图环境

在绘制图像之前，我们需要一个 figure 对象，可以理解成我们需要一张画板才能开始绘图。通过 figsize 设定了画布大小之后，使用 subplot 可以在一个界面中显示多张图像。在拥有了 figure 对象之后，我们还需要有对应的轴（axes）。图 7–1 展示了绘图环境的配置结果。

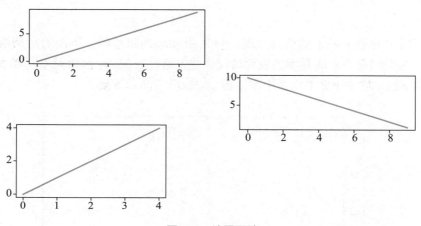

图 7–1　绘图环境

```python
1  # 导入pyplot子库
2  import matplotlib.pyplot as plt
3
4  # 对绘图环境进行设置，选择使用中文字体
5  import matplotlib
6  matplotlib.rcParams['font.family']='simhei'
7  matplotlib.rcParams['font.sans-serif']=['simhei']
8
9  # 使Jupyter Notebook能直接显示matplotlib绘制的结果
10 %matplotlib inline
11
12 # 绘图环境的设置
13 plt.figure(figsize=(8,4))              # 设置画布大小
14 plt.subplot(321) # 在一个三行两列的绘图区域中选择子区域1开始绘图
15 plt.plot(range(10), range(10))         # x=0~9, y=0~9
16
17 plt.subplot(324) # 在一个三行两列的绘图区域中选择子区域4开始绘图
18 plt.plot(range(10), range(10,0,-1))
19
20 # 直接在画布上按照[左边缘位置，下边缘位置，宽度，高度]选择绘图区域
```

```
21 plt.axes([0.1, 0.1, 0.3, 0.3])
22 plt.plot(range(5), range(5))
23 plt.show()
```

7.4.2 图表绘制

1. 折线图

折线图用于展示 y 随 x 的变化情况，可采用 plot 函数绘制。下面的示例给出了如何可视化科比的平均命中率随赛季的变化情况。首先通过 groupby 函数对不同赛季的数据分组，然后用 mean 函数计算平均命中率。图 7–2 给出了演示效果。

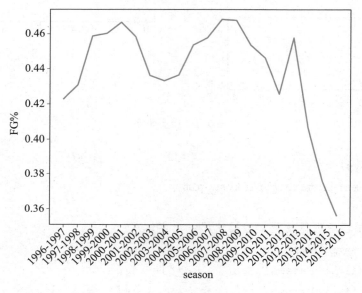

图 7–2　折线图

```
1 # 折线图
2 plot_data = df.groupby(['season'])['shot_made_flag'].mean()
3 # ax为当前正在绘制的图，可以用这个对象对图的横纵坐标进行设置
4 ax = plt.axes()
5
6 plt.plot(range(len(plot_data)), plot_data)
7 # 设置x轴标签
8 plt.xlabel('season')
9 # 设置x轴上每个点的标签
10 plt.xticks(range(len(plot_data)), plot_data.index)
11 # 旋转30度，防止标签重叠
```

```
12  plt.setp(ax.get_xticklabels(), rotation=30, horizontalalignment=
        'right')
13  plt.ylabel('FG%')
14  plt.show()
```

2. 饼图

饼图用于展示不同分类的占比情况，可使用 pie 函数绘制。下面的示例给出了如何可视化科比在不同投篮距离范围内命中的占比，基于命中记录，利用 count 函数计算不同投篮距离范围内的计数结果。图 7–3 给出了演示效果。

```
1  # 饼图
2  # 不同投篮距离的占比
3  made_shot_df = df[df.shot_made_flag == 1.0]
4  plot_data = made_shot_df.shot_zone_range.value_counts()
5
6  plt.pie(plot_data, labels=plot_data.index)
7  plt.show()
```

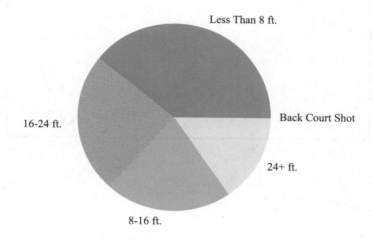

图 7–3　饼图

3. 散点图

散点图用于展示 (x, y) 数据点的分布，可使用 scatter 函数绘制。下面的示例给出了如何可视化 2006 年 1 月 22 日科比比赛命中和投失位置的分布。首先需要根据条件查询当天的比赛记录，按照命中或投失进行划分，返回投篮位置的数据点。图 7–4 给出了演示效果。

```
1  # 散点图
2  made_locations = df[(df.game_date == '2006-01-22')
        & (df.shot_made_flag == 1.0)][['loc_x', 'loc_y']]
```

```
3 missed_locations = df[(df.game_date == '2006-01-22')
      & (df.shot_made_flag == 0.0)][['loc_x', 'loc_y']]
4
5 plt.scatter(made_locations.loc_x, made_locations.loc_y, c='grey')
                      # 用灰色点表示命中位置
6 plt.scatter(missed_locations.loc_x, missed_locations.loc_y, c=
      'cyan')        # 用红色点表示投失位置
7
8 plt.show()
```

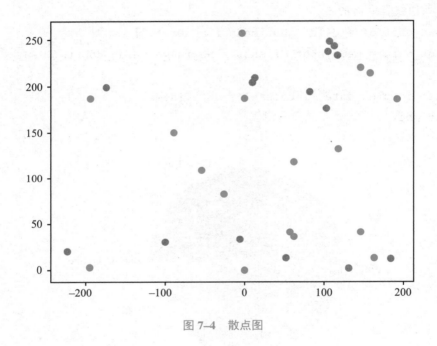

图 7-4　散点图

4. 直方图

直方图用于展示数据的频数分布，可使用 hist 函数绘制。下面的示例给出了如何可视化科比投篮距离的分布。基于条件查询返回的命中和投失记录，我们选择投篮距离（shot_distance）作为数据源。图 7–5 和图 7–6 给出了演示效果。

```
1 # 直方图
2 plt.subplot(211)
3 plt.hist(df[df.shot_made_flag == 1.0].shot_distance, color='g')
4 plt.subplot(212)
5 plt.hist(df[df.shot_made_flag == 0.0].shot_distance, color='r')
6 plt.show()
```

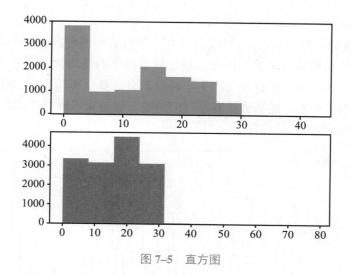

图 7-5　直方图

```
# 二维直方图
plot_df = df[df.shot_made_flag == 1.0][['loc_x', 'loc_y']]
plt.subplot(121)
plt.hist2d(plot_df.loc_x, plot_df.loc_y, cmap='Greens', bins=
          [11, 10])

plot_df = df[df.shot_made_flag == 0.0][['loc_x', 'loc_y']]
plt.subplot(122)
plt.hist2d(plot_df.loc_x, plot_df.loc_y, cmap='Reds', bins=[11,
          10])
plt.show()
```

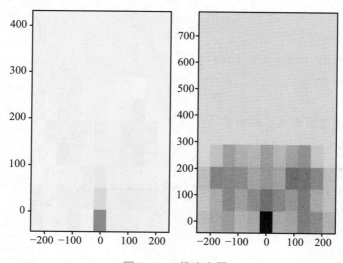

图 7-6　二维直方图

5. 箱线图

箱线图用于统计一组数据的上边缘、下边缘、中位数和两个四分位数，可使用 boxplot 函数绘制。下面的示例给出了如何可视化科比每个赛季的场均命中率的分布和变化。首先对每个赛季和每场比赛一起分组（产生了两级索引：赛季和场次），使用 mean 函数计算每个赛季的场均命中率，然后通过赛季对应的唯一键值来返回每个赛季的场均命中率。图 7-7 给出了演示效果。

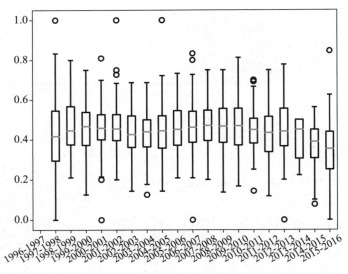

图 7-7　箱线图

```python
1  # 箱线图
2  # 每个赛季的场均命中率的分布和变化
3  plot_series = df.groupby(['season','game_id'])['shot_made_flag'].
     mean()
4
5  # 获取赛季名称
6  seasons = df.season.unique()
7  seasons.sort()
8
9  # 构造用嵌套列表表示的数据
10 data = []
11 for season in seasons:
12     data.append(list(plot_series[(season,)])) # 注意：Series有两级
                                                    索引
13
14 ax = plt.axes()
15 plt.boxplot(data, labels=seasons)
```

```
16  plt.setp(ax.get_xticklabels(), rotation=30, horizontalalignment=
            'right')
17
18  plt.show()
```

7.4.3　绘图的保存和格式

savefig 函数可用于保存绘制的图像，其支持的图像格式包括：

（1）位图：由二维排布的像素组成的图像，像素放大后会有明显的锯齿，主要包括 JPG（有损压缩）、PNG（无损压缩）等。

（2）矢量图：用点、直线或者多边形等基于数学方程的几何图元表示图像，可平滑放大，主要包括 SVG、PDF 等。

```
1  # 可以将绘制好的图像保存到文件中
2  # 以二维投篮位置分布为例，图7-8给出了演示效果
3  plot_df = df[df.shot_made_flag == 1.0][['loc_x', 'loc_y']]
4  plt.subplot(121)
5  plt.hist2d(plot_df.loc_x, plot_df.loc_y, cmap='Greens', bins=
            [11, 10])
6
7  # 以不同文件格式保存
8  plt.savefig('made_shot_locations.jpg')
9  plt.savefig('made_shot_locations.png')
10 plt.savefig('made_shot_locations.svg')
11 plt.savefig('made_shot_locations.pdf')
```

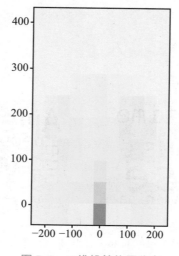

图 7-8　二维投篮位置分布

7.5 使用 WordCloud 库进行文本可视化

WordCloud 是一款 Python 环境下的词云图工具包，能把关键词数据转换成直观的图文模式。

7.5.1 分析文本数据

在分析本地文件文本时，首先加载本地文件中的文本关键词，然后利用 WordCloud 对其中的关键词进行可视化分析。图 7-9 给出了演示效果。

```python
1  from wordcloud import WordCloud
2  plt.figure(figsize=(16,16))
3
4  text = open('obama_address.txt', 'r').read()
5  wordcloud = WordCloud(background_color="white", max_words=100,
                         width=800, height=400).generate(text)
6  plt.subplot(121)
7  plt.imshow(wordcloud, interpolation='bilinear')
8  plt.axis("off")
9
10 text = open('trump_address.txt', 'r').read()
11 wordcloud = WordCloud(background_color="white", max_words=100,
                         width=800, height=400).generate(text)
12 plt.subplot(122)
13 plt.imshow(wordcloud, interpolation='bilinear')
14 plt.axis("off")
15
16 plt.savefig('wordcloud.png')
```

图 7-9 通过 WordCloud 可视化本地文件文本关键词数据

7.5.2 结合爬虫和 jieba 分词工具分析网页文本

在分析网页文本时，我们首先利用网页爬虫解析网页，利用 requests 和 BeautifulSoup 分别发起网页访问请求和解析 html 代码，抓取 html 代码中对应的文本内容，然后利用 jieba 分词工具对文本内容进行分词操作并得到分词结果，最终利用 WordCloud 对其中的关键词进行可视化分析。图 7-10 给出了演示效果。

```python
import requests
from bs4 import BeautifulSoup
import jieba

def get_html(uri, headers={}, timeout=None):
    try:
        r = requests.get(uri, headers=headers, timeout=timeout)
        r.encoding = 'utf8'
        r.raise_for_status()
        return r.text
    except:
        return None

uri = "http://ai.ruc.edu.cn/overview/intro/index.htm"
                                                # 要访问资源的URI
headers = {'user-agent': 'my-app/0.0.1'}
html_doc = get_html(uri, headers=headers, timeout=None)

soup = BeautifulSoup(html_doc)
content = soup.find('div', class_='fr').text
words = ' '.join(jieba.cut(content))

font_path = '/System/Library/Fonts/STHeiti Light.ttc'
wc = WordCloud(font_path=font_path, background_color="white",
        max_words=40, max_font_size=100, width=800, height=400,
        min_word_length=2)
wc.generate(words)

plt.figure(figsize=(8, 8))
plt.imshow(wc, interpolation="bilinear")
plt.axis("off")
plt.savefig('GSAI_wordcloud.png')
```

```
30  plt.show()
```

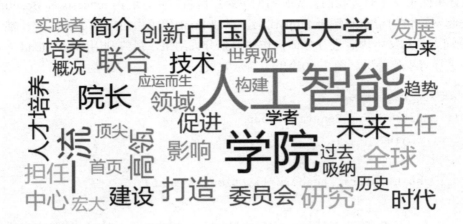

图 7–10　通过 WordCloud 可视化网页爬虫的文本内容

7.6　习　题

1. 绘制函数并写出相应的代码。

   （1）函数：$y = \sin x$，$y = \cos x$，$x \in [-2\pi, 2\pi]$。

   （2）函数：

   ● $y = \sin x$，$x \in [-\dfrac{5\pi}{6}, -\dfrac{\pi}{6}]$。

   ● $y = \cos x$，$x \in [\dfrac{\pi}{4}, \dfrac{3\pi}{4}]$。

2. 现有一组学生和成绩的对应数据，a = [小张, 小李, 小王, 小赵, 小孙, 小钱, 小武, 小郑, 小冯, 小马]，b = [55, 80, 75, 90, 82, 30, 42, 99, 54, 66]，请绘制图表：

   （1）每个学生和分数的直方图。

   （2）按照分数区间 $[0, 59]$，$[60, 69]$，$[70, 79]$，$[80, 89]$，$[90, 100]$ 和人数绘制饼图。

3. 准备多个文档，完成如下任务和图表绘制：

   （1）利用 Python 库 jieba 中的工具包完成关键词提取、文本分词、词性标注。

   （2）将关键词通过 WordCloud 进行可视化。

   （3）统计所有分词单词的数量，选取前 20 个词绘制饼图。

   （4）利用 groupby 函数统计不同词性下的单词数量、平均单词长度。

   （5）利用 agg 函数统计不同词性和不同单词长度对应的单词数量。

在本章，我们将首先介绍人工智能的基本概念，包括感知能力、记忆与思维能力、学习能力和行为能力；然后介绍计算视觉的发展历史和主要进展，从二维图像分析与识别、三维视觉理解到图像特征工程，再到现在基于深度学习的方法；最后介绍计算机视觉的一些典型应用。

8.1 人工智能的基本概念

人工智能不仅是计算机科学的一个分支，也涉及哲学、语言学、信息学、认知神经科学等多个学科的知识，是一门涵盖面较广的综合性学科。人工智能的目标是赋予机器人类的智能，使机器得到智能能力的扩展，从而实现人类脑力劳动的自动化。探索智能的本质是人类实现人工智能目标的必经之路。然而，什么是智能的本质以及智能是如何产生的等一系列问题至今尚无定论。可以知道的是，智能属于意识的范畴，那么智能的物质基础就是人脑，目前认知神经科学理论尚不能解开有关人脑的所有奥秘，但基于目前人们对人脑的研究和探索，智能应包含以下能力。

一、感知能力

对人类而言，通过听觉、视觉、嗅觉、味觉、触觉等感官感知外部世界就是人类的感知能力。感知能力是人类获取外界信息的基本途径，只有拥有感知能力，人类才能获得信息输入，进而处理信息形成智能活动，所以说感知能力是产生智能的前提。人类通过感官从外界获取各种信息，其中以人的视觉获取的信息量最多，约占信息总量的80%，所以使机器人等智能体具备视觉功能并可以处理视觉信息是人类探索人工智能过程中尤为重要的一环。为此，近现代中外科学研究者接续努力，取得了丰硕的成果，形成了一个如今蓬勃发展的人工智能的重要领域——计算机视觉。

二、记忆与思维能力

记忆与思维是人脑最重要的功能，是人类智能最主要的体现。记忆是人脑对接收到的外界信息以及人脑本身产生的内部信息进行存储的能力，思维则是对这些内外部信息进行处理的过程。思维活动包括计算、分析、比较、归纳、推理、联想以及决策等，思维能力是人类将信息提炼为知识，进而认识世界、改造世界的最重要的能力。

三、学习能力

学习是有目的地获取、总结、积累知识的过程，是人类适应外界环境变化不可或缺的能力，只有通过学习，人类才能储备越来越多的知识。这些知识通过记忆细胞存储在人脑中，供人们在进行思维活动时激活提取。知识的丰富程度会影响思维活动的效力，思维能力又会影响学习能力，两者相辅相成，相互作用。

四、行为能力

人类的行为能力通常表现为用动作、语言、表情等对信息作出反应。信息可以是由感知获取的外界信息，也可以是自身思维活动产生的内部信息。如果将人类的感知能力看作接收外界信息的入口，那么人类的行为能力就是输出信息的出口。行为能力其实就是信息表达能力，它们都受神经系统的控制。

8.2 计算机视觉的发展历史和主要进展

计算机视觉的终极目标是让智能体具有人类一样的视觉系统，利用摄像机等成像设备模拟人眼来接收外界场景信息，智能体和视觉算法相当于人脑来处理视觉信息。计算机视觉的发展历史可分为以下几个阶段。

8.2.1 第一阶段：20 世纪 50 年代，二维图像的分析和识别萌芽

自 20 世纪 50 年代开始，哈佛大学的 David Hubel 和 Torsten Wiesel 极为细致地探索了视皮层的结构，发表了初级视皮层的功能柱结构以及视皮层可塑性等许多成果，他们的一系列研究最终获得了诺贝尔奖，被认为是现代视觉科学之父。他们通过猫和猴子的视觉感受野实验发现，视觉系统某一层细胞的感受野由视觉系统较低层细胞的输入形成，通过这种层级方式，可以组合小而简单的感受野，形成大而复杂的感受野。大脑中存在两种基本的视觉细胞：用于输出感受野中具有特定方向的简单细胞和具有较大的感受野、对边缘在感受野中特定位置不敏感的复杂细胞。这些关于视皮层的脑科学研究为后来卷积神经网络的出现提供了灵感。1959 年出现了第一台可以将图像转换为灰度值的数字图像扫描仪，从此开启了数字图像处理的绚丽篇章。这一时期，研究的对象主要是二维图像的分析和识别（如光学字符识别、工件表面、显微图像和航空图像的分析和解释等），属于模式识别的范畴，随着这些研究工作的发展，直到 20 世纪 60 年代，模式识别才开始作为一个独立学科得到广泛的认识和研究。

8.2.2 第二阶段：20 世纪 60 年代，三维视觉理解的诞生

1963 年，Lawrence Roberts 撰写的《三维固体的机器感知》出版，这本书描述了从二维图像中推导出三维信息的方法，从此开启了以获取三维信息为任务的计算机视觉研究

的新篇章，被认为是现代计算机视觉的前导之一。书中的主要思想是将二维图像中的目标以轮廓线条的方式简化为几何形状，从而将图像中的真实世界转换为积木世界，这个创造性的思路为计算机视觉的研究带来了新的视角，自此关于目标几何形状的研究层出不穷，从边缘检测、角点特征的提取到线条、平面、曲线等几何要素分析，以及后来对图像明暗、纹理等的关注，这个阶段推动了关于目标几何结构特征的研究和推理规则的发展。

1969 年，贝尔实验室研发出一种将光子转化为电脉冲的器件，使数字图像采集质量得到质的飞跃。随着光电转换器件逐渐应用于工业相机传感器，计算机视觉开始走上工业应用的舞台。

8.2.3　第三阶段：20 世纪 80 年代，计算机视觉理论体系形成

20 世纪 70 年代中期，麻省理工学院的人工智能实验室（MIT-AILab）正式开设计算机视觉课程。

1980 年，日本学者 Kunihiko Fukushima 在 David Hubel 和 Torsten Wiesel 关于视皮层研究的启发下，建立了一个模拟简单视觉细胞、复杂视觉细胞功能的人工网络——Neocognitron。Neocognitron 设计了两个基本结构：一个是 S 层（simple-layer），对应简单视觉细胞的功能，用于提取感受野中的图像特征；另一个是 C 层（complex-layer），对应复杂视觉细胞的功能，用于接收和响应不同感受野返回的相同特征。这两个基本结构交替连接，构成了 Neocognitron 的隐藏层，这实际上部分实现了后来卷积神经网络中卷积层的功能，被认为是卷积神经网络的开创性研究。

1982 年，David Marr 的经典著作《视觉》（Vision）出版。Marr 认为人类视觉的主要功能是复原三维场景的可见几何表面（即三维重建问题），并且这种从二维图像到三维几何结构的复原过程是可以通过计算完成的。尽管这一关于人类视觉的主要功能的理论被后来的研究证明是不正确的，但他提出的有关三维重建的计算理论和方法对计算机视觉的影响是深远的。Marr 提出了视觉信息处理的三个层次，即计算层、算法层与实现层。计算层研究的是对什么信息进行计算和为什么要进行这些计算；算法层研究的是如何进行所要求的计算，即设计特定的算法来规划这些计算；实现层则研究这些算法如何实现，比如采用并行还是串行、硬件还是软件实现。这套有关计算机视觉的理论体系的出现标志着计算机视觉成为一门独立学科。

8.2.4　第四阶段：20 世纪 90 年代，图像特征工程的发展

1998 年，图灵奖获得者 Yann LeCun 发表了著名论文 "Gradient-based learning applied to document recognition"，研究了手写体字符的识别，因此 LeNet-5 问世，这个网络提出的卷积层、池化层、全连接层等概念成为深度学习模型发展的基石。

1999 年，David Lowe 提出了尺度不变特征转换（scale-invariant feature transform，SIFT）算法。SIFT 基于物体上的一些局部外观的兴趣点，与影像的大小和旋转无关，对于光线、噪声、微视角改变的容忍度也十分高，另外，它们高度显著且相对容易获取，自此基于特征的对象识别开始得到关注。

2005 年，Navneet Dalal 和 Bill Triggs 提出方向梯度直方图（histogram of oriented gradients，HOG），该算法的主要思想是，在一幅图像中，局部目标的表象和形状能够被梯度或边缘的方向密度分布很好地描述，也就是说，HOG 实际上就是梯度的统计信息，而梯度主要存在于边缘。HOG 是模式识别中一种常用的描述图像局部纹理的特征方法，尤其在行人检测中取得了极大的成功。

2009 年，Lazebnik、Schmid 和 Ponce 提出了空间金字塔匹配（spatial pyramid matching，SPM）算法。SPM 是指在不同分辨率上统计图像特征点分布，从而获取图像的局部信息。SPM 算法在图像匹配、识别、分类等计算机视觉任务中得到了广泛的应用。

2009 年，Felzenszwalb 提出了基于 HOG 的 DPM（deformable parts model）算法。该算法采用改进后的 HOG 特征、SVM 分类器和滑动窗口检测思想，针对目标的多视角问题，采用多组件的策略，另外使用基于图结构的部件模型策略来处理目标本身的形变问题。DPM 算法是深度学习出现之前最好的检测和识别算法，它最成功的应用就是行人检测。

8.2.5 第五阶段：2009 年至今，深度学习成为主流

2009 年，李飞飞等发布了 ImageNet 数据集，自此 ImageNet 项目每年举办一次比赛，即 ImageNet 大规模视觉识别挑战赛（ImageNet Large Scale Visual Recognition Challenge，ILSVRC）。ILSVRC 使用 ImageNet 的一个子集，总共有大约 120 万幅训练图像、50 000 幅验证图像，以及 150 000 幅测试图像，共 1 000 个类别标记。计算机视觉研究者们竞相开发算法以正确分类检测物体和场景。ImageNet 项目掀起了深度学习研究的热潮，是计算机视觉发展的重要推动力量。

2012 年，Alex Krizhevsky、Ilya Sutskever 和 Geoffrey Hinton 发表论文 "ImageNet classification with deep convolutional neural networks"，论文中介绍的深度卷积神经网络就是大名鼎鼎的 AlexNet。AlexNet 取得了当年 ImageNet 挑战赛的冠军，并且远远超出第二名的成绩，充分展示出了深度卷积神经网络的优越性，自此，卷积神经网络（CNN）开始家喻户晓。

2014 年，Ian Goodfellow 提出生成对抗网络（generative adversarial nets，GAN）。该网络拥有两个相互竞争的神经网络：一个称为生成器（generator），用于生成和原数据尽量相似的数据；另一个称为判别器（discriminator），用于分辨数据是否由生成器生成。训练的过程其实就是两个网络博弈的过程，训练完成即达到纳什均衡。GAN 最大的贡献是为深度学习提供了一种对抗的无监督训练方式，此方式有助于解决一些普通训练方式不容易解决的问题。

2015 年，何恺明等人提出的深度残差网络（deep residual network，ResNet）一直被视为经典架构，通过设计的残差结构，将上一层的输出叠加到当前层，可以解决神经网络随着深度的增加出现的网络退化问题。

2017—2018 年，深度学习框架应运而生，目前 PyTorch 和 TensorFlow 已成为最流行的两种深度学习框架，深度学习框架的使用促进了深度学习的进一步发展。

自 2022 年起，受生成式 AI 的大模型驱动，通用人工智能取得了突破性的进展，引

领了新一轮的人工智能热潮。在图像领域，OpenAI 公司所开发的 DALL-E 2 是扩散模型（diffusion model）中比较具有代表性的大模型之一，它能够根据文本生成逼真的高分辨率的高质量图像，推动 AI 在全球的艺术革命；随后，Stable Diffusion 模型可以在短短几秒内生成清晰度高、还原度佳、风格选择较广的 AI 图像。在自然语言处理领域，以 GPT 为代表的大语言模型（large language models，LLM）机器能够更好地理解人类语言，从而更好地回答问题以及更好地与人类协作，甚至进一步启发人类的创造力。OpenAI 公司的 ChatGPT 和 GPT-4 实现了高度拟人化的连续对话和问答，也具备了按输入的具体指令产出特定文本的能力。

可以看出，人工智能学科经历了 60 多年的发展，已经形成庞大自洽的知识体系，逐步成为一个独立的学科领域，并且与多个学科形成交叉引用，具有强大的生命力和发展前景。

8.3 计算机视觉的典型应用

8.3.1 人脸识别

人脸识别是最贴近我们生活的计算机视觉应用，其目的是进行身份确认。人脸识别首先判断是否存在人脸，若存在，则进一步给出人脸的位置、大小和主要的面部器官的位置信息，并与已知的人脸进行对比，从而识别每张人脸的身份。从技术的角度来看，人脸识别有许多细分领域。

（1）人脸检测，其任务是确定人脸在照片中的位置，这一技术应用在摄像机上可以帮助镜头对焦。

（2）人脸比对，其任务是确定两张人脸是否属于同一个人。

（3）属性识别，其任务是给定一幅包含人脸的图像，推测该人物的性别、年龄、表情等。智能机器人的属性识别功能就是要让机器人学会像人一样"察言观色"。

（4）人脸查找，就是从人脸库中找到与待识别人脸相似的一张或者多张人脸。一般是提取出待识别人脸的特征码，再通过特征码与人脸库中的人脸进行比对。

（5）人脸配准，顾名思义就是找出特征点在人脸中的位置，特征点可以是眼睛、嘴巴等器官。

人脸识别有着丰富的应用场景，按照模式可分为 1:1、1:N 和 M:N 三种。

（1）1:1，即使用人脸比对算法来判断当前人脸与数据库中记录的人脸是否匹配，主要用于身份识别，在移动支付、信息安全等领域有着巨大的商用价值，也是目前应用最为广泛的模式。

（2）1:N，使用人脸查找算法从海量数据库中找出与当前人脸匹配的数据，一个典型的应用就是在重要的交通关卡设置人脸检索探头，将行人的人脸图像在犯罪嫌疑人数据库中进行检索，从而识别出犯罪嫌疑人。

（3）M:N，即对场景内所有人进行面部识别并与数据库进行比对。M:N 作为一种动态人脸比对，使用率非常高，在公共安防、迎宾、机器人应用等领域有着广阔的应用前景，但难度也相对较大。

除了以上三种常见的模式，还有其他应用场景，比如活体检测，通过眨眼、张嘴、摇头、点头等组合动作，使用人脸关键点定位和人脸追踪等技术来验证用户是否为真人在操作，以及美颜相机为用户实现各种美化效果等。

8.3.2 自动驾驶

自动驾驶是计算机视觉的热门应用领域。自动驾驶的大致流程如下：首先通过传感器感知周围环境信息，环境信息输入自动驾驶计算平台进行处理，计算平台判断车辆位置并分析周围环境信息，构建驾驶态势图，进而对车辆运动进行行为决策和路径规划，然后精确控制车辆底盘执行器执行决策指令，实现自动驾驶。自动驾驶主要涉及以下计算机视觉任务：

（1）三维视觉重建，用以掌握车辆周围的距离信息，进而进行车辆定位和路径规划。

（2）物体检测，需要在识别出物体的基础上对其进行分类，基于物体类别属性预测其未来轨迹。自动驾驶需要在三维物理世界中进行运动规划，所以物体检测的边界框也应该是三维的。

（3）实例分割，即将图像中属于一些特定目标类别的每个实例的所有像素分为一类，用以弥补边界框对于不规则形状物体的不完整界定。

（4）运动估计，即根据之前的一帧或数帧图像，预估视野里的每个目标在下一帧的位置。

（5）情境推理，即基于对场景的理解，给出准确的事件预测。比如正常行驶过程中，前方车辆突然减速，那么计算平台接收到环境信息后，需要推断是否影响当下的行驶安全，从而作出减速或变道等决策。

自动驾驶技术是传感器、计算机视觉、通信、导航定位、智能控制等多门前沿学科的综合体，许多关键技术难题等着人们去解决。不过随着物理计算能力的大幅提升、动态视觉技术的快速发展以及人工智能技术的迅猛发展，路线导航、障碍躲避、突发决策等难关已被一一攻克，目前自动驾驶技术取得了突破性进展。从发展前景来看，国内外政府部门及相关协会逐渐加大了对自动驾驶技术领域的重视程度，相继发布指导文件来促进和规范自动驾驶技术的发展，自动驾驶将是计算机视觉最有潜力的应用场景之一。

8.3.3 医学图像分析

医学图像分析是人工智能为医疗卫生行业赋能的典型体现。磁共振（magnetic resonance，MR）、计算机断层扫描（computed tomography，CT）以及超声检测（ultrasonic testing，UT）等医学成像技术已广泛应用于良恶性肿瘤、脑功能与精神障碍、心脑血管疾病等重大疾病的临床辅助筛查、诊断、分级、治疗决策与引导、疗效评估等方面。解读医学图像需要专业的影像科医生，在医疗资源分配不均的情况下，医学图像解读工作任务繁重且效率低下。而将计算机视觉应用于医学图像分析，可以对医学图像进行显著性增强以及语义分割，便于医生进行重点解读，可以直接给出识别结果辅助医生诊断，还可以定位病灶引导医生进行穿刺手术。具体来说，医学图像分析包含以下应用场景：

（1）医学图像分类，包括图像筛查和目标分类。图像筛查是指将整张图像作为输入，通过训练好的模型对其进行预测，输出一个表示是否患某种疾病或严重程度分级的诊断变量。目标分类则是对图像中的关键区域进行分类，比如对一张甲状腺超声图像中的甲状腺结节进行良恶性分类。

（2）医学图像分割，识别组成感兴趣对象的轮廓或内部的体素集，可用于定量分析目标的形状和体积，例如，计算心室体积和收缩射出率等临床指标需要从心脏 MRI 数据中分割出左心室。

（3）医学图像检测与定位，准确地在医学图像中定位特定生物标记或解剖结构在临床治疗中具有很重要的意义，可以帮助医生定位到感兴趣的区域。

8.3.4 其他应用

计算机视觉还有很多其他应用，如智能交通、智能监控、工业机器人等。智能交通用到的计算机视觉技术有目标检测与跟踪、驾驶行为识别、交通违章检测等。计算机视觉应用于智能监控可以帮助我们分析和处理海量的监控数据，比如人群中的异常行为检测可以提前预警，从而提高社会公共安全。工业机器人依靠计算机视觉算法实现视觉伺服，从而完成工件装配、物料搬运、自动焊接等任务。

8.4 习　题

1. 你认为未来的人工智能技术会怎样改变我们的日常生活？
2. 你认为人工智能会超过人类智能吗？
3. 你在日常生活中使用过的计算机视觉技术或应用有哪些？
4. 你认为计算机视觉将来会起到什么作用？会具备哪些功能？
5. 你最期待的人工智能技术是什么？为什么？

本章介绍机器学习的基本知识，包括机器学习的背景与定义、机器学习算法的分类以及机器学习模型性能的评价方法与流程。其中在监督学习的介绍中，以线性回归和面向二值分类的逻辑斯蒂回归为例，分别给出了模型的表达形式和损失函数的推导方法。

9.1 背景与定义

随着人工智能与大数据的飞速发展，机器学习（machine learning，ML）在我们的生活与工作中起着越来越重要的作用，正逐步改变我们的生活和工作。机器学习的特点为以数据为研究对象，目标为构建模型并且应用模型对数据进行预测和分析，是典型的数据驱动的学科。机器学习技术是现代人工智能的核心和基础，也涉及概率论、统计学、信息论、最优化理论、计算理论、计算机科学等多个领域的交叉。经过多年的发展，机器学习逐渐形成了独立的理论体系和方法论。

机器学习的核心是学习，而学习的定义有很多，例如，赫伯特·西蒙（Herbert Simon）认为："如果一个系统能够通过执行某个进程改进它的性能，这就是学习。"Tom M. Mitchell 教授在《机器学习》一书中对学习给出了更加具体的定义，他对学习比较宽泛的定义为"计算机程序通过经验来提高某任务处理性能的行为"，而更精准的形式化的定义为：如果一个计算机程序针对某类任务 T 的用 P 衡量的性能根据经验 E 来自我完善，那么我们称这个计算机程序在从经验 E 中学习，针对某类任务 T，它的性能用 P 来衡量。（原文："A computer program is said to learn from experience E with respect to some class of tasks T and performance measure P, if its performance at tasks in T, as measured by P, improves with experience E."）

这个形式化的定义强调了学习问题的三个特征：任务 T、评价标准 P 以及经验 E。

（1）任务 T。学习是使计算机获得能力去完成某项任务的方式之一。例如，如果我们希望计算机能够下棋，那么对弈就是任务 T。需要注意的是，完成任务 T 的方式有很多种，学习只是其中一种。我们可以直接编写一个计算机程序来表示下棋的规则和技巧（非学习），也可以通过历史对弈数据让计算机学习如何下棋（学习）。

（2）评价标准 P。为了衡量机器学习算法的性能，必须设定一个数字化的评价标准 P。

不同的任务有不同的评价标准，例如，在分类任务中，常用的评价标准为分类的准确率（accuracy）或者交叉熵（cross entropy，CE）；在回归任务中，常用的评价标准为均方误差（mean square error, MSE）。

（3）经验 E。一般而言，经验 E 被简单认为是在训练过程中允许使用的数据。例如，在无监督学习中，算法基于被表示为特征的数据进行学习，学习的目的为发现隐藏在这些数据间的结构或者数据的分布；在监督学习中，算法同样可以接触到被表示为特征的数据，与此同时，每条数据还对应一个标签或者目标值，学习的目的为发现数据与标签间的关联关系。

9.2 机器学习的分类

根据要解决的任务 T 和基于的经验 E，机器学习方法可以分为不同的类别，常见分类包括监督学习、无监督学习、半监督学习、强化学习等。

9.2.1 监督学习

监督学习是指从标注数据中学习预测模型。标注数据可以认为是上述的经验 E，它包含多个输入和输出的对应关系；模型从标注数据中学习输入到输出的映射规律；预测是指对于给定的输入（可以不包含在 E 中），模型可以预测出其对应的输出。监督学习的本质就是学习输入到输出的映射统计规律。

监督学习的步骤如下：

（1）得到一个有限的训练数据集合。

（2）确定包含所有可能模型的假设空间，即所有可能模型的集合。

（3）确定在训练过程中如何评价模型当前参数的好坏，即学习的策略。

（4）实现求解最优模型的算法，即学习的算法。

（5）通过学习算法得到最优模型。

（6）利用最优模型对数据进行预测和分析。

以银行贷款发放中个人信用评分为例，为了判断是否可以给某个人发放贷款，银行需要评估一个人的信用情况，那么首先需要找到个人信用的影响因素。这些因素有很多，比如历史还款记录、是否有工作、年收入情况、是否有房产等。对于每个人，我们将这些信息表示为一个 p 维向量 $\boldsymbol{x} = [x_1, \cdots, x_p] \in \mathbf{R}^p$，个人信用评分模型就可以定义为一个函数 f，其以上述因素的值作为输入，输出对应的信用评分 Y，以供银行判断是否可以给其发放贷款。为了得出模型 f，我们需要先收集大量必需的已知数据及其信用状态，数据收集完成后，将其按照一定的比例分为训练集、验证集和测试集，其中训练集用于使用算法训练模型的参数，验证集用于调试模型的超参数，测试集用于评估模型的效果。这样我们有了数据，利用机器学习算法就可以估计出一个公式 f，再通过测试集对模型进行测试，测试通过后，模型即可投入使用。

接下来，我们介绍两类具体的监督学习场景：线性回归和逻辑斯蒂回归。

一、线性回归

线性模型是传统机器学习中一类常见的模型。假设算法所依赖的经验 E 是 N 个特征向量 $\boldsymbol{x}$ 以及与之对应的目标值 y：$E = \{(\boldsymbol{x}_i, y_i)\}_{i=1}^{N}$，其中 $\boldsymbol{x}_i \in \mathbf{R}^p$ 是特征向量，$y_i \in \mathbf{R}$ 是对应的目标值。与上述数据匹配的多变量线性回归模型可表示为以下形式：

$$\hat{y} = f(\boldsymbol{x}) = w_0 + w_1 x_1 + \cdots + w_p x_p$$

式中，$w_j (j = 1, \cdots, p)$ 为第 j 维对应的参数值。上述模型表明，我们希望用一个线性函数以及待定的参数 $w_0, w_1, \cdots, w_p$ 来表示 $\boldsymbol{x}$ 和 y 之间的关系，即我们希望找到一个超平面（由参数 $w_0, w_1, \cdots, w_p$ 刻画），让这个超平面尽可能地拟合 E 中的数据点。

多种方法都可以用来确定 $w_0, w_1, \cdots, w_p$ 的值，在机器学习中，我们可以基于经验 E，通过最小化经验损失的方式来确定（学习）。既然是用一个超平面来拟合 E 中的数据点，而 E 中包含的数据点数 N 一般都会远远大于 p，这个超平面就不太可能精确地穿过所有数据点，因此我们需要找到一个合适的评判标准，用于评价哪个超平面才是最合适的。首先，可以用残差来表示真实值和预测值间的差值：

$$e = y - \hat{y}$$

对于某一个输入 $\boldsymbol{x}_i$ 和对应的真实目标值 y_i，模型 f 预测出的值为 $\hat{y}_i = f(\boldsymbol{x}_i)$，则残差为 $e_i = y_i - \hat{y}_i$。在回归中，理想情况下我们希望预测值 $\hat{y}_i$ 精确等于目标值 y_i，而 $\hat{y}_i > y_i$ 或者 $\hat{y}_i < y_i$ 都被认为是预测值偏离了理想目标值。为了描述上述"双边"误差，可以计算 e_i 的平方来衡量模型 f 对数据点 $(\boldsymbol{x}_i, y_i)$ 的预测误差。可以看到，$e_i^2 = 0$ 意味着超平面精确地穿过了数据点 $(\boldsymbol{x}_i, y_i)$，在预测有偏差的情况下（不论是 $\hat{y}_i > y_i$ 还是 $\hat{y}_i > y_i$），$e_i^2 > 0$，并且偏离得越多，e_i^2 越大。可以看到，如果通过更改模型 f 的参数 $w_0, w_1, \cdots, w_p$ 使得 e_i^2 越小（越靠近 0），也就意味着对数据点 $(\boldsymbol{x}_i, y_i)$ 的预测偏差越小。

在训练数据中有 N 个数据点，对每个点都如此计算它的误差 e_i^2，再进行平均就能得到线性回归中最常用的均方误差 (MSE) 损失函数：

$$\mathcal{L}^{\mathrm{MSE}} = \frac{1}{N} \sum_{i=1}^{N} e_i^2$$

$$= \frac{1}{N} \sum_{i=1}^{N} (y_i - \hat{y}_i)^2$$

可以看到，损失函数 $\mathcal{L}^{\mathrm{MSE}}$ 衡量了回归模型在训练数据上的平均误差，也就是对当前参数所刻画的超平面的评价。这个函数的值越小，说明超平面越能拟合 E 中的数据。易知函数 $\mathcal{L}^{\mathrm{MSE}}$ 是一个平滑的凸函数，具有全局最优值点。因此，线性回归的学习过程也可以看作通过不断调节 $w_0, w_1, \cdots, w_p$ 的取值，使得 $\mathcal{L}^{\mathrm{MSE}}$ 最小化的过程，例如我们可以采用梯度下降算法最小化该函数。

如果 $p = 1$，即只用一个 x 来估计 y，那么称为一元线性回归。在一元线性回归中，E 仍包含 N 个数据点，每个数据点由输入 $x_i \in \mathbf{R}$ 和其对应的输出 y_i 组成：$E = \{(x_i, y_i)\}_{i=1}^{N}$。需要学习的回归模型 f 则为一条直线：

$$f(x) = wx + b$$

式中，w 和 b 分别为该直线的斜率和截距。图 9–1在一个二维平面中显示了 E 中的经验数据（点）和模型所对应的直线。

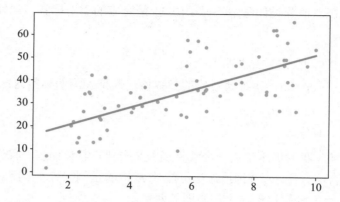

图 9–1 一元线性回归 $(p = 1)$ 中的经验数据（点）和模型（直线）
注：纵轴表示回归目标 y，横轴表示输入 x 的值。

此时，均方误差损失函数为：

$$\mathcal{L}^{\text{MSE}} = \frac{1}{N} \sum_{i=1}^{N} [y_i - (wx_i + b)]^2$$

图 9–2显示了函数 $\mathcal{L}^{\text{MSE}}$ 与参数 w 和 b 的关系。可以看出，该函数为平滑的凸函数，学习算法的目标为找到 $\mathcal{L}^{\text{MSE}}$ 的最小值点所对应的 w 和 b 的值。

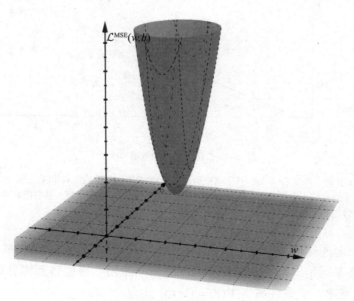

图 9–2 损失函数 $\mathcal{L}^{\text{MSE}}(w, b)$ 曲面图

二、二值分类

二值分类是机器学习中另一种非常常见的任务，接下来我们以逻辑斯蒂回归模型为例介绍二值分类模型。与线性回归类似，假设算法所依赖的经验 E 是 N 个特征向量 x 以及与之对应的目标类别标签 y: $E = \{(x_i, y_i)\}_{i=1}^{N}$，其中 $x_i \in \mathbf{R}^p$ 是特征向量。与之前线性回归不同的是，在二值分类任务中，$y_i \in \{0, 1\}$ 是对应的类别标签。线性分类器模型可以表示为以下形式：

$$f(x) = w_0 + w_1 x_1 + \cdots + w_p x_p$$

式中，$w_j (j = 1, \cdots, p)$ 为第 j 维所对应的参数值，模型预测的标签为：

$$\hat{y} = \begin{cases} 1, & f(x) > 0 \\ 0, & 其他 \end{cases}$$

上述模型表明，我们仍希望用一个线性函数来分类，具体而言，我们希望找到一个超平面（由参数 $w_0, w_1, \cdots, w_p$ 刻画），尽可能使 E 中的正例（$y_i = 1$ 所对应的点）和负例（$y_i = 0$ 所对应的点）分别位于这个超平面的两侧。

图 9–3 在二维平面上显示了一些分类数据（$p = 2$，正例为灰色十字，负例为红色圆点）和一个分类模型（红色直线）。该分类模型把空间分为两个区域，其左上方为正例区域，右下方为负例区域。

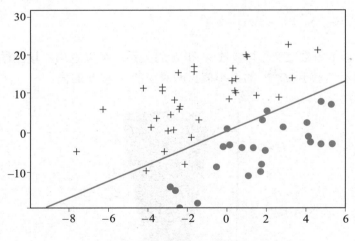

图 9–3　二值分类中的数据和模型

注：每个数据点 x 有两个维度 $(p = 2)$，其中横轴和纵轴分别对应 x 的第 1 维 x_1 和第 2 维 x_2。每个灰色十字表示一个正例的坐标，每个红色圆点表示一个负例的坐标，红色直线则表示一个线性分类模型所对应的分类界面。在该示例中，少数数据点被分类模型错误分类。

$f(x)$ 的输出为连续值而 y 是二值离散变量，不适合直接用 $f(x)$ 来拟合 y。注意到属于某个类别的概率也是一个连续的值，因此逻辑斯蒂回归模型转而拟合给定 x 后预测标签 $Y = 1$ 的条件概率，该条件概率 $P(Y = 1|x)$ 定义为：

$$P(Y = 1|x) = \frac{1}{1 + \exp\{-f(x)\}}$$

由于标签 Y 取值为 0 或 1，所以

$$P(Y = 0|\boldsymbol{x}) = 1 - P(Y = 1|\boldsymbol{x}) = \frac{1}{1 + \exp\{f(\boldsymbol{x})\}}$$

给定一个训练数据 $(\boldsymbol{x}_i, y_i)$ 后，我们可以依据 $\boldsymbol{x}_i$ 得到其预测标签取不同值的概率 $P(Y = 1|\boldsymbol{x}_i)$ 和 $P(Y = 0|\boldsymbol{x}_i)$。考虑到其真正的标签为 $y_i \in \{0, 1\}$，因此在该样本上预测 $f(\boldsymbol{x}_i)$ 的似然度为：

$$[P(Y = 1|\boldsymbol{x}_i)]^{y_i} \cdot [1 - P(Y = 1|\boldsymbol{x}_i)]^{(1-y_i)}$$

注意到 $y_i \in \{0, 1\}$，$[P(Y = 1|\boldsymbol{x}_i)]^{y_i}$ 和 $[1 - P(Y = 1|\boldsymbol{x}_i)]^{(1-y_i)}$ 必有一项等于 1，该似然度即为模型做出正确类别预测的概率。

训练数据（经验 E）中有 N 个数据点，对每个数据点都如此计算它的似然度再求积，就能得到在整个训练集上的似然函数：

$$\mathcal{J} = \prod_{i=1}^{N} [P(Y = 1|\boldsymbol{x}_i)]^{y_i} \cdot [1 - P(Y = 1|\boldsymbol{x}_i)]^{(1-y_i)} \tag{9.1}$$

最大化最大似然函数即可得到分类模型 f。

为了方便求解，我们对似然函数两边同时求对数，并且求均值和加上负号，就得到了分类中常用的二值交叉熵（binary cross entropy BCE）损失函数：

$$\mathcal{L}^{\text{BCE}} = -\frac{1}{N} \sum_{i=1}^{N} \{y_i \cdot \ln[P(Y = 1|\boldsymbol{x}_i)] + (1 - y_i) \ln[1 - P(Y = 1|\boldsymbol{x}_i)]\} \tag{9.2}$$

不难看出，由于对数函数是一个单调增函数，损失函数 $\mathcal{L}^{\text{BCE}}$ 的最小值点和似然函数 $\mathcal{J}$ 的最大值点相同。

与线性回归类似，损失函数 $\mathcal{L}^{\text{BCE}}$ 衡量了分类模型在训练数据上的平均误差，也就是对当前参数所刻画的超平面的评价。这个函数的值越小，说明该超平面能越好地将 E 中的正例和负例分开。同样，函数 $\mathcal{L}^{\text{BCE}}$ 是一个平滑的凸函数，具有全局最优值点。因此，学习逻辑斯蒂回归分类模型也可以看成通过不断调节 $w_0, w_1, \cdots, w_p$ 的取值，使得 $\mathcal{L}^{\text{BCE}}$ 最小化的过程，梯度下降算法也可以用来最小化该损失函数。

9.2.2　其他机器学习类别

接下来简略介绍机器学习中的其他学习类型，包括无监督学习、半监督学习和强化学习。

一、无监督学习

与监督学习相对，无监督学习是指从无标签数据中学习模型。在无监督学习任务中，我们有一些问题，但是不知道答案，我们要做的无监督学习就是按照它们的性质把它们自动地分成很多组，每组问题具有类似的性质（比如数学问题聚集在一组，英语问题聚集在一组，等等）。所有数据只有特征向量而没有标签，但是可以发现这些数据呈现出聚群的结构，本质上就是相似的类型会聚集在一起。把这些没有标签的数据分成一个个组合，就是聚类（clustering）。比如谷歌新闻每天会搜集大量新闻，然后把它们全部聚类，这些新

闻就会自动分成几十个不同的组（比如娱乐、科技、政治），每个组内的新闻都具有相似的内容结构。无监督学习算法学到的大部分内容必须包括理解数据本身，而不是将这种理解应用于特定任务。

一般根据解决问题的类型，无监督学习算法可以进一步分为以下三类：

- 聚类问题：将相似的数据归到一起。
- 数据降维（data dimension reduction）：用新的特征完全或部分替换现有特征，以减少特征的输入数量。
- 模式识别（pattern recognition）：发现数据之间的相关性与先后发生关系。

二、半监督学习

半监督学习 (semi-supervised learning) 是机器学习中将监督学习与无监督学习相结合的一种方法。简单而言，半监督学习使用大量的未标注数据（类似于无监督学习）以及少量的标注数据（类似于监督学习）来进行模型的学习，以期达到甚至超过监督学习的效果。当使用半监督学习时，我们的目标通常设定为尽量少使用标注数据从而节省人工标注的代价，同时又能够带来比较高的准确性。

半监督学习的基本思想是利用数据分布上的模型假设建立学习器来对未标注样例进行标注预测，其关键在于如何综合利用已标注样例和未标注样例。从统计机器学习理论的角度，半监督学习包括直推（transductive）半监督学习和归纳（inductive）半监督学习两类模式。从学习场景来看，半监督学习可以分为半监督分类、半监督回归、半监督聚类和半监督降维等。

三、强化学习

强化学习研究的是智能体如何基于环境而行动，以取得最大化的预期利益。强化学习是除了监督学习和无监督学习之外的第三种基本的机器学习方法。与监督学习不同的是，强化学习仅能接收到环境在某一动作下的反馈，其关注点在于寻找探索（对未知领域的）和利用（对已有知识的）的平衡。

在强化学习中，有两个可以进行交互的对象——智能体和环境。

- 智能体（agent）：可以感知环境的状态（state），并根据反馈的奖励（reward）学习选择一个合适的动作（action）来最大化长期总收益。
- 环境（environment）：环境会接收智能体执行的一系列动作，对这一系列动作进行评价并转换为一种可量化的信号反馈给智能体。

除了智能体和环境之外，强化学习系统还有三个核心要素：策略、奖励函数（收益信号）、价值函数。

- 策略（policy）：定义了智能体在特定时间用于决策的行为方式。策略是从当前状态到执行动作的映射。
- 奖励函数（reward function）：定义了强化学习问题中的目标。在每一步，环境向智能体发送一个称为收益的标量数值。
- 价值函数（value function）：表示了从长远的角度看什么是好的。一个状态的价值是一个智能体从这个状态开始，对将来累积总收益的期望。

强化学习常使用马尔可夫决策过程的形式化框架，利用状态、动作和收益定义学习型智能体与环境的互动过程。这个框架力图简单地表示人工智能问题的若干重要特征，这些特征包含了对因果关系的认知、对不确定性的认知以及对显式目标存在性的认知。

9.3　机器学习模型性能的评价

不同算法模型或者输入不同参数的同一种算法模型会有不同的性能，为了比较不同算法模型的优劣，需要给出评价这个算法模型或者参数好坏的定量指标。需要注意的是，在模型评价过程中，往往需要使用多种不同的指标进行综合评价，这是因为大部分的性能评价指标只是从一个角度反映模型的部分性能，并不能全面地反映模型的优劣。

9.3.1　常用评价指标

给定一个测试集 $T = \{(\boldsymbol{x}_i, y_i)\}_{i=1}^{N}$，学习到的模型 f 对于每个测试数据给出预测 $\hat{y}_i$。例如，在回归任务中，$\hat{y}_i = f(\boldsymbol{x}_i)$；在分类任务中，$\hat{y}_i = \begin{cases} 1, & f(\boldsymbol{x}_i) > 0 \\ 0, & \text{其他} \end{cases}$。评价指标通过比较真值 y_i 和预测值 $\hat{y}_i$ 来对模型的效果进行评价。不同的学习任务所使用的评价指标也不同，接下来，我们给出回归和二值分类任务中常用的评价指标。

一、回归评价指标

在回归中，y_i 和 $\hat{y}_i$ 均为实数值，因此，我们可以直接使用均方误差（MSE）对回归的精度进行衡量：

$$\text{MSE} = \frac{1}{N} \sum_{i=1}^{N} (y_i - \hat{y}_i)^2$$

均方误差越小，说明模型的预测精度越高。均方误差也被广泛应用于模型的训练过程，用于构建损失函数。

均方误差也称为 ℓ-2 范数损失，如果把 ℓ-2 范数改为 ℓ-1 范数，则变成了回归中另一种常用的评价指标——平均绝对误差（mean absolute error，MAE）：

$$\text{MAE} = \frac{1}{N} \sum_{i=1}^{N} |y_i - \hat{y}_i|$$

同样，平均绝对误差越小，表明回归模型的预测精度越高。

二、二值分类评价指标

在分类的评价中，准确率是分类问题中最基础的评价指标。准确率是预测正确的结果占总样本的百分比，其公式如下：

$$\text{Accuracy} = \frac{\text{TP+TN}}{\text{TP+TN +FP +FN}}$$

式中，TP、TN、FP、FN 为四个计数，其定义如下：

- 真正例（true positive，TP）：被模型预测为正的正样本（预测正确）；
- 假正例（false positive，FP）：被模型预测为正的负样本（预测错误）；
- 假负例（false negative，FN）：被模型预测为负的正样本（预测错误）；
- 真负例（true negative，TN）：被模型预测为负的负样本（预测正确）。

不难发现，基于测试集 T 中 N 个数据样本的 y_i 和其预测值 $\hat{y}_i$，我们可以很容易统计出 TP、TN、FP、FN 的计数值，如 表 9–1 所示，表格中每个元素对应一个统计值。显然，TP + FP + FN + TN = N，N 为参与测试的样本数。

表 9–1　二值分类评价中的混淆矩阵

	真值 $y = 1$	真值 $y = 0$
预测 $\hat{y} = 1$	TP	FP
预测 $\hat{y} = 0$	FN	TN

注：TP、FP、FN 和 TN 为在测试集上对应的计数。

在正负样本不平衡的情况下，准确率这个评价指标有很大的缺陷。比如在互联网广告中，点击率是很小的，一般只有千分之几，如果用 Accuracy 来衡量点击率的预测效果，即使全部预测成负类（不点击），Accuracy 也在 99% 以上，因此 Accuracy 不能很好地评价点击率预测的性能。为了能对正负样本不平衡的数据评价分类模型的性能，我们通常使用精准率 (Precision)、召回率 (Recall) 和 F_1 值进行评价。

（1）精准率为在所有被预测为正的样本中实际为正的样本的比例：

$$\text{Precision} = \frac{\text{TP}}{\text{TP} + \text{FP}}$$

即在预测为正的结果中有多大比例的样本预测正确。虽然 Precision 和 Accuracy 有些类似，但是其代表的意义完全不同。Precision 代表在预测为正的结果中预测的准确度，而 Accuracy 则代表整体预测的准确度，既包括正的样本又包括负样本。

（2）召回率又称查全率，它定义为在实际为正的样本中被预测为正的样本的比例：

$$\text{Recall} = \frac{\text{TP}}{\text{TP} + \text{FN}}$$

可以看到，召回率是针对所有标注为正的样本而言的。

（3）F_1 为精确率和召回率的调和均值：

$$F_1 = \frac{1}{\frac{1}{2}\left(\frac{1}{\text{Precision}} + \frac{1}{\text{Recall}}\right)} = \frac{2 \cdot \text{Precision} \cdot \text{Recall}}{\text{Precision} + \text{Recall}}$$

可以看到，F_1 综合了 Precision 和 Recall 的评价，并且在数值上较为靠近 Precision 和 Recall 中较小的值。

9.3.2　训练集、验证集、测试集

机器学习的目的是将训练好的模型部署到真实环境中，希望训练好的模型能够在实际的在线场景中得到好的预测效果，也就是说，我们希望模型在真实场景中预测的误差越小越好。因此，在测试和评价机器学习模型的过程中，我们希望通过某个信号来了解模型在实际应用场景中的真实性能，这样也可以指导我们得到性能更优的模型。

在实际应用中，我们往往不能直接在真实应用场景中对模型进行反复的测试和训练，因为这需要在部署环境和训练模型之间多次往复，代价很高。同时，我们也不能用模型对训练集的拟合程度作为模型在真实环境中性能的近似，因为其中往往存在较大的差距。

一、训练集和测试集

一个较好的方式就是将数据随机分割成两部分：训练集和测试集。我们使用训练集中的数据（即经验 E）来训练模型，然后用测试集上的误差作为最终模型在真实场景中的误差。有了测试集后，我们需将训练好的模型在测试集上进行预测，然后与测试集中的真实标签进行对比，计算评价指标，即可认为此评价指标的值就是真实性能的近似。

通常，我们将所有标注数据的 80% 作为训练集，20% 作为测试集。同时，一般会在建模之前对数据集进行划分，以免在模型训练过程中了解太多关于测试集数据的特点，防止出现挑选有助于测试集数据的模型，因为这样会导致测试性能偏高。

二、验证集

很多时候，模型和训练算法本身有较多需要人工选择的参数，比如神经网络的层数、每层神经网络的神经元个数、正则化参数、学习步长和优化方法等，我们将这些参数称为超参数。这些超参数的选择对模型最终的效果也很重要，我们在训练模型时总是需要调整这些超参数。如果直接通过模型在测试集上的评价指标来调节这些超参数，实际上就是把测试集的数据信息泄露到模型的训练过程中，可能会导致模型在测试集上的性能很好，但部署到真实场景中使用时效果非常差。因此我们可以设置一个单独的验证集来作为调整模型超参数的依据，这样不至于使测试集中的信息泄露。

因此，当有超参数需要调整时，我们可将所有标注数据随机划分为训练集、验证集和测试集。在训练集上训练模型，在验证集上评估模型、调整模型超参数，一旦找到最佳的超参数，就在测试集上最后测试一次，用测试集上的性能作为模型在真实场景中性能的近似。

一般而言，如果标注数据量不是很大（如万级别以下），训练集、验证集以及测试集的划分比例可以设置为6:2:2。若标注数据量很大，则可以提高训练集的比例，例如，如果有 100 万个标注样本，那么可以将训练集、验证集、测试集的比例调整为98:1:1。

9.4 习　题

1. 基于规则的分类是一种比较简单的分类技术，其通过一组类似于 "if … then … else if … then … else …" 的规则对样本进行分类。请比较基于机器学习的分类方法和基于规则的分类方法的优缺点。

2. 思考：为何在回归任务中一般采用均方误差损失而在分类任务中采用交叉熵损失？

3. 通过推导容易得知，最大化整个训练集上的似然函数 (式 (9.1)) 可以得到最优的分类器参数。在实际求解时，常常通过取对数把它转化为二值交叉熵损失函数 (式 (9.2))。为何式 (9.2) 和式 (9.1) 的最优值点相同？相对于直接优化式 (9.1)，优化式 (9.1) 有什么优势？

4. F_1 定义为精确率（Precision）和召回率（Recall）的调和平均数。请思考，与算术平均数 ($\frac{1}{2}$(Precision + Recall)) 和几何平均数 ($\sqrt{\text{Precison} \times \text{Recall}}$) 相比，$F_1$ 有什么特点？

5. 一个二值分类测试集中包含 10 个样本，其真实标签分别为 $[0,0,0,0,0,0,0,0,1,1]$，分类器 1 的预测标签分别 $[0,0,0,0,0,0,0,0,0,0]$，分类器 2 的预测标签分别为 $[0,0,0,0,0,0,0,1,1,0]$，请分别计算分类器 1 和分类器 2 的 Accuracy, Precision, Recall 和 F_1。

## 第 10 章

使用 Python 实现机器学习模型

在本章，我们以线性回归作为典型案例，介绍什么是回归问题，如何对回归问题建立线性回归模型，如何使用梯度下降算法训练模型参数，以及如何使用 numpy 实现逻辑斯蒂回归模型的建立、训练和测试。

10.1 一元线性回归模型

现实世界中的不同变量常常存在因果关系或满足一定的规律，因此有可能根据一个能够观测的变量（称为自变量）来预测另一个变量（称为因变量）。例如，选修"人工智能与 Python 程序设计"的学生的课程成绩和其动手实践 Python 编程的时间有很强的相关性，可以把学生动手实践的时间作为自变量，据此预测因变量（即课程成绩）。所谓回归分析，是一种用于建立自变量和因变量之间关系的预测建模技术。通常，我们首先需要获得一些自变量–因变量数据点，观察这些数据的规律，然后对因变量和自变量的关系进行建模。例如，我们可以统计往届所有选修过"人工智能与 Python 程序设计"的学生的课程成绩和其在对应学期动手实践的时间。用 x 表示自变量（实践时间），用 y 表示因变量（课程成绩），回归任务即由给定的 x 预测 y。假设往届共有 N 名学生选修这门课程，第 i 名学生的实践时间记为 x_i，其课程成绩记为 y_i，则 (x_i, y_i) 形成了一个数据点，所有 N 名学生的数据点形成了一个集合 (X, Y)，其中 $X = (x_1, x_2, \cdots, x_N)$，$Y = (y_1, y_2, \cdots, y_N)$。我们可以先把这些点在二维坐标平面上画出来，其中 x 轴表示自变量，y 轴表示因变量。假设我们收集了 N 位学生对应的数据点，如图 10–1所示。

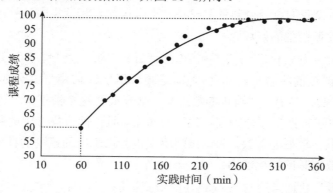

图 10–1 课程成绩和实践时间的关系

观察这些点的分布，我们发现似乎可以用一个对数函数来拟合这些点，如图 10-1 中的实线所示。因此，我们可以将 y 和 x 的关系建模为一个对数函数 $y = f(x)$，即我们猜想因变量可以由自变量通过如下函数进行预测：

$$y = f(x) = a \ln(bx) + c \qquad (10.1)$$

式中，a、b、c 为模型的参数，不同的数值对应不同的对数曲线。这种建立自变量和因变量函数关系的过程即为建模。所谓模型的训练，就是根据这些已知的数据找到一组最好的参数，通常希望这组参数对应的函数能最好地拟合这些点。当参数确定后，我们就训练好了一个模型 f，对该模型输入新的 x_t，该模型就可以预测出对应的 $\hat{y}_t$。

对于不同的数据，我们需要通过观察和思考建立不同的模型。例如，对于如图 10-2 所示的三个数据点，我们发现一个简单的二次函数可以平滑地连接这三个点，因此可以建模为一个二次函数，这个二次函数的系数可以由这三个点确定。

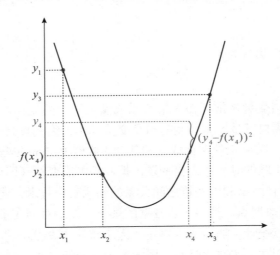

图 10-2　三个数据点拟合二次函数

确定了具体的函数之后，我们就获得了一个具体的模型，那么如何评估这个模型的好坏呢？这时候我们需要一些新的数据去测试这个模型。例如，对于图 10-2 的例子，建立了二次函数对应的模型之后，对于一个新的数据点 (x_4, y_4)，我们将 x_4 输入模型，得到预测结果 $\hat{y}_4 = f(x_4)$，这个预测结果和 x_4 对应的真实的因变量值 y_4 之间的差异 $(y_4 - \hat{y}_4)^2$ 度量了预测误差。假设我们有一个新的测试集，那么在这个测试集中，所有数据点的预测误差的平均值即可度量模型的好坏。

现在，我们可以形式化回归任务和建立回归模型的一般过程了。所有已知的可以用来训练模型的数据点的集合 (X, Y) 称为训练集，用于评估模型好坏的新数据点的集合 (X_t, Y_t) 称为测试集。对于一个给定的数据集，如果要在这个数据集上评估机器学习算法的性能，首先要将该数据集划分为训练集和测试集，且这两个集合中的数据不重叠。训练集用来训练或者拟合模型的参数，测试集则用来检验训练出的模型的性能，即评估模型在训练没见过的新数据时的泛化能力。

数据集中的每个数据点通常以 (x_i, y_i) 的形式出现，其中自变量 x_i 通常被称为"特征"

或"样本"，其对应的因变量 y_i 通常被称为"真实值"（ground-truth）或"观测值"。回归的目标就是找到由 x 得到 y 的方法，即对给定的 x，预测其对应的 y。所谓模型，就是人们通过观察数据或根据具体任务的先验知识，猜想的从 x 到 y 的映射 $y = f(x)$ 的具体形式，例如前面例子中的对数族函数或二次函数。

$f(x)$ 通常含有待定系数，这些系数称为模型的参数。不同参数对应的模型对训练数据的拟合程度不同，即参数有好有坏。我们通常设计一个损失函数，该损失函数根据已有训练数据，对任何输入的参数，输出评价其质量的指标。一组参数的损失函数值越小，说明这组参数对训练数据的拟合效果越好。模型的训练即找到最好的 $f(x)$ 参数的过程，最好的参数通过最小化损失函数得到。每组参数都对应一个具体的模型，模型的预测即给定 x，在该模型参数下计算 $f(x)$ 的过程。通过训练找到一组最优的参数后，这组参数对应的模型称为训练得到的模型。用该模型对测试集中的所有样本进行预测，通过计算预测值和真实值之间的差异来评价预测结果，这个过程称为测试。

如果所有特征 x 的维度都为 1，则该回归问题为一元回归问题。我们首先介绍一元回归问题中一类最简单的模型：一元线性回归模型。线性回归模型假设特征 x 和观测值 y 之间满足线性关系，即将 $f(x)$ 建模为 x 的线性函数。例如在图 10-3 中，给定了三个点的训练集 $\{(x_1, y_1), (x_2, y_2), (x_3, y_3)\}$，规定 $f(x)$ 为线性函数：

$$f(x) = wx + b \tag{10.2}$$

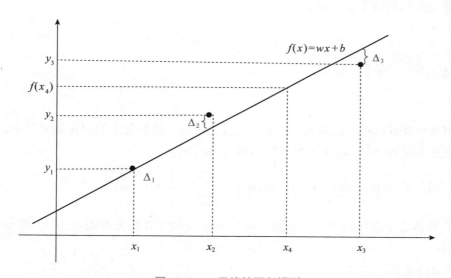

图 10-3　一元线性回归模型

$f(x)$ 可以看作二维平面上的一条直线，w 为直线的斜率，b 为其截距。不同的参数 (w, b) 对应不同的直线。我们希望寻找一组最优的参数 (w^*, b^*)，其对应的线性函数在这三个训练样本上能获得最好的预测结果，即这条直线和这三个点最接近。一旦确定了 (w^*, b^*)，线性函数 $f(x)$ 就唯一确定了，对于任何给定的新的样本点 x_4，可以利用这个线性函数获得其预测值 $f(x_4)$。

如何获得最优的参数？任何一组参数都对应一个线性函数，即图中的直线，因此可以对这三个训练样本做出预测，得到一组预测值。两点确定一条直线，但不存在一条直线能完美地经过这三个点。因此不论选择哪条直线作为预测模型，在这三个训练样本上都会产生预测误差。对于任意参数 (w, b)，其对应的线性模型对训练样本 x_i 的预测结果记为 $\hat{y}_i = f(x_i) = wx_i + b(i = 1, 2, 3)$，则相应的预测误差可以用预测结果和真实值之差的二次方来度量，即 $(\hat{y}_i - y_i)^2$。将模型在训练集的所有样本上的误差平方的平均值（即均方误差）定义为损失函数：

$$L = \frac{1}{3} \sum_{i=1}^{3} (\hat{y}_i - y_i)^2 \tag{10.3}$$

当训练集有 N 个样本时，均方误差损失函数的形式为：

$$L = \frac{1}{N} \sum_{i=1}^{N} (\hat{y}_i - y_i)^2 \tag{10.4}$$

将线性函数代入上式，得到：

$$L(w, b) = \frac{1}{N} \sum_{i=1}^{N} (wx_i + b - y_i)^2 \tag{10.5}$$

对于不同的参数 (w, b)，L 的值不同，因此损失函数 L 是参数 (w, b) 的函数，而参数 w 和 b 是损失函数的自变量。损失函数度量参数在训练集上的预测质量，损失函数越小，在训练集上的预测误差也就越小。

10.2 梯度下降算法

我们希望找到这样一组参数，其对应的线性函数在训练集上的预测误差最小，因此通过最小化损失函数 $L(w, b)$ 来求解最优的参数 (w^*, b^*)：

$$(w^*, b^*) = \arg\min_{w,b} L(w, b) = \arg\min_{w,b} \frac{1}{N} \sum_{i=1}^{N} (wx_i + b - y_i)^2 \tag{10.6}$$

为了求解这个优化问题，首先根据链式法则分别计算损失函数 $L(w, b)$ 对 w 的偏导数，可得：

$$\frac{\partial L(w, b)}{\partial w} = \frac{2}{N} \sum_{i=1}^{N} (wx_i + b - y_i)x_i \tag{10.7}$$

如果将这 N 个样本 $x_i(i = 1, \cdots, N)$ 排列成一个 $N \times 1$ 的向量 $\boldsymbol{x}$，将这些样本对应的真实值 $y_i(i = 1, \cdots, N)$ 排列成一个 $N \times 1$ 的向量 $\boldsymbol{y}$，令 $\boldsymbol{1}$ 表示一个 $N \times 1$ 的元素全为 1 的向量，则该偏导数可以写成如下矩阵形式：

$$\frac{\partial L(w, b)}{\partial w} = \frac{2}{N} \boldsymbol{x}^{\mathrm{T}}(w\boldsymbol{x} + b\boldsymbol{1} - \boldsymbol{y}) \tag{10.8}$$

类似地，损失函数 $L(w, b)$ 对 b 的偏导数为：

$$\frac{\partial L(w,b)}{\partial b} = \frac{2}{N}\sum_{i=1}^{N}(wx_i + b - y_i) = \frac{2}{N}\sum_{i=1}^{N}1 \times (wx_i + b - y_i) \tag{10.9}$$

同样可以写成如下矩阵形式：

$$\frac{\partial L(w,b)}{\partial b} = \frac{2}{N}\mathbf{1}^{\mathrm{T}}(w\boldsymbol{x} + b\mathbf{1} - \boldsymbol{y}) \tag{10.10}$$

以 $\dfrac{\partial L(w,b)}{\partial b}$ 为例，矩阵形式的推导过程如下：

根据式 (10.9)，$\dfrac{\partial L(w,b)}{\partial b}$ 可以写为：

$$\begin{pmatrix} 1 & 1 & \cdots & 1 & \cdots & 1 \end{pmatrix} \begin{pmatrix} wx_1 + b - y_1 \\ wx_2 + b - y_2 \\ \vdots \\ wx_i + b - y_i \\ \vdots \\ wx_N + b - y_N \end{pmatrix} = \begin{pmatrix} 1 & 1 & \cdots & 1 & \cdots & 1 \end{pmatrix} \left(\begin{pmatrix} wx_1 \\ wx_2 \\ \vdots \\ wx_i \\ \vdots \\ wx_N \end{pmatrix} + \begin{pmatrix} b \\ b \\ \vdots \\ b \\ \vdots \\ b \end{pmatrix} - \begin{pmatrix} y_1 \\ y_2 \\ \vdots \\ y_i \\ \vdots \\ y_N \end{pmatrix} \right)$$
$$= \begin{pmatrix} 1 & 1 & \cdots & 1 & \cdots & 1 \end{pmatrix} \begin{pmatrix} w\boldsymbol{x} + b\mathbf{1} - \boldsymbol{y} \end{pmatrix} \tag{10.11}$$

这个简单的优化问题式（10.6）其实有闭式解。可以通过设偏导数 $\dfrac{\partial L(w,b)}{\partial w} = 0$，$\dfrac{\partial L(w,b)}{\partial b} = 0$，并联立方程组求解得到。但这里我们介绍一种更通用的优化方法：梯度下降算法。

梯度下降算法是一种求解无约束函数极值的优化方法。该算法的基本原理是：对于可微函数，梯度方向是函数值增长速度最快的方向，梯度的反方向则是函数值减少最快的方向。一个直观理解梯度下降算法的例子是盲人下山：盲人处在山中的某一个位置，目标是要下到山底（最低点），盲人看不到下山的路，只能感知所在位置四周的坡度，沿着坡度最陡的地方向下移动一小步，到达一个新的位置，然后再次试探周围的坡度并沿着最陡峭的方向向下走下一步，如此反复试探，直到四周坡度都很平坦，就可以认为已经走到了山底。

类似地，如图 10–4 所示，要求解损失函数最小值对应的参数，梯度下降算法首先随便选一组参数（对应损失函数的某一位置），计算损失函数在该参数处的梯度，向梯度的反方向移动一步参数（移动的步长是一个超参数，需要预先设置好）；然后在新的参数处重新计算梯度并根据梯度的反方向再次更新参数；如此循环，直到梯度的大小接近 0，即前后两次迭代中参数的变化非常小。要达到参数不再发生变化，可能需要的迭代次数较多。实际中，通常预先设定一个最大迭代次数值，当迭代次数达到这个值之后，算法停止，最后一次更新的参数即作为优化的结果。

对于优化问题式（10.6），预先指定学习率 l_r 和最大迭代次数 $T_{\max}$，梯度下降算法的过程可以形式化地总结为：

（1）随机选择一组初始参数 (w^0, b^0)。

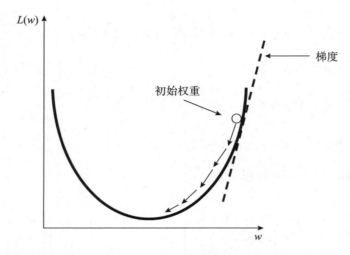

图 10-4 梯度下降算法示例

（2）计算损失函数在当前参数处的偏导数 $\dfrac{\partial L(w,b)}{\partial w}$，$\dfrac{\partial L(w,b)}{\partial b}$。对于损失函数式（10.5），使用式（10.8）和式（10.10）计算梯度。

（3）从当前参数点向梯度的反方向移动，移动步长由学习率 l_r 指定。具体地，参数更新公式为：

$$w^{t+1} = w^t - l_r \cdot \frac{\partial L}{\partial w}(w^t) \tag{10.12}$$

$$b^{t+1} = b^t - l_r \cdot \frac{\partial L}{\partial b}(b^t) \tag{10.13}$$

（4）循环迭代地执行步骤（2）（3），直到前后两次迭代得到的参数的差值 $|(w^t, b^t) - (w^{t-1}, b^{t-1})|$ 足够小（即梯度接近 0，参数基本不再变化，说明此时损失函数已经达到局部极小值）或者达到最大迭代次数 $T_{\max}$。

（5）输出 (w^t, b^t)，即为梯度下降算法优化得到的使得损失函数取局部最小时的参数取值。

其中，学习率 l_r 可以理解为盲人下山例子中每次向下移动一小步的步长。学习率的选择非常重要，学习率太大，则可能跳过极值点并在极值点附近来回跳动；学习率太小，则需要更新许多步才能达到极值。可以从较大的学习率开始，并让学习率随着迭代次数逐步降低。本书的示例代码中将学习率设置为固定值。

10.3　多元线性回归模型

一元线性回归模型中的自变量只有一个，但在很多实际问题中，因变量可能会和多个自变量存在关联。例如，除了动手实践 Python 编程的时间外，选修"人工智能与 Python 程序设计"的学生的课程成绩可能还和学生之前自学或了解过多少人工智能和 Python 方面的知识、先修课"程序设计"的课程成绩等也存在很强的相关性，可以把这些都作为自变量来预测学生"人工智能与 Python 程序设计"的课程成绩。根据多个自变量来预测因变量的值即为多元回归。这时，每个数据点样本或特征的多个自变量值可以表示成一个列向量，例如，第 i 个样本的特征向量 $\boldsymbol{x}_i$ 可以表示为 $\boldsymbol{x}_i = \begin{pmatrix} x_i^{(1)} \\ x_i^{(2)} \\ \vdots \\ x_i^{(d)} \end{pmatrix}$，其中 d 为自变量的个数。

给定训练集 $D = (\boldsymbol{x}_i, y_i)(i = 1, \cdots, N)$，每个数据点的维数都是 d，目标值建模为特征的多元函数：

$$\hat{y} = f(\boldsymbol{x}) \tag{10.14}$$

多元线性回归将该函数建模为一个线性函数（多元一次方程）：

$$f(\boldsymbol{x}) = w_1 x_1 + w_2 x_2 + \cdots + w_d x_d + b = \boldsymbol{w}^{\mathrm{T}} \boldsymbol{x} + b \tag{10.15}$$

式中，$\boldsymbol{w}$ 的维数和特征的维数相等，$\boldsymbol{w}$ 也是一个 d 维的列向量：$\boldsymbol{w} = \begin{pmatrix} w_1 \\ w_2 \\ \vdots \\ w_d \end{pmatrix}$。$\boldsymbol{w}$ 和 b 为多元线性回归模型的参数。二元的情形如图 10–5 所示。

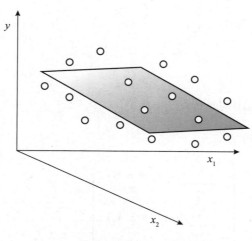

图 10–5　多元线性回归模型

为了简化符号，我们在每个特征 $\boldsymbol{x}$ 的最后都增加一个值恒为 1 的维度：$\boldsymbol{x}_i = \begin{pmatrix} x_i^{(1)} \\ x_i^{(2)} \\ \vdots \\ x_i^{(d)} \\ 1 \end{pmatrix}$，

相应地，在 w 的最后也增加一维，把 b 融入进去：$w = \begin{pmatrix} w_1 \\ w_2 \\ \vdots \\ w_d \\ b \end{pmatrix}$，则多元线性预测函数

表示为：

$$\hat{y} = w^{\mathrm{T}} x \tag{10.16}$$

这样，模型的所有参数都包含在 w 中。和一元线性回归一样，我们根据已知的训练集中的样本点拟合这个多元一次方程，求解参数 w。我们先在训练集上定义 w 的损失函数，再通过梯度下降算法最小化损失函数。我们仍采用均方误差（MSE）损失函数：

$$L(w) = \frac{1}{N} \sum_{i=1}^{N} (\hat{y}_i - y_i)^2 = \frac{1}{N} \sum_{i=1}^{N} (w^{\mathrm{T}} x_i - y_i)^2 \tag{10.17}$$

w 是该损失函数的自变量。通过最小化该损失函数求解最优的参数 w^*：

$$w^* = \arg\min_{w} \frac{1}{N} \sum_{i=1}^{N} (w^{\mathrm{T}} x_i - y_i)^2 \tag{10.18}$$

该损失函数对 w 的各个维度分别求偏导：

$$\frac{\partial L(w)}{\partial w_1} = \frac{2}{N} \sum_{i=1}^{N} x_{i,1}(x_i^{\mathrm{T}} w - y_i)$$

$$\frac{\partial L(w)}{\partial w_2} = \frac{2}{N} \sum_{i=1}^{N} x_{i,2}(x_i^{\mathrm{T}} w - y_i)$$

$$\vdots \tag{10.19}$$

$$\frac{\partial L(w)}{\partial w_{d+1}} = \frac{2}{N} \sum_{i=1}^{N} x_{i,d+1}(x_i^{\mathrm{T}} w - y_i)$$

则 $L(w)$ 对 w 的导数可以表示为：

$$\frac{\partial L(w)}{\partial w} = \begin{pmatrix} \dfrac{\partial L(w)}{\partial w_1} \\ \dfrac{\partial L(w)}{\partial w_2} \\ \vdots \\ \dfrac{\partial L(w)}{\partial w_{d+1}} \end{pmatrix} = \begin{pmatrix} \dfrac{2}{N} \sum_{i=1}^{N} x_{i,1}(x_i^{\mathrm{T}} w - y_i) \\ \dfrac{2}{N} \sum_{i=1}^{N} x_{i,2}(x_i^{\mathrm{T}} w - y_i) \\ \vdots \\ \dfrac{2}{N} \sum_{i=1}^{N} x_{i,d+1}(x_i^{\mathrm{T}} w - y_i) \end{pmatrix}$$

$$= \frac{2}{N} \sum_{i=1}^{N} x_i (x_i^{\mathrm{T}} w - y_i) \tag{10.20}$$

如图 10-6 所示，把训练集中的所有样本 x_i $(i = 1, \cdots, N)$ 合并到矩阵 X 中，X 的维度为 $N \times (d+1)$，其每行为一个样本（$d+1$ 维特征列向量的转置），把所有样本对应的真实

值合并为一个 N 维列向量 $\boldsymbol{y}$，则式（10.20）的矩阵形式为：

$$\frac{\partial L(w)}{\partial w} = \frac{2}{N} X^{\mathrm{T}}(Xw - y) \tag{10.21}$$

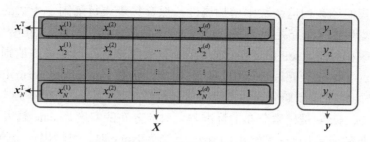

图 10-6　训练集样本矩阵和真值向量

我们仍然采用梯度下降算法优化式（10.18），其过程和一元线性回归模型的优化过程类似，只是具体的梯度计算公式有所区别。预先指定学习率 l_r 和最大迭代次数 $T_{\max}$，我们再次重复该过程，如下：

（1）随机选择一组初始参数 $\boldsymbol{w}^0$。

（2）计算损失函数在当前参数处的偏导数 $\dfrac{\partial L(w)}{\partial w}$；对于损失函数式（10.17），使用式（10.21）计算梯度。

（3）从当前参数点向梯度的反方向移动；具体地，参数更新公式为：

$$\boldsymbol{w}^{t+1} = \boldsymbol{w}^t - l_r \cdot \frac{\partial L}{\partial \boldsymbol{w}}(\boldsymbol{w}^t) \tag{10.22}$$

（4）循环迭代地执行步骤（2）（3），直到前后两次迭代得到的参数的差值 $|\boldsymbol{w}^t - \boldsymbol{w}^{t-1}|$ 足够小（即梯度接近 0，参数基本不再变化，说明此时损失函数已经达到局部极小值）或者达到最大迭代次数 $T_{\max}$。

（5）输出 $\boldsymbol{w}^t$，即为梯度下降算法优化得到的使得损失函数取局部最小值时参数的取值。

10.4　使用 numpy 实现线性回归模型

本节介绍如何使用 numpy 库编写 Python 程序实现线性回归模型。我们首先从简单的一元线性回归模型开始。线性回归模型的参数是其固有属性，需要具备的基本功能是能够对模型参数进行训练以及对模型进行测试，其中测试包括预测给定样本的目标值以及返回在测试集上的性能指标，即训练好的模型在测试集上的均方误差。训练和测试需要实现以下功能：线性函数的前向计算；对给定的样本进行预测；根据预测结果和真实值计算损失函数；计算损失函数在给定参数处的梯度；在一轮迭代中更新参数。据此，我们实现一个 LinearRegression 类，在构造函数中指定参数等属性，并实现三个公开的类的方法，分别实现训练、测试和损失函数计算功能。这些类的方法中需要用到的其他功能实现为类的私有方法。

　　在构造函数中，指定模型的参数为类的属性并对参数进行初始化，指定梯度下降算法中的超参数（即学习率和最大迭代次数）为类的属性并赋值。通常在训练过程中，我们希望观测训练集上的损失值是否随着迭代的进行而下降，以判断代码或训练过程是否有异常，因此我们还在构造函数中增加属性：保存每步或每隔固定步数的迭代中的损失值。下述示例代码中，self.lr 是学习率，self.T_max 是最大迭代次数，self.w 与 self.b 是线性回归模型的斜率和截距，self.loss_list 定义一个列表用来保存每次训练的损失，便于判断训练是否收敛。初始化一元线性回归参数时用到了函数 np.random.normal(loc=0, scale=1, size=None)，作用是生成高斯分布的概率密度随机数，其中，loc 是概率分布的均值，对应整个分布的中心；scale 是概率分布的标准差，对应分布的宽度，scale 越大，分布越矮胖，scale 越小，分布越瘦高；size 是输出的 shape，当为 None 时，只输出一个值，因此这里模型的参数 self.w 与 self.b 均为一个数值。

```python
import numpy as np
import matplotlib.pyplot as plt

class LinearRegression(object):
    def __init__(self, learning_rate=0.01, max_iter=100, seed=
                 None):
        """
        一元线性回归类的构造函数:
        参数:
            learning_rate: 学习率
            max_iter: 最大迭代次数
            seed: 产生随机数的种子
        从正态分布中采样w和b的初始值
        """
        np.random.seed(seed)
        self.lr = learning_rate
        self.T_max = max_iter
        self.w = np.random.normal(0, 1) # 模型参数w初始化
        self.b = np.random.normal(0, 1) # 模型参数b初始化
        self.loss_list = []
```

　　假设训练集或测试集中的样本被表示为 $N \times 1$ 的向量 x，对应的真值被表示为 $N \times 1$ 的向量 y，然后我们实现一个私有的类的方法_f，实现最基本的一元线性回归函数功能。示例代码如下：

```python
    def __f(self, x, w, b):
        '''
        类的方法：计算给定输入参数的一元线性回归函数在x处的值
```

```
4          '''
5      return x * w + b
```

据此，我们可以用一个类的方法 predict 实现模型的预测，将模型固有的参数代入__f 中即可对输入的 *x* 进行预测。示例代码如下：

```
1   def predict(self, x):
2       '''
3       类的方法：预测函数
4       参数：自变量x
5       返回：对x的回归值
6       '''
7       y_pred = self.__f(x, self.w, self.b)
8       return y_pred
```

我们用类的方法计算预测结果和真实值的均方误差损失。示例代码如下：

```
1   def loss(self, y_true, y_pred):
2       '''
3       类的方法：计算损失
4       参数：
5           y_true: 真实因变量
6           y_pred: 预测因变量
7       返回：MSE损失
8       '''
9       return np.mean((y_true - y_pred) ** 2)
```

我们还需要一个公开的类的方法 fit，实现模型参数的训练。在这个方法中，实现梯度下降算法的循环框架，在每次迭代中，计算当前参数在训练集上的预测结果，计算损失值，将损失值加入属性损失列表中，并对参数做一步更新。示例代码如下：

```
1   def fit(self, x, y):
2       """
3       类的方法：训练函数
4       参数：
5           x: 自变量
6           y: 因变量
7       返回每次迭代后的损失函数
8       """
9       for i in range(self.T_max):
10          y_pred = self.predict(x)
```

```
11          self.loss_list.append(self.loss(y, y_pred))
12          self.__train_step(x, y)
```

fit 方法中需要一个实现一步更新的函数 __train_step，在该函数中，计算梯度的过程可以单独实现为另一个类的方法 __calc_gradient。示例代码如下：

```
1    def __calc_gradient(self, x, y):
2        '''
3        类的方法：分别计算对w和b的梯度
4        '''
5        d_w = np.mean(2 * (x * self.w + self.b - y) * x)
6        d_b = np.mean(2 * (x * self.w + self.b - y))
7        return d_w, d_b
8
9    def __train_step(self, x, y):
10       '''
11       类的方法：单步迭代，即一次迭代中对梯度进行更新
12       '''
13       d_w, d_b = self.__calc_gradient(x, y)
14       self.w = self.w - self.lr * d_w
15       self.b = self.b - self.lr * d_b
16       return self.w, self.b
```

实现线性回归类后，我们按如下方式模拟生成数据。

（1）随机生成 data_size = 100 个 1~10 之间均匀分布的随机数作为自变量，"x = np.random.uniform(low = 1.0, high = 10.0, size = [data_size, dim])" 的作用是生成均匀分布的概率密度随机数，low 是采样下界，high 是采样上界，左闭右开，size 定义了输出样本维度，为 int 或元组 (tuple) 类型，最后输出 data_size × dim 个值。这里生成一元回归的自变量，dim 缺省为 1。x 的每行是一个样本。

（2）按照如下线性关系 $y = 20x + 10$ 产生因变量，但在此基础上增加了一组均值为 0、标准差为 10 的高斯噪声干扰项。用这种方式产生了 100 个数据点，然后需要将这些数据划分为训练集和测试集，我们随机选择 70% 的数据作为训练集，将剩下 30% 的数据作为测试集。为此，首先用 "shuffled_index = np.random.permutation(data_size)" 对前面产生的 0~99 个数据的 index 随机重新排列，按照排列的 index 对样本及其真值同步重排。将随机重排后的前 70% 的数据用于训练，获得训练样本组成的矩阵 x_train 和对应的真值向量 y_train。后 30% 的数据用于测试，获得测试样本组成的矩阵 x_test 和对应的真值向量 y_test。

示例代码如下：

```
1    # 产生模拟数据点
```

```
2  np.random.seed(100872)
3  data_size = 100
4  x = np.random.uniform(low=1.0, high=10.0, size=data_size)
5  y = x * 20 + 10 + np.random.normal(loc=0.0, scale=10.0, size=
                                        data_size)
6
7  # 训练集/测试集划分
8  shuffled_index = np.random.permutation(data_size)
9  x = x[shuffled_index]
10 y = y[shuffled_index]
11 split_index = int(data_size * 0.7)
12 x_train = x[:split_index]
13 y_train = y[:split_index]
14 x_test = x[split_index:]
15 y_test = y[split_index:]
```

　　获得线性回归类的实例 regr，调用该实例的 fit 方法，用产生的训练集数据进行训练。期望训练完的模型能构建 y 和 x 的线性关系，打印训练后模型的参数，和 $y = 20x + 10$ 进行对比。为了直观地查看训练完的线性模型对训练数据的拟合程度，调用 show_data 方法，该方法首先以自变量值作为横坐标，以因变量值作为纵坐标，画出训练数据的散点图，然后将所有自变量和线性模型对自变量的预测形成的数据点连接起来，得到线性模型对应的直线。结果如图 10-7 所示。

　　示例代码如下：

```
1  # 训练一元线性回归模型
2  regr = LinearRegression(learning_rate=0.01, max_iter=10, seed=0)
3  regr.fit(x_train, y_train)
4  print('w: \t{:.3}'.format(regr.w))
5  print('b: \t{:.3}'.format(regr.b))
6
7  def show_data(x, y, w=None, b=None):
8      plt.scatter(x, y, marker='.')
9      if w is not None and b is not None:
10         plt.plot(x, w * x + b, c='red')
11     plt.show()
12
13 show_data(x, y, regr.w, regr.b)
```

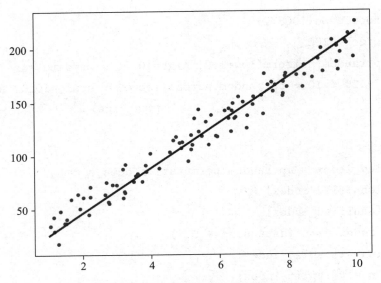

图 10-7　训练得到的线模型数对训练数据的拟合情况

　　由于在训练过程中，我们将每步迭代前训练集上的 MSE 损失都保存到了列表 regr.loss_list 中，因此可以绘制损失值随着迭代进行的变化情况图，如图 10-8 所示。可见仅经过 10 步迭代，得到的线性函数就已经较好地拟合了训练数据。

```python
# 训练损失随迭代次数的变化
plt.plot(np.arange(len(regr.loss_list)), regr.loss_list, marker='o',c='green')
plt.show()
```

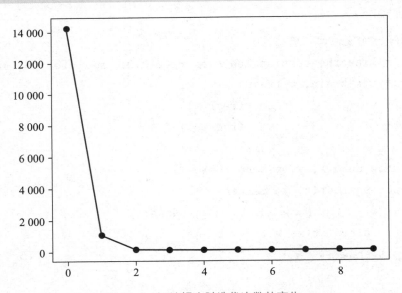

图 10-8　训练损失随迭代次数的变化

　　我们发现打印出来的模型参数 w 和 b 与产生真值的线性函数 $y = 20x + 10$ 的参数还有较大的差异。请思考原因以及调整哪些预设的超参数可以缓解这一问题。

我们用训练的模型在测试集上进行测试，并计算测试集上的 MSE 损失。

示例代码如下：

```
1  # 测试一元线性回归模型
2  y_test_pred = regr.predict(x_test)
3  mse_loss = regr.loss(y_test,y_test_pred)
4  print('Loss on the test set: \t{:.3}'.format(mse_loss))
```

上述代码实现的思路可以很容易地扩展到多元线性回归，区别在于输入数据的维数作为构造函数的参数传入，参数变成了一个向量。在训练 fit 方法和测试 predict 方法时，首先需要调用"np.hstack([x, np.ones((x.shape[0], 1))])"在输入 x 的最后增加恒为 1 的维度，并且相应的前向和梯度计算变成向量运算。"z = np.ones((x.shape[0], 1))"产生维数等于数据点个数乘以 1、元素全为 1 的矩阵，"np.hstack([x, z])"将两个矩阵 x 和 z 沿水平方向拼接成一个矩阵。

示例代码如下：

```
1  import numpy as np
2  import matplotlib.pyplot as plt
3
4  class LinearRegressionMulti(object):
5      def __init__(self, dim_in, learning_rate=0.01, max_iter=100,
                  seed=None):
6          """
7          多元线性回归类的构造函数：
8          参数：
9              learning_rate: 学习率
10             max_iter: 最大迭代次数
11             seed: 产生随机数的种子
12         从正态分布中采样w的初始值
13         """
14         np.random.seed(seed)
15         self.lr = learning_rate
16         self.T_max = max_iter
17         self.w = np.random.normal(1, 0.1, [dim_in+1, 1])
                              # w 的维数为输入维数+1
18         self.loss_list = []
19
20     def fit(self, x, y):
21         """
22         类的方法：训练函数
```

```
23          参数:
24              x: 自变量
25              y: 因变量
26          返回每次迭代后的损失函数
27          """
28          # 首先在x矩阵后面增加一列1
29          x = np.hstack([x, np.ones((x.shape[0], 1))])
30          for i in range(self.T_max):
31              y_pred = self.__f(x, self.w)
32              self.loss_list.append(self.loss(y, y_pred))
33              self.__train_step(x, y)

34
35      def __f(self, x, w):
36          '''
37          类的方法: 计算多元线性回归函数在x处的值
38          '''
39          return x.dot(w)

40
41      def predict(self, x):
42          '''
43          类的方法: 预测函数
44          参数: 自变量x
45          返回: 对x的回归值
46          '''
47          x = np.hstack([x, np.ones((x.shape[0], 1))])
48          y_prd = self.__f(x, self.w)
49          return y_prd

50
51      def loss(self, y_true, y_pred):
52          '''
53          类的方法: 计算损失
54          参数:
55              y_true: 真实因变量
56              y_pred: 预测因变量
57          返回: MSE损失
58          '''
59          return np.mean((y_true - y_pred) ** 2)
60
```

```
61    def __calc_gradient(self, x, y):
62        '''
63        类的方法：计算对w的梯度
64        '''
65        N = x.shape[0]
66        diff = (x.dot(self.w) - y)
67        grad = x.T.dot(diff)
68        d_w = (2 * grad) / N
69        return d_w
70
71    def __train_step(self, x, y):
72        '''
73        类的方法：单步迭代，即一次迭代中对梯度进行更新
74        '''
75        d_w = self.__calc_gradient(x, y)
76        self.w = self.w - self.lr * d_w
77        return self.w
78
79 # 产生数据
80 np.random.seed(100872)
81 data_size = 100
82 dim_in = 3
83 dim_out = 1
84 x = np.random.uniform(low=1.0, high=10.0, size=[data_size,
                          dim_in])
85 map_true = np.array([[1.5], [-5.], [3.]])
86 y = x.dot(map_true) + np.random.normal(loc=0.0, scale=10.0,
                          size=[data_size, dim_out])
87
88 # 划分训练集/测试集
89 shuffled_index = np.random.permutation(data_size)
90 x = x[shuffled_index, :]
91 y = y[shuffled_index, :]
92 split_index = int(data_size * 0.7)
93 x_train = x[:split_index, :]
94 y_train = y[:split_index, :]
95 x_test = x[split_index:, :]
96 y_test = y[split_index:, :]
```

```
97
98  # 训练多元线性回归模型
99  regr = LinearRegressionMulti(dim_in, learning_rate=0.01,
                                      max_iter=100, seed=0)
100 regr.fit(x_train, y_train)
101 print(regr.w)
102
103 # 训练损失随迭代次数的变化
104 plt.scatter(np.arange(len(regr.loss_list)), regr.loss_list,
                 marker='o', c='green')
105 plt.show()
106
107 # 测试
108 y_test_pred = regr.predict(x_test)
109 mse_loss = regr.loss(y_test,y_test_pred)
110 print('Loss on the test set: \t{:.3}'.format(mse_loss))
```

在生成训练数据与测试数据时，生成了一组服从均匀分布的 100×3 的数据，三元线性回归的真实变换参数是（1.5 -5 3），产生真值时，在 $y = w^T x$ 的基础上增加了一组均值为 0、标准差为 10 的高斯噪声项，因此实际上真实的 b 为 0，即融合后的参数 $w = (1.5 \quad -5.0 \quad 3.0 \quad 0.0)$。先对数据进行重排并划分训练集和测试集，然后实例化一个多元线性回归模型并用训练数据对模型进行训练，打印模型的参数训练结果。我们同样绘制了训练损失随着迭代次数的变化情况图，如图 10-9 所示。最后在测试集上对训练出来的模型进行测试并打印测试集上的损失值。

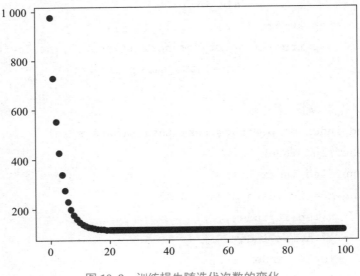

图 10-9　训练损失随迭代次数的变化

10.5 逻辑斯蒂回归

　　前面介绍的线性回归模型是解决回归问题的模型。除了回归，人工智能中还常常需要解决另一类任务：分类。例如，手写数字图像的分类问题中，我们需要将数字的图像分到其对应的类别中，即将手写的数字 0 的图像分类到标号为 0 的类，数字 1 的图像分类到标号为 1 的类……数字 9 的图像分类到标号为 9 的类。对于每个给定的图像，都需要把它分类到 0~9 中的某一类，因此这是一个十分类问题。垃圾邮件分类问题中，我们将邮件分类到正常邮件和垃圾邮件这两类中，因此是一个二分类问题。分类和回归这两类任务的主要区别在于输出目标值不同：回归模型一般要预测出样本对应的具体数值，输出值是连续的；而分类任务则只需要预测出样本的所属类别，输出值是离散的。因此，对这两类任务使用的模型通常也不同。

　　本节考虑二分类问题。不失一般性，我们将要分的两个类分别称为正类和负类，即因变量 $y \in \{0, 1\}$，其中 0 表示负类，1 表示正类。给定训练集 $D = (x_i, y_i), i = 1, \cdots, N$，分类问题旨在学习一个分类器 f，根据输入的样本 x，预测其类别 $y = f(x)$。

　　线性回归的输出值的范围是 $(-\infty, +\infty)$，而二分类问题的输出范围是离散的 0 和 1，一个直接的想法是将线性回归的结果映射到 $(0, 1)$ 之间。为此，我们引入非线性变换 sigmoid 函数 $g(z)$：

$$g(z) = \frac{1}{1 + e^{-z}} \tag{10.23}$$

　　如图 10–10 所示，该函数将 $(-\infty, +\infty)$ 范围内的输入映射到 $(0, 1)$ 之间。将该函数施加到线性回归模型的输出值上：

$$p = g(w^T x) \tag{10.24}$$

式中，x 为在最后一维增加了恒为 1 的维度后的输入特征。

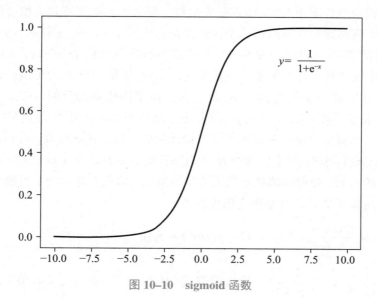

图 10–10　sigmoid 函数

式（10.24）即逻辑斯蒂回归模型，其参数 w 为融合了 b 之后的模型参数。该模型旨在求解分类问题，但模型名字为"回归"，这是因为模型预测的是落入某一分类的概率，即 $\hat{y}$ 为模型预测的输入样本属于正类的概率。逻辑斯蒂回归与线性回归的对比示例如图 10–11 所示。

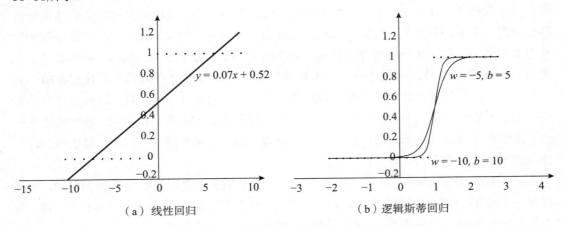

（a）线性回归　　　　　　　　　　　　（b）逻辑斯蒂回归

图 10–11　逻辑斯蒂回归与线性回归的对比

逻辑斯蒂回归又叫作"对数几率"回归。假设某事件（比如输入样本属于正类）发生的概率 $p \in [0,1]$，若采用线性回归，则无法保证输出值在 $[0,1]$ 之间；若定义几率比（也叫作发生比、优势比）为 $\dfrac{p}{1-p} \geqslant 0$，对几率比取对数，令 $z = \ln \dfrac{p}{1-p} \in (-\infty, +\infty)$，则可以采用线性回归模型拟合 z：$z = f(\boldsymbol{x}) = \boldsymbol{w}^{\mathrm{T}}\boldsymbol{x}$。

展开该式，可得：

$$z = \ln \frac{p}{1-p} = \boldsymbol{w}^{\mathrm{T}}\boldsymbol{x} \Rightarrow p = \frac{1}{1+\mathrm{e}^{-z}} = \frac{1}{1+\mathrm{e}^{-\boldsymbol{w}^{\mathrm{T}}\boldsymbol{x}}} \tag{10.25}$$

从而推导出逻辑斯蒂回归模型。

线性回归模型可以采用 MSE 作为损失函数。那么如何在训练集上度量逻辑斯蒂回归模型的损失呢？既然逻辑斯蒂回归模型预测的是样本属于正类的概率 p，落入负类的概率为 $1-p$，我们希望寻找最优的参数 w，使得观察到训练数据 $D = \{(\boldsymbol{x}_1, y_1), (\boldsymbol{x}_2, y_2), \cdots, (\boldsymbol{x}_N, y_N)\}$ 的概率最大。对于单个训练数据 $(\boldsymbol{x}_i, y_i)$，如果该样本为正例，$y_i = 1$，则希望模型预测该样本属于正类的概率 p_i 最大化；如果该样本为负例，$y_i = 0$，则希望模型预测该样本属于负类的概率 $1 - p_i$ 最大化。总体而言，希望找到模型的参数，使得 $p_i{}^{y_i} \times (1 - p_i)^{(1-y_i)}$ 最大。由于对数函数是单调递增的，对上式取对数，得到目标是最大化 $y_i \ln p_i + (1-y_i)\ln(1-p_i)$。对于所有的 N 个训练数据 $D = \{(\boldsymbol{x}_1, y_1), (\boldsymbol{x}_2, y_2), \cdots, (\boldsymbol{x}_N, y_N)\}$，希望找到模型的参数，使得训练数据的联合概率最大，即所有样本的对数概率之和的相反数最小。我们用负对数联合概率作为损失函数：

$$L(\boldsymbol{w}) = -\frac{1}{N}\sum_{i=1}^{N}[y_i \ln p_i + (1-y_i)\ln(1-p_i)] \tag{10.26}$$

式中，$p_i = \dfrac{1}{1+\mathrm{e}^{-z_i}} = \dfrac{1}{1+\mathrm{e}^{-\boldsymbol{w}^{\mathrm{T}}\boldsymbol{x}_i}}$。损失函数式（10.26）一般称为交叉熵损失函数。我们同

样运用梯度下降算法最小化该损失函数以求解最优参数 $\boldsymbol{w}$。首先需要计算该损失函数对参数的梯度。由于 sigmoid 函数的导数为 $p = g(z) = \dfrac{1}{e^{-z} + 1} \Rightarrow \dfrac{\mathrm{d}p}{\mathrm{d}z} = \dfrac{\mathrm{d}g}{\mathrm{d}z} = g(z)(1 - g(z)) = p(1 - p)$，交叉熵损失函数对 $\boldsymbol{w}$ 的第 j 个维度的偏导数为：

$$\frac{\mathrm{d}p_i}{\mathrm{d}w^j} = \frac{\mathrm{d}g(\boldsymbol{w}^{\mathrm{T}}\boldsymbol{x_i})}{\mathrm{d}w^j} = g(\boldsymbol{w}^{\mathrm{T}}\boldsymbol{x_i})(1 - g(\boldsymbol{w}^{\mathrm{T}}\boldsymbol{x_i}))\frac{\mathrm{d}(\boldsymbol{w}^{\mathrm{T}}\boldsymbol{x_i})}{\mathrm{d}w^j} = p_i(1 - p_i)x_i^j \tag{10.27}$$

则 $L(\boldsymbol{w})$ 关于 $\boldsymbol{w}$ 的梯度为：

$$
\begin{aligned}
\frac{\partial L(\boldsymbol{w})}{\partial w_j} &= -\frac{\partial \left\{ \dfrac{1}{N} \displaystyle\sum_{i=1}^{N} [y_i \ln p_i + (1 - y_i) \ln(1 - p_i)] \right\}}{\partial w_j} \\
&= -\frac{1}{N} \sum_{i=1}^{N} \left[\frac{y_i}{p_i} \frac{\mathrm{d}p_i}{\mathrm{d}w^j} - \frac{1 - y_i}{1 - p_i} \frac{\mathrm{d}p_i}{\mathrm{d}w^j} \right] \\
&= -\frac{1}{N} \sum_{i=1}^{N} \left[\frac{y_i}{p_i} - \frac{1 - y_i}{1 - p_i} \right] \frac{\mathrm{d}p_i}{\mathrm{d}w^j} \\
&= -\frac{1}{N} \sum_{i=1}^{N} \left[\frac{y_i}{p_i} - \frac{1 - y_i}{1 - p_i} \right] p_i(1 - p_i)x_i^j \\
&= -\frac{1}{N} \sum_{i=1}^{N} [y_i(1 - p_i) - (1 - y_i)p_i] x_i^j \\
&= \frac{1}{N} \sum_{i=1}^{N} (p_i - y_i)x_i^j
\end{aligned}
\tag{10.28}
$$

仍然按照图 10–6 的方式把训练集中的所有样本合并到矩阵 $\boldsymbol{X}$ 中，把所有样本对应的真实值合并为一个 N 维列向量 $\boldsymbol{y}$，模型对所有样本预测的概率合并到 N 维列向量 $\boldsymbol{p}$，则式（10.28）的矩阵形式为：

$$\frac{\partial L(w)}{\partial w} = \frac{1}{N} \boldsymbol{X}^{\mathrm{T}}(\boldsymbol{p} - \boldsymbol{y}) \tag{10.29}$$

式中，$\boldsymbol{p} - \boldsymbol{y} = \begin{pmatrix} p_1 - y_1 \\ \vdots \\ p_N - y_N \end{pmatrix}$，维数为 $N \times 1$。

和线性回归模型的优化过程类似，逻辑斯蒂回归的梯度下降算法简要总结如下：

（1）随机选择一组初始参数 $\boldsymbol{w}$；

（2）用当前参数对所有训练样本进行预测：$p_i = \dfrac{1}{1 + e^{-\boldsymbol{w}^{\mathrm{T}}\boldsymbol{x_i}}}$，$i = 1, \cdots, N$；

（3）计算损失函数关于参数的梯度，并根据梯度对参数进行一步更新：

$$\boldsymbol{w} \leftarrow \boldsymbol{w} - l_r \frac{1}{N} \boldsymbol{X}^{\mathrm{T}}(\boldsymbol{p} - \boldsymbol{y}) \tag{10.30}$$

（4）重复步骤（2）（3），直到收敛；

（5）输出 w，即为梯度下降算法优化得到的使得损失函数取局部最小值时的参数取值。

10.6 使用 numpy 实现逻辑斯蒂回归模型

用 numpy 编写 Python 代码实现逻辑斯蒂回归模型的基本思路和实现线性回归模型的基本思路类似，只是梯度的计算方法不同，并且根据样本属于正类的概率预测样本所属的类别：如果概率大于 0.5，则预测样本属于正类，y_pred_label=1；否则预测样本属于负类，y_pred_label=0。我们将此代码留作作业，请读者补充相应的代码。

作业要求：用 numpy 实现 LogisticRegression 类（补充下列代码中定义的 LogisticRegression 类），对于附件 "data_for_logistic_regression_1.npz" 中给定的数据，用梯度下降算法进行训练。

● 包括类的方法 loss = fit(X, Y) 函数，用于训练。输入：X 为 $N \times d$ 维训练数据，N 为训练样本数，d 为数据的维数；Y 为 $N \times 1$ 维训练数据的真实类别号。输出：loss 为列表，包括每轮的损失函数值。

● 包括类的方法 Y_pred, Y_pred_label = predict(X) 函数，用于测试。输入：X 为 $N \times d$ 维测试数据，N 为测试样本数。输出：Y_pred 的维数为 $N \times 1$，为模型的预测（回归）值；Y_pred_label 的维数为 $N \times 1$，为根据回归值得到的预测类别号。

```python
import numpy as np
import matplotlib.pyplot as plt

class LogisticRegression(object):
    def __init__(self, dim, learning_rate=0.01, max_iter=100,
                 seed=None):
        np.random.seed(seed)
        self.lr = learning_rate
        self.max_iter = max_iter  # 定义学习率和训练轮数
        # 可在此处补充类的属性


    def fit(self,X,Y):
        # 请在此处补充类的方法：训练函数，返回每轮loss的列表
        return loss


    def predict(self,X):
        # 请在此处补充类的方法：测试函数，返回对应X的预测值和预测
        #   类别列表
        return Y_pred, Y_pred_label
```

```python
18
19  def plotData(X,Y):
20      plt.figure()
21      pos_idx = (Y==1);
22      # size m,1
23      pos_idx = pos_idx[:,0];
24      # size m, 这时才可用来索引某个维度
25      neg_idx = (Y==0);
26      neg_idx = neg_idx[:,0];
27
28      plt.plot(X[pos_idx,0],X[pos_idx,1],'r+')
29      plt.plot(X[neg_idx,0],X[neg_idx,1],'bo')
30
31  def plotDecisionBoundary(X,Y):
32      plotData(X,Y)
33
34      plot_num=50;
35      plot_num_2D=plot_num**2;
36
37      x_plot = np.linspace(start=X[:,0].min(),stop=X[:,0].max(),
                            num=plot_num)
38      y_plot = np.linspace(start=X[:,1].min(),stop=X[:,1].max(),
                            num=plot_num)
39      X_plot,Y_plot = np.meshgrid(x_plot,y_plot)
40
41      X_array = np.zeros((plot_num_2D,2))
42      X_array[:,0:1] = X_plot.reshape(plot_num_2D,1)
43      X_array[:,1:2] = Y_plot.reshape(plot_num_2D,1)
44
45      p_array,_ = regr.predict(X_array)
46      P_matrix = p_array.reshape((plot_num,plot_num))
47
48      plt.contour(X_plot,Y_plot,P_matrix,np.array([0.5]))
49
50  def test(y_pred, y_true):
51      true = 0
52      for j in range(y_pred.shape[0]):
53          if y_true[j] == y_pred[j]:
```

```
54              true += 1
55      acc = true/y_pred.shape[0]
56      return acc
57
58  # 导入测试数据
59  seed = 210404
60  data_1 = np.load('data_for_logistic_regression_1.npz')
61  x_train = data_1['x_train']
62  y_train = data_1['y_train']
63  x_test = data_1['x_test']
64  y_test = data_1['y_test']
65  dim = x_train.shape[1]
66
67  # 训练逻辑斯蒂回归模型
68  regr = LogisticRegression(dim, learning_rate=0.01, max_iter=
                              1000, seed=seed)
69  loss = regr.fit(x_train, y_train)
70  print(regr.W)
71  # 输出损失
72  plt.figure()
73  plt.scatter(np.arange(len(loss)), loss, marker='o', c='green')
74  plt.show()
75
76  # 显示测试集中的分类界面
77  plt.figure()
78  plotDecisionBoundary(x_test,y_test)
79
80  y_pred,y_pred_label = regr.predict(x_test)
81  acc = test(y_pred_label, y_test)
82  print('测试集上正确率:{}'.format(acc))
```

代码中，函数 plotData 的作用是画出训练样本的散点图（样本的特征维数为 2），区分出正类和负类样本的索引，将正类样本表示为红色 "+" 点，负类样本表示为蓝色圆圈。函数 plotDecisionBoundary 的作用是画出分类边界（同样要求特征维数为 2），其通过将空间打网格点（特征空间中密集均匀采样），分别将每个点看作一个样本点，用模型进行预测，将预测概率为 0.5（边界处）的点连接起来形成边界线。函数 test 的作用是给定一组预测的结果和对应的真值，通过判断每个样本预测的类别和其真实类别是否一致，统计正确预测的样本个数占样本总数的百分比（即准确率）。

10.7 习　题

1. 逻辑斯蒂回归的损失函数中，为什么使用对数而不是平方运算？
2. 简述逻辑斯蒂回归与线性回归的区别与联系。
3. 修改 157 页第一个代码框中的 data_size，分别改为 10、1 000、10 000，观察学习到的参数的变化和测试集上性能的变化。思考原因是什么。
4. 修改 157 页第一个代码框中生成 y 时的 scale，分别改为 0.1、1、100，观察学习到的参数的变化和测试集上性能的变化。思考原因是什么。
5. 修改 157 页第二个代码框中创建回归类时设置的 max_iter，分别改为 10、1 000、10 000，观察学习到的参数的变化和测试集上性能的变化。思考原因是什么。
6. 表 10–1 为某公司近几年的利润与产量数据。

表 10–1　某公司近几年的利润与产量

年份	利润（万元）	产量（kg）
2015	112	31
2016	148	42
2017	135	40
2018	140	52
2019	154	77
2020	168	84
2021	176	103
2022	189	140

要求：

（1）绘制产量与利润的散点图。

（2）建立一元线性回归模型进行训练。假设该公司 2023 年预计产量为 148kg，用模型预测该公司 2023 年的利润。

7. 司机总行驶里程与司机驾龄及家庭人均月可支配收入有关，对 12 名司机进行调查得到的统计资料如表 10–2 所示。

表 10–2　司机总行驶里程、司机驾龄与家庭人均可支配收入

序号	司机总行驶里程 Y（千米）	司机驾龄 X_1（年）	家庭人均月可支配收入 X_2（元）
1	4 506	4	1 723
2	5 708	4	1 739
3	6 148	5	2 051
4	5 653	4	2 188

续表

序号	司机总行驶里程 Y（千米）	司机驾龄 X_1（年）	家庭人均月可支配收入 X_2（元）
5	5 020	4	2 175
6	7 810	7	2 423
7	6 115	5	2 948
8	12 222	10	3 311
9	6 610	5	3 659
10	8 909	7	3 722
11	10 942	8	5 238
12	12 533	10	6 052

要求：

（1）请编程求出司机总行驶里程 Y 与司机驾龄 X_1 和家庭人均月可支配收入 X_2 的回归方程 $\hat{Y} = \hat{\beta}_0 + \hat{\beta}_1 X_1 + \hat{\beta}_2 X_2$ 的参数。

（2）假设有一司机驾龄为 10 年，家庭人均月可支配收入为 4 500 元，预测司机总行驶里程。

8. 完成 10.6 节中使用 numpy 实现逻辑斯蒂回归模型的作业，补充 LogisticRegression 类的方法的代码。

9. 修改逻辑斯蒂回归代码中 max_iter、seed 等值，观察学习到的参数的变化和测试集上性能的变化。

10. 修改逻辑斯蒂回归代码中 learning_rate 的值，观察学习到的参数的变化和测试集上性能的变化。思考原因是什么。

伴随着移动互联网的快速普及，我们经常可以通过关注的公众号收到各种类型的信息推送，而其中经常会遇到热点词汇——深度学习。那么什么是深度学习？深度学习和我们之前讲授的人工智能又有什么关系呢？这就是我们在这一章将会重点讲授的内容。

深度学习是一类机器学习模型，由于这类模型构造比较复杂，所以我们给它加了一个有趣的修饰词——深度。深度学习从本质上讲，是由人工神经网络发展而来的。人工神经网络是传统机器学习中一类典型的技术分支，其受到生物神经元的启发，以"联结主义"为准则，发展出一系列具有代表性的神经网络模型。[①] 根据第 9 章的内容，我们可以了解到，机器学习是一种实现人工智能的方法，它从数据中学习某种规律或者经验，以帮助改善具体算法的性能或表现。可以看到，机器学习是人工智能的一个子集，而深度学习又是机器学习的一个子集（如图 11–1所示），它们三者之间的包含关系可以帮助我们更清晰且宏观地认识深度学习所处的位置，也能够对以后相关课程的学习有所帮助。

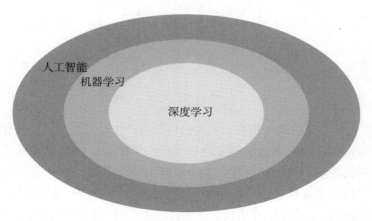

图 11–1　人工智能、机器学习与深度学习三者之间的关系

---

① 有兴趣的读者可参阅 Ian Goodfellow 等著的《深度学习》。

11.1 人工神经元与人工神经网络

采用深度学习技术的机器学习模型通常是由特定的人工神经网络构成，而人工神经网络的基础组件是人工神经元。在本节，我们将从大家较为熟悉的、简单的生物神经元入手，将其抽象为一类简单的人工神经元，并以此为基础，搭建较为简单的单层人工神经网络。

11.1.1 生物神经元

相信大家在高中甚至初中阶段就学习过神经元，人体内上百亿个神经元细胞共同组成了我们的神经系统。[①] 接下来，我们简单回顾一下生物神经元的基本构成。图 11–2 展示了生物神经元的基本构成。从图中可以看到，一个典型的神经元由细胞体和突起两部分构成。细胞体由细胞核、细胞膜和细胞质组成，具有整合输入信息并传出信息的作用。突起一般由轴突和树突构成，其中树突短且分支多，是由细胞体扩张突出而形成的树枝状部分，主要作用是接收其他神经元轴突传来的神经信号并传给细胞体；轴突长且分支少，其主要作用是将细胞体产生的兴奋冲动通过突触传至其他神经元或效应器。通过以上介绍或者大家的回忆，我们可以发现，生物神经元通过树突接收来自其他神经元的神经信号并进行信息整合，进而将整合后的信号通过轴突传输给下一级神经元，从而完成神经信号的传递。

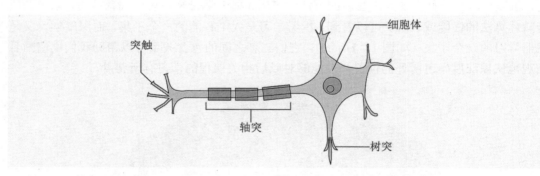

图 11–2　生物神经元的基本构成

在了解了生物神经元的基本构成后，我们自然会产生一些疑问：神经元所传递的神经信号是什么？细胞体是如何整合这些神经信号的？神经元如何决定是否需要传递接收到的神经信号？正如我们所关心的一样，生命科学的研究者也一直在尝试努力回答这些问题，并且取得了显著的进展。大家使用平时学习到的一些知识已经能够部分回答这些问题，例如，神经信号的本质是动作电位，即通过动态调控细胞膜两侧离子的浓度差可以实现神经信号的生成与传递。当我们大致清楚了单个神经元的工作机制后，会进一步思考另一个问题：仅仅依赖如此简单的信息传输机制，我们是怎么拥有如此聪慧的大脑的？换句话说，大脑中大量的神经元是如何有机地组合在一起，让大脑变得如此聪慧的？可以说，

[①] 从严格意义上讲，神经系统是由神经元细胞和神经胶质组成的。

这同样也是无数生命科学领域的研究者思考的一个问题，解决这个问题能够让我们更为清晰地了解智能的本质，洞察大脑的奥秘。为了更好地回答这个问题，世界上主要的几个经济体或国家（如中国、美国和欧盟等）都不同程度地开启了各自的"脑计划"，期望阐明大脑的工作原理，也希望在不远的将来能够通过"脑计划"更清楚地认识我们自己。更多关于脑计划的信息请参阅文献 [1]。

11.1.2　人工神经元

对于人工智能领域的研究者而言，生物神经元的工作机制启发我们思考：是否可以设计一类人工神经元，采取和生物神经元相类似的工作机制，并以此构建人工神经网络，以期获取同人类大脑类似的智能表现？根据这样的思考，20 世纪 50 年代，心理学家将生物神经元抽象为一类由简单数学计算所构成的人工神经元。如图 11-3 所示，人工神经元和生物神经元类似，从前部神经元获取信息输入，并将其进行信息整合，进而传输给下一层神经元。下面，我们来具体讲解它的工作机制。

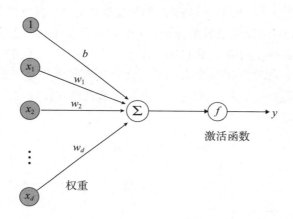

图 11-3　人工神经元的简要示例

以图 11-3 为代表的一类简单的人工神经元由输入、权重参数、激活函数和输出构成。假设当前人工神经元接收到其他神经元传来的输入信息为 $(x_1, x_2, \cdots, x_d)$，采用基于权重求和的方式对输入信息进行整合，可以得到整合之后的信息 z，即

$$z = \sum_{i=1}^{d} w_i x_i + b = \boldsymbol{w}^{\mathrm{T}} \boldsymbol{x} + b \tag{11.1}$$

式中，$\boldsymbol{w} = (w_1, w_2, \cdots, w_d)^{\mathrm{T}}$ 为整合输入信息的权重参数，w_i 为输入 x_i 的权重；b 为截距，用于调整神经元的整体走势。通过对输入信息 $\boldsymbol{x} = (x_1, x_2, \cdots, x_d)$ 的初步整合，我们可以获得它们的联合表达信息 z 并作为当前人工神经元的输出。一般而言，我们通常希望神经元能够具备更强的建模数据的能力，所以会将上述的联合表达信息 z 进行非线性投影，也就是模仿生物神经元，设置某种特定激活函数 $f(\cdot)$ 对输入进行非线性变换，得到最终的神经元输出值 y，即

$$y = f(z) \tag{11.2}$$

一般而言，激活函数是提升人工神经元对数据建模能力的关键因素之一，这一点我们会在11.2.3节中进行更为详细的介绍。

通过对比图 11–2和图 11–3，我们可以较为直观地发现，生物神经元中树突、细胞体和轴突等部位的作用在人工神经元上被有机地整合在了一起，输入信息 x 通过权重 w 进行有选择的获取，并通过求和操作对其进行整合，最终通过激活函数 $f(\cdot)$ 进行非线性投影后输出到下一层神经元。在后面的章节中会进一步学习，通过有效组织这种简单的人工神经元就可以实现一些看起来有些不可思议的"智能"任务。但需要额外注意的是，上述人工神经元只是一类较为简单的代表性模型，在当前已有的人工神经网络中，还存在很多更为优异的人工神经元基础模型，我们会在后面予以介绍。

11.1.3 人工神经网络

大脑是通过对大量的生物神经元进行有机的组织而形成的，这启发人工智能领域的研究者思考：是否可以将上述人工神经元依据某些准则或者规则进行相互之间的关联，形成一个有组织的网络，进而通过机器学习的手段训练其中大量的权重参数，以完成某种特定的"智能"任务，例如图像识别或者房价预测？从广泛意义上讲，上面介绍的由人工神经元搭建的网络称为人工神经网络。图 11–4展示了一个由数个人工神经元搭建的简单人工神经网络。不同于图 11–3中仅用单个人工神经元对所有输入信息进行处理，在该简单人工神经网络中，同时采用 5 个人工神经元对输入信息进行并行处理，从而得到 5 个输出，即 y_1，y_2，y_3，y_4和y_5。

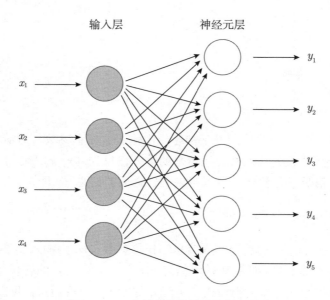

图 11–4　一个简单的单层人工神经网络

注：由于输入层不参与计算，所以该网络包含一层神经元。

在面对如图 11–4所示的简单人工神经网络时，我们自然而然会提出一个问题：既然已经有一个神经元来处理输入信息，为什么还要同时有多个神经元来并行处理同样的输入信息呢？为了回答这个问题，我们可以看图 11–5。图 11–5展示的是用于图像识别任务的人工神经网络的中间层神经元可视化结果。我们可以先把注意力转向图 11–5中的第一层。该图展示了位于第一层的 9 个神经元的可视化结果。首先，可以看到，这些神经元具有不同的特点，对不同类型的图像特征敏感。其次，第一层神经元主要关注不同角度的线段等图像的简单局部信息；第二层神经元主要关注形状、纹理等简单图形；而第三层神经元已经能够捕捉更为复杂的图形，例如人或动物的面部。这类似于我们大脑中有些负责处理视觉信息的神经元可能会偏好简单规则的线段、拐角，抑或是较为复杂的人脸或者动物外观。它们协同对我们接收到的视觉信息进行有针对性的、高效的处理。

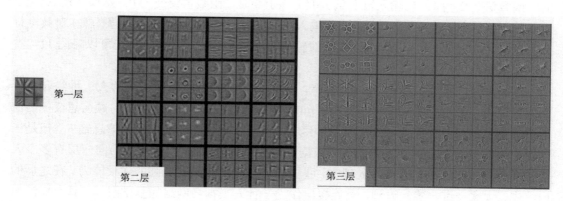

图 11–5　神经网络可视化示例

资料来源：ZEILER M D, FERGUS R. Visualizing and understanding convolutional networks[C]// European Conference on Computer Vision，2014: 818-833.

通过图 11–5我们可以发现，当人工神经网络由多层神经元构成，形成更为复杂的网络时，低层神经元对简单图形有一定的偏好，而高层神经元则显示出对更加复杂的图形的偏好。人工神经网络随着层数的增加，数据建模能力也在增强，从而能够帮助完成更加复杂的"智能"任务。

11.2　多层感知机与激活函数

在上一节，我们简要介绍了单个人工神经元和由多个人工神经元组成的人工神经网络。在本节，我们将针对一种具有代表性的人工神经网络进行介绍。

11.2.1　一个简单的感知机模型

1958 年，心理学家 Frank Rosenblatt 在将生物神经元抽象建模的基础上，发明了世界上第一个神经网络，并将其命名为感知机（perceptron）。感知机是一类算法，该算法的目标是学习一种二值分类器，也就是说，希望通过感知机对输入的信息进行分类判定。例如，输入一只动物的生活习性和体貌特征，判定它是否为一只狗。具体地，最简单的单层

感知机由单个神经元构成，即

$$f(\boldsymbol{x}) = \begin{cases} 1, & \boldsymbol{w}^{\mathrm{T}}\boldsymbol{x} + b > 0 \\ 0, & \text{其他} \end{cases} \tag{11.3}$$

仔细观察式（11.3），它是由式（11.1）$z = \boldsymbol{w}^{\mathrm{T}}\boldsymbol{x} + b$ 和如下激活函数 $f(z)$ 构成的复合函数：

$$f(z) = \begin{cases} 1, & z > 0 \\ 0, & \text{其他} \end{cases} \tag{11.4}$$

因此，我们可以直观地看到激活函数 $f(z)$ 是一个非线性函数，当输入自变量 z 大于 0 时，函数值会变为 1；当输入自变量 z 小于等于 0 时，函数值会变为 0，从而实现二分类。更具体地讲，采用式（11.1）的方式将输入信息加权求和后，利用激活函数 $f(z)$ 对其进行分类预测，判定是 1 还是 0，从而实现对输入 $\boldsymbol{x}$ 的分类预测。所以，我们可以将图 11–3 看作一类最简单的感知机模型。

进一步地，当我们以图 11–4为参考，将上述多个拥有非线性变换的人工神经元组合成同一层后，就构成了一个全连接层（fully connected layer）。全连接层，顾名思义，当前层的每个神经元会连接前一层所有的神经元，即接收来自上一层的所有信息输入，但是当前层内部的神经元并不会彼此相连。依据我们在11.1.3节中所阐述的，当同一层有多个人工神经元对输入信息进行并行处理时，我们往往会获得对数据更强的建模能力。在之后的内容中，大家会进一步认识到，全连接层作为一种人工神经网络的基础组件，具有广泛的价值和作用，并且直到今天，我们对它的研究仍在继续。

11.2.2 隐藏层

在上一节中，我们简单介绍了由单个人工神经元构成的简单二值分类感知机，以及由多个人工神经元构成的全连接层。当我们想对更复杂的输入数据建模时，除了在同一层增加非线性神经元外，也可以增加网络的层数。具体地，我们可以在单层神经网络的基础上引入一个或多个隐藏层（hidden layer，它位于输入层和输出层之间），如图 11–6所示。

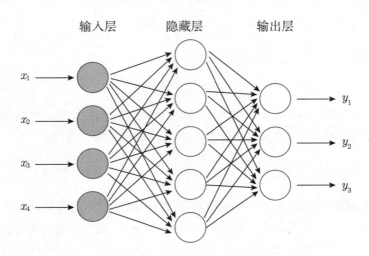

图 11–6　带有一个隐藏层的多层感知机

图 11–6展示了一个多层感知机模型。该模型由一个拥有 5 个隐层单元（hidden unit）的隐藏层和输入层、输出层构成。由于输入层不涉及计算，仅作为数据输入，所以图 11–6中的多层感知机的层数为 2。进一步地，从图 11–6中可以看到，隐藏层中的神经元和输入层中的各个输入单元完全连接，同时输出层中的神经元和隐藏层中的各个神经元也完全连接。因此，多层感知机中的隐藏层和输出层均为全连接层。

具体地，如图 11–6所示，给定一批由 n 个样本构成的输入数据 X，其中每个样本的输入个数为 4，即 $X \in \mathbf{R}^{n \times 4}$。由于当前多层感知机只有一个隐藏层，且隐层单元个数为 5，我们记隐藏层的输出（也称为隐藏层变量或隐藏变量）为 $H \in \mathbf{R}^{n \times 5}$。类似地，由于输出层包含 3 个神经元，所以可以记输出为 $Y \in \mathbf{R}^{n \times 3}$。因为隐藏层和输出层均是全连接层，可以设隐藏层的权重参数和偏置参数分别为 $W_h \in \mathbf{R}^{4 \times 5}$ 和 $b_h \in \mathbf{R}^5$，输出层的权重参数和偏置参数分别为 $W_o \in \mathbf{R}^{5 \times 3}$ 和 $b_o \in \mathbf{R}^3$。基于此，我们通过上一节已学习的内容可以联想到，隐藏层和输出层的计算遵循如下方式：

$$H = f_h(XW_h + b_h) \tag{11.5}$$

$$O = f_o(HW_o + b_o) \tag{11.6}$$

式中，$f_h(\cdot)$ 和 $f_o(\cdot)$ 分别是隐藏层和输出层的激活函数。通过分析式（11.5）与式（11.6），我们可以看到，输出层 O 本质上是一个由多个函数组合成的复合函数，即

$$O = f_o(f_h(XW_h + b_h)W_o + b_o) \tag{11.7}$$

通过添加隐藏层，我们可以构建多层感知机，进而通过构成的复合函数对较为复杂的输入数据建模。这里也请读者思考：假如隐藏层和输出层的激活函数均为恒等映射，即 $f(a) = a$，那么多层感知机是否与单层神经网络等价呢？

11.2.3　激活函数

在前面章节中，我们曾多次提及激活函数这一概念，并表示它可以对输入自变量进行非线性投影，从而提升神经元乃至神经网络的数据建模能力。例如，式（11.4）即为一类代表性的阶跃型激活函数。为了更直观地感受它的投影变换，我们可以借助第 7 章介绍的 matplotlib 库将其可视化，即

```
1 >>> import matplotlib.pyplot as plt
2 >>> import numpy as np
3 >>> x = np.linspace(-5, 5, num=100)
4 >>> y[x>0] = 1
5 >>> y[x<=0] = 0
6 >>> plt.plot(x, y)    # 绘制函数
7 >>> plt.xlabel('x')
8 >>> plt.ylabel('f(x)')
9 >>> plt.show()        # 见图11-7
```

直观地，观察图 11–7，当输入小于等于 0 时，函数输出值为 0；当输入大于 0 时，函

数输出值为 1。换句话说，通过判定输入值的正负号来决定人工神经元是否激活为 1。对于该函数的导数，我们可以看出，不论输入大于 0 还是小于 0，其导数均为 0。而在输入为 0 的不可导点上，我们可以人为地取此处的导数为 0。

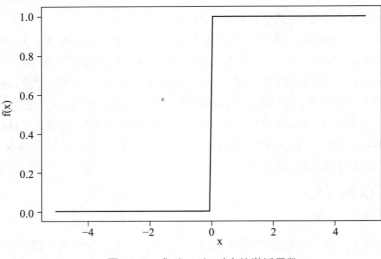

图 11-7 式（11.4）对应的激活函数

除了式（11.4）所刻画的非线性激活函数外，还有很多其他类型的激活函数，下面选取其中最主要的三种进行介绍。

一、ReLU 函数

修正线性单元（rectified linear unit，ReLU）函数是一类简单的非线性变换，广泛应用于当前的大多数神经网络之中。该函数定义为：

$$\text{ReLU}(x) = \max(x, 0) \tag{11.8}$$

可以看出，不同于式（11.4）中将大于 0 的输入值变换为 1，ReLU 激活函数选择将其保留不变，仅将输入为负的值变换为 0。为了更直观地感受 ReLU 函数，我们将其进行可视化。

```
1 >>> x = np.linspace(-5, 5, num=100)
2 >>> y = np.maximum(x, 0)
3 >>> plt.plot(x, y)   # 绘制函数
4 >>> plt.xlabel('x')
5 >>> plt.ylabel('ReLU(x)')
6 >>> plt.show()        # 见图11-8
```

对于 ReLU 函数，可以明显看出，当函数输入为正数时，其导数为 1；当输入为负数时，其导数为 0；当输入为 0 时，由于此处不可导，可以人为地令此处的导数为 0。

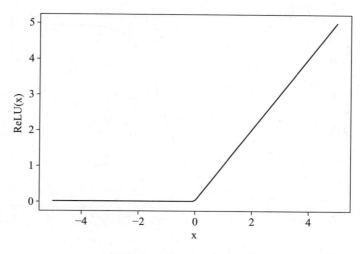

图 11–8　**ReLU**(*x*) 激活函数

二、sigmoid 函数

sigmoid 函数也是一类简单的非线性变换，也经常被称为 S 型函数。sigmoid 函数是早期人工神经网络中普遍采用的一类激活函数，但是由于其在深度网络优化中存在一系列问题，当下正在更多地被 ReLU 函数取代。sigmoid 函数定义为：

$$\text{sigmoid}(x) = \frac{1}{1 + e^{-x}} \tag{11.9}$$

大家会发现 sigmoid 函数同我们在第 10 章所讲述的逻辑斯蒂回归中采用的非线性变换函数是一样的，它把输入值变换到 $(0, 1)$ 之间，并且在整个实轴上处处可导。严格意义上讲，sigmoid 函数有多种形式，式（11.9）是其中最具代表性的一种，在本书后面的章节中，将默认 sigmoid 函数为式（11.9）。通过利用 numpy 和 matplotlib 库，我们可以直观地展示 sigmoid 函数。

```
1 >>> x = np.linspace(-10, 10, num=100)
2 >>> y = 1 / (1 + np.exp(-x))
3 >>> plt.plot(x, y)   # 绘制函数
4 >>> plt.xlabel('x')
5 >>> plt.ylabel('sigmoid(x)')
6 >>> plt.show()        # 见图11-9
```

如前所述，sigmoid 函数在整个实轴上是处处可导的。更进一步，当输入接近 0 时，函数接近线性变换；当输入距 0 较远时，函数趋近于常值函数。在神经网络的研究早期，将 sigmoid 函数作为激活函数的原因除了上述处处可导的优势外，另一个是其导数的计算非常简洁高效。具体地，sigmoid 函数的导数为：

$$\text{sigmoid}'(x) = \text{sigmoid}(x)(1 - \text{sigmoid}(x)) \tag{11.10}$$

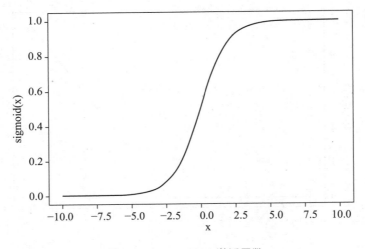

图 11-9   sigmoid(x) 激活函数

可以看出，sigmoid 函数的导数的计算只需根据其自身函数值进行简单的减法和乘法即可，拥有较少的计算代价，因此可以提高网络参数的优化效率。读者也可以自行绘制 sigmoid 函数的导数，观察其函数特性。

三、tanh 函数

另一类与 sigmoid 函数类似的激活函数是 tanh 函数，它将输入值投影到 $(-1, 1)$ 之间。tanh 函数定义为：

$$\tanh(x) = \frac{1 - e^{-2x}}{1 + e^{-2x}} \tag{11.11}$$

进一步地，我们绘制 tanh 函数，具体方法如下：

```
>>> x = np.linspace(-10, 10, num=100)
>>> y = (1-np.exp(-2*x)) / (1 + np.exp(-2*x))
>>> plt.plot(x, y)    # 绘制函数
>>> plt.xlabel('x')
>>> plt.ylabel('tanh(x)')
>>> plt.show()         # 见图11-10
```

观察图 11-10，tanh 函数与 sigmoid 函数类似，当输入接近 0 时，函数接近线性变换，但是斜率相较于 sigmoid(x) 在 0 点处更大；当输入距 0 较远时，函数趋近于常值函数。值得关注的是，tanh 函数过 0 点且关于坐标系原点对称，这些性质会让其在一些特定的场合中发挥较为重要的作用。tanh 函数的导数计算也较为简单，即

$$\tanh'(x) = 1 - \tanh^2(x) \tag{11.12}$$

由于 tanh 函数的导数计算也较为方便，同时也是处处可导的，所以它也在大量的人工神经网络中被采用。

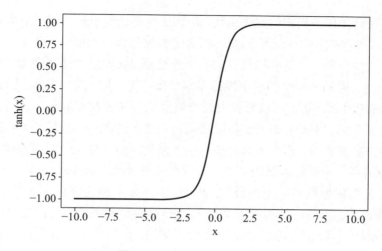

图 11-10 $\tanh(x)$ 激活函数

11.2.4 多层感知机

什么是多层感知机呢？其实我们已经在11.2.2节中介绍过，式（11.6）就是带有一个隐藏层的多层感知机。一般意义上讲，多层感知机是指含有至少一个隐藏层的、由全连接层组成的人工神经网络，其中每个隐藏层的神经元输出通过激活函数进行变换。根据该定义，一个多层感知机可以拥有多个隐藏层，从而具有较深的网络架构。但是，当我们开始搭建一个神经网络时，首先需要思考该设计多少个隐藏层，并且每个隐藏层需要设置多少个神经元，以及神经元该采取什么激活函数。相较于每个神经元内部的权重参数需要模型自动学习外，上述这些都属于神经网络的超参数，这些超参数一般需要基于经验进行设计和调整。

在第 10 章，我们介绍了回归与分类两类任务，它们的主要区别是最终的损失函数设计不同。这对于神经网络也是类似的，以式（11.5）与式（11.6）描述的多层感知机为例，对于回归任务，可以采用线性回归中使用的均方误差损失函数对网络输出 O 进行约束；对于分类任务，可以采用基于 softmax 回归的交叉熵损失函数对网络输出 O 做 softmax 运算。

11.2.5 多层感知机优化与反向传播

通过前面的介绍，对于拥有一个甚至多个隐藏层的多层感知机（如图 11-6所示），将输入从左侧赋值给输入层后，逐步通过式（11.5）和式（11.6）进行网络前馈预测，最终得到输出 O。但是，在网络前馈过程中，多层感知机中每个神经元的权重参数并未进行优化，这使得最终的预测结果无法拟合真实的标注数据。因此，为了能够让多层感知机完成具体的预测任务（如回归任务或分类任务），我们需要对其网络中的权重参数进行优化。

在第 10 章中，我们讲解了如何通过梯度下降算法对一元线性回归和多元线性回归中的参数进行学习，即

$$w \leftarrow w - \alpha \frac{\partial L}{\partial w} \tag{11.13}$$

式中，L 为根据具体任务指定的损失函数，α 为梯度更新的步长。相较于本章介绍的多层感知机，一元线性回归和多元线性回归可以等价于仅包含一个神经元的单层感知机。具体地，对于一元线性回归，单层感知机中的单个神经元仅接收一个输入变量，即一元；对于多元线性回归，单层感知机中的单个神经元则会接收多个输入变量（如图 11–3 所示）。通过第 10 章讲解的内容，我们可以对以上两类模型包含的参数求偏导，利用梯度下降算法对参数进行更新学习。但是，不同于单层感知机，对于包含一个甚至多个隐藏层的多层感知机，如果存在多层前馈，那么如何对每一层参数进行学习也是一个需要探究的问题。解决这些问题会用到一个非常著名的算法——反向传播（back-propagation）。

反向传播是指依据微积分中的链式求导法则，对人工神经网络中的参数进行更新。在神经网络的前馈中，当前层的神经元会接收前一层神经元的输入，在进行信息整合后传递到下一层神经元。假设当前的多层感知机形如图 11–11 所示，其中每一层的前馈计算如下：

$$h_1 = f_h(\sum_{i=1}^{3} w_i^{h_1} x_i + b^{h_1}) \tag{11.14}$$

$$h_2 = f_h(\sum_{i=1}^{3} w_i^{h_2} x_i + b^{h_2}) \tag{11.15}$$

$$o = f_o(\sum_{i=1}^{2} w_i^{o} h_i + b^{o}) \tag{11.16}$$

式中，f_h 和 f_o 分别是隐藏层和输出层的激活函数。即如上述公式所展示的，隐层单元接收输入层数据，并传递至输出层神经元 o。假设该感知机的学习目标为回归任务，则我们可以采用均方误差作为学习损失，即

$$L = (o - y)^2 \tag{11.17}$$

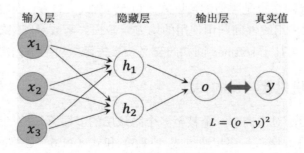

图 11–11　多层感知器前馈计算示例

回顾我们在第 10 章学习到的针对多元线性回归问题的梯度优化方法，此处如果想对输出层的参数 w_i^o 和 b^o 进行梯度更新，可以将其看作式（11.16）和式（11.17）组合而成的复合函数的自变量，即

$$L = (f_o(\sum_{i=1}^{2} w_i^{o} h_i + b^{o}) - y)^2 \tag{11.18}$$

关于参数 w_i^o 和 b^o 对该复合函数求导时，我们可以利用链式求导法则。此处，我们以关于 b^o 求导为例，即

$$\frac{\partial L}{\partial b^o} = \frac{\partial L}{\partial o} \frac{\partial o}{\partial \sum\limits_{i=1}^{2}(w_i^o h_i + b^o)} \frac{\partial \sum\limits_{i=1}^{2}(w_i^o h_i + b^o)}{\partial b^o} \tag{11.19}$$

等式的右边由三项构成：第一项为式（11.17）关于变量 o 求导的结果；第二项为输出层激活函数的导数，如果激活函数为 sigmoid，则其为式（11.10）；第三项为对输出层内神经元，在输入到其激活函数前，关于 b^o 的导数。通过以上分析，我们可以得到它们的具体表达式为：

$$\frac{\partial L}{\partial o} = 2(o - y) \tag{11.20}$$

$$\frac{\partial o}{\partial \sum\limits_{i=1}^{2}(w_i^o h_i + b^o)} = f_o{}' \tag{11.21}$$

$$\frac{\partial \sum\limits_{i=1}^{2}(w_i^o h_i + b^o)}{\partial b^o} = 2 \tag{11.22}$$

进一步，我们可以将式（11.19）具体化为如下形式：

$$\frac{\partial L}{\partial b^o} = 4(o - y)f_o{}' \tag{11.23}$$

至此，我们可以得到最终损失目标 L 关于 b^o 的偏导数。结合梯度下降算法，即可对 b^o 进行更新学习。类似地，对于隐藏层的权重参数 w^h 和 b^h，我们也采用相同的链式求导法则得到其偏导数，进而依据梯度下降算法进行更新学习。这里请读者对此自行推导练习。

11.3　神经网络与深度学习

在前面的介绍中，我们将形如图 11-4、由若干人工神经元搭建的网络称作人工神经网络。但这种对人工神经网络的定义是比较模糊的，例如人工神经元的种类是多样的，对它们的组织与搭建形式也可能是不同的，搭建的神经网络如何进行学习也是存在差异的，这些都会进一步导致人工神经网络的多样化。在本节，我们将对神经网络做进一步的概述，并就当前影响较大的深度学习模型进行介绍。

人工神经网络是一种旨在模拟生物神经网络的计算模型。1943 年，Warren McCulloch 和 Walter Pitts 首次尝试用逻辑演算来模拟生物神经网络。紧接着，20 世纪 40 年代后期，

基于神经元的可塑性原理，D. O. Hebb 提出了 Hebbian 学习规则，即如果突触前神经元和突触后神经元存在持续重复的刺激，那么会导致突触传递效能的增加。虽然距离 Hebbian 学习规则的提出已经过去了 70 多年，但基于这一理论的研究仍在继续。1958 年，心理学家 Frank Rosenblatt 发明了感知机，它是第一个实际意义上的人工神经网络。感知机最简单的形态是如11.2.1节介绍的由单个神经元构成的二值分类器。伴随着控制理论领域的研究者 H. J. Kelley 和 A. E. Bryson 提出连续反向传播算法，多层感知机模型开始得到越来越多的关注，这也带来了神经网络的第一次研究热潮，人工神经网络进入了第一个"春天"。但 1969 年，Marvin Minsky 和 Seymour Papert 出版了《感知机：计算几何学》（Perceptrons: An Introduction to Computational Geometry）一书，书中阐述基本的感知机模型无法处理异或问题[①]，这极大限制了感知机模型对复杂数据的建模能力。由于 Marvin Minsky 在人工智能研究领域具有极大的影响力，这种对感知机模型的否定蔓延到了整个对神经网络的研究中，进而导致整个人工智能领域进入了"寒冬"。

在漫长的"寒冬"中，仍有部分研究人员坚信人工神经网络的正确性。他们更多地参考与借鉴生物神经元间的关联关系，提出了"联结主义"[②]，希望能够赋予人工神经网络更强大的数据建模与学习能力。为此，20 世纪八九十年代，人工神经网络更多是以"联结主义"为准则开展研究，提出了一系列百花齐放的网络模型与架构，如主打联想记忆功能的 Hopfield 网络、着重函数近似与预测分析的径向基函数网络、受热力学启发而构造的玻尔兹曼机（Boltzmann machines），以及我们经常听到的卷积神经网络。但是当时由于计算机计算能力的限制，拥有巨大潜力的网络模型并没有得到充分的挖掘和重视，进而导致整个人工智能领域进入了第二个"寒冬"。

进入 21 世纪，在摩尔定律的"指引"下，世界范围内计算机的计算能力得到了飞速的发展。在图像、文本、语音等数据的采集成本日益降低的背景下，人工神经网络迎来了一个崭新的春天，并且有了一个新的名字——深度学习。2006 年，Geoffrey Hinton 等人在《科学》杂志上发表了"Reducing the Dimensionality of Data with Neural Networks"一文，提出使用连续的二元或实值潜在变量层与受限玻尔兹曼机对每层建模来学习高级表示，超越了主成分分析这一传统机器学习中最具代表性的方法。2012 年，Geoffrey Hinton 的学生 Alex Krizhevsky 提出了一种卷积网络模型 AlexNet，该模型在 ImageNet 大规模图像分类挑战赛上将错误率从 25.8% 降低到 16.4%，引起了世界范围内较大的轰动，从而正式开启了属于深度学习的时代，也就是当下人工神经网络的第三个"春天"。

根据上面的介绍，我们可以将关于人工神经网络的研究大概分为三个阶段：20 世纪 40—60 年代，神经网络的雏形出现在控制论中；20 世纪八九十年代，神经网络表现为"联结主义"驱动的相关研究；直到 2016 年，人工神经网络以"深度学习"之名迎来更大的发展，聚焦实际问题，同社会生产生活紧密地联系在一起。

深度学习作为当下人工神经网络的代名词，因其强大的真实数据建模与学习能力，已经被广泛应用于社会生活，如人脸闸机、智能音箱、搜索引擎、短视频推荐等。深度学习

---

① 异或是一种数学运算符：如果 a、b 两个值不同，则异或结果为 1；如果 a、b 两个值相同，则异或结果为 0。
② 联结主义是认知科学中的一场运动。这场运动旨在说明如何用人工神经网络来解释智力活动。神经网络由神经元和连接不同神经元的权重构成。权重模仿的是神经元之间的连接强度。资料来源：https://plato.stanford.edu/ archives/ fall2019/entries/connectionism/.

是一个较为笼统的概念，不单指某一种或某一类神经网络。通常意义上讲，它由深度置信网络、卷积神经网络、循环神经网络、深度神经网络、深度强化学习（deep reinforcement learning）等构成。在接下来的章节中，我们将对深度学习中主要的两类模型（即卷积神经网络和循环神经网络）进行介绍。

11.4　习　题

1. 什么是深度学习？它和传统的机器学习有什么区别？
2. 为什么需要非线性激活函数？使用 $w^\mathrm{T}x+b$（即仿射变换）作为激活函数会出现什么问题？
3. 试推导 11.2.5 节中 w^h 和 b^h 的偏导数。
4. 假如从隐藏层到输出层的映射为恒等映射，那么两层神经网络和单层神经网络是等价的。请在此基础上继续思考：深层网络和浅层网络相比，哪个表征能力强？
5. 请简述感知机的基本思想及优缺点。
6. ReLU 激活函数是目前最常用的激活函数，请思考：ReLU 激活函数有哪些问题？针对这些问题，有什么解决思路？
7. 激活函数需要具备什么性质？举几个常见的激活函数。
8. 异或（XOR）门：输入两个 bool 数值（取值 0 或者 1），当两个数值不同时输出为 1，否则输出为 0。单层感知机是否能够解决异或门问题？进一步思考采用多层感知机的情况。请给出结论与解释。

在本章，我们将介绍深度学习平台 PyTorch 最基本的组成元素，包括 Tensor 的概念和基本操作、自动求导、nn 工具箱、Module 类的使用等，并以线性回归和逻辑斯蒂回归为例，介绍如何使用 PyTorch 构建机器学习模型以及对模型进行训练和测试。

12.1 深度学习框架介绍

随着深度学习方法的快速发展，各大高校、研究机构和科技公司逐渐开发出了各类人工智能/深度学习平台或框架。从人工智能从业者的角度而言，一款深度学习框架类似于一套积木，框架内的模型和算法融合了多种计算硬件和资源，构成了积木的各套组件，而优良的组件可以帮助从业者更快速地入门。通过对积木进行组装，从业者避免了重复造轮子，仅通过不同的组装方式就能简易地构建一个所需的神经网络。这种简单易用、聚焦于模型和算法逻辑的形式能够降低深度学习的门槛，减少辅助代码，从而吸引更多研究人员。同时，这些平台可以很方便地应用于实际，不仅快速、灵活，而且可以应对多样化的挑战并且适应多变的应用环境，因此适合产品级的大规模应用，且可以便捷开发、快速迭代和部署，为推动行业发展助力。近年来，许多科技公司（例如谷歌、Facebook、百度等）都开源了自己的深度学习框架，这些框架大体上分为几大阵营，接下来会简单介绍一下，其中国内深度学习平台（例如百度的飞桨（PaddlePaddle）、清华的计图（Jittor）等）的影响力也在日益增大，本书后面有专门的章节进行介绍。

● **Facebook: PyTorch**。PyTorch 是一个开源的 Python 机器学习库，是一种基于动态图计算的深度学习框架，具有强大的 GPU 加速的张量计算，同时支持能够自动求导的深度神经网络。作为非常年轻的深度学习框架之一，PyTorch 于 2017 年 1 月 18 日由 Facebook 人工智能研究院（FAIR）发布，并于 2018 年 12 月发布了稳定的 1.0 版本，其易用性和高效性受到从业者的广泛支持和欢迎。

● **谷歌: TensorFlow**。TensorFlow 是由谷歌发布的深度学习框架，其前身为谷歌内部使用的工具 DistBelief。2015 年 11 月，TensorFlow 面向大众使用并提供开源版本，后被广泛用于各类机器学习算法的编程实现。由于谷歌在深度学习领域的强大影响力，TensorFlow 一经发布便受到工业界和学术界的广泛关注，一跃成为最受欢迎的深度学习框架。但其接口设计复杂，同时不同版本的文档相对混乱，对于初学者而言存在一定的门槛。

　　● **学术界和 Facebook: Caffe**。Caffe（convolutional architecture for fast feature embedding）项目最初由贾扬清在美国加州大学伯克利分校攻读博士期间创建，并托管于 GitHub。Caffe 内核使用 C++ 编写，也提供 Python 接口，同时支持多种类型的深度学习架构，面向图像分类和图像分割，还支持卷积神经网络、区域卷积神经网络（Region-CNN，RCNN）、长短时记忆网络（long short-term memory，LSTM）和全连接神经网络设计。2017 年 4 月，Facebook 发布了 Caffe2，加入了递归神经网络等新功能，具有更加突出的性能和更快的速度。2018 年 3 月底，Caffe2 并入 PyTorch。

　　● **微软: CNTK**。CNTK（computational network toolkit）是由微软研究院开发的用于搭建深度神经网络的计算网络工具包，于 2016 年 1 月在微软公司 GitHub 仓库正式开源，支持 CPU 和 GPU 的计算模式，以抽象的计算图形式构建其运行系统。CNTK 一开始仅在微软内部开发使用，没有提供 Python 接口，使用者并不多，同时社区活跃度不高。

　　每个平台或框架都有自己的优缺点。虽然大多数平台仍在不断更新完善并都足以支持人工智能模型的研究和产品研发，但初学者选择一款合适的深度学习框架尤为重要，优质的工具不仅能方便读者更快地入门，而且能够第一时间帮助读者实现第一个实际的项目，以实践为出发点才能提升动手能力，以兴趣为导向方可提升对深度学习的探索激情。因此，本章着重介绍最流行的深度学习框架之一——PyTorch。相比其他深度学习框架，PyTorch 在科研教学方面又有哪些优势呢？

　　首先，PyTorch 作为开源的 Python 机器学习库，支持无缝使用 numpy。读者能够充分利用普通 Python 代码的灵活性和能力来构建、训练神经网络，从而解决更加广泛的问题。其次，PyTorch 让自定义的实现变得更加容易，使读者可以将更多时间专注于算法。作为模块化的结构，读者能够通过搭积木的形式完成自己的第一个自定义的神经网络，实现一个简单的图像分类或者逻辑斯蒂回归模型，专注于算法而无须深究整个模型的底层架构。通过完成实际的例子，让读者先动手再思考，这种方式的学习或许能够帮助大家逐步深入到深度学习的奥妙当中。最后，相较于另一个火热的深度学习框架——TensorFlow，PyTorch 有着自己独特的优势，它版本迭代友好，文档清晰简明，同时支持非常活跃的社区互动，当遇到困难时，能够比较轻松地找到相关资料和文档。PyTorch 的代码风格可以让初学者更深入地了解算法的实现，即每个算法中发生了什么。总而言之，用 TensorFlow 能找到很多别人的代码，而用 PyTorch 不仅能找到很多别人的代码，而且能轻松实现自己的想法。

　　我们首先从 PyTorch 的安装开始，让读者学会在自己的开发环境中安装和使用 PyTorch。然后将从 Tensor 的基本概念和操作入手，帮助读者了解并掌握 PyTorch 中最基本的数据结构——张量，从而完成相关的计算和优化。随后介绍 PyTorch 核心的计算图和自动求导模块，以及深度学习中广泛用到的 nn 工具箱的基本组成部分。最后仍然以线性回归和逻辑斯蒂回归为例，学习如何使用 PyTorch 实现机器学习模型，从实际应用的角度，帮助读者进一步地掌握 PyTorch 的使用方法。

12.2 PyTorch 的安装

PyTorch 作为 Python 的一个深度学习库，安装非常简单。我们推荐使用 Anaconda 进行安装。

Anaconda 是 Python 常用的工具及第三方库整合在一起的集成环境，包含数百个科学模块，同时高效运用于各种项目，支持 Python 2 和 Python 3，并且能够根据用户的项目需求随时切换环境。读者可以从其官方网站（https://www.anaconda.com/）下载。如图 12–1所示，读者可以下载与自己电脑相匹配的版本，然后根据界面提示进行安装。

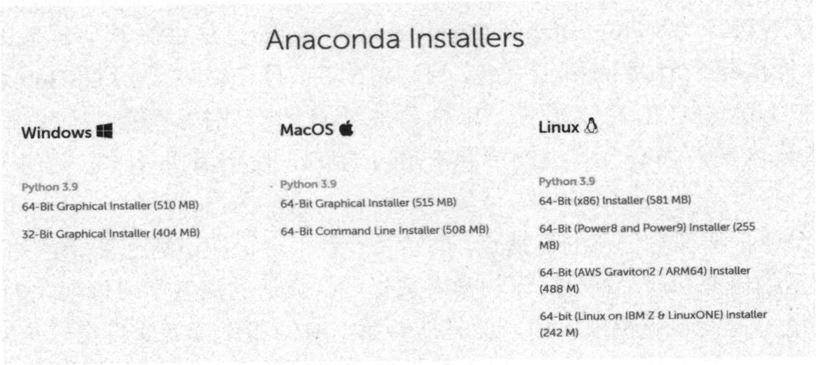

图 12–1　Anaconda 主页，用户选择对应的版本进行安装

资料来源：Anaconda 官方网站，https://www.anaconda.com/.

在完成 Anaconda 的安装之后，便可以通过 conda 命令行工具对 Python 中的各类包进行管理，其中也包括对 PyTorch 相关包的安装。方法如下：打开电脑的命令行工具终端（Windows 系统中为 Anaconda Prompt），执行“conda list”命令便可以查看当前 Python 环境下安装的库文件，如图 12–2所示。

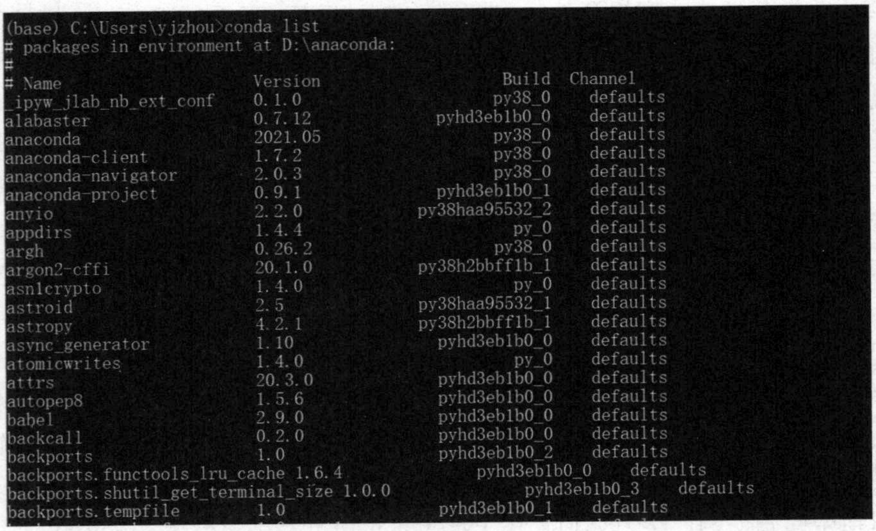

```
(base) C:\Users\yjzhou>conda list
# packages in environment at D:\anaconda:
#
# Name                    Version                   Build  Channel
_ipyw_jlab_nb_ext_conf    0.1.0                    py38_0    defaults
alabaster                 0.7.12             pyhd3eb1b0_0    defaults
anaconda                  2021.05                  py38_0    defaults
anaconda-client           1.7.2                    py38_0    defaults
anaconda-navigator        2.0.3                    py38_0    defaults
anaconda-project          0.9.1              pyhd3eb1b0_1    defaults
anyio                     2.2.0            py38haa95532_2    defaults
appdirs                   1.4.4                      py_0    defaults
argh                      0.26.2                   py38_0    defaults
argon2-cffi               20.1.0           py38h2bbff1b_1    defaults
asn1crypto                1.4.0                      py_0    defaults
astroid                   2.5              py38haa95532_1    defaults
astropy                   4.2.1            py38h2bbff1b_1    defaults
async_generator           1.10               pyhd3eb1b0_0    defaults
atomicwrites              1.4.0                      py_0    defaults
attrs                     20.3.0             pyhd3eb1b0_0    defaults
autopep8                  1.5.6              pyhd3eb1b0_0    defaults
babel                     2.9.0              pyhd3eb1b0_0    defaults
backcall                  0.2.0              pyhd3eb1b0_0    defaults
backports                 1.0                pyhd3eb1b0_2    defaults
backports.functools_lru_cache 1.6.4            pyhd3eb1b0_0    defaults
backports.shutil_get_terminal_size 1.0.0            pyhd3eb1b0_3    defaults
backports.tempfile        1.0                pyhd3eb1b0_1    defaults
```

图 12–2　通过 conda list 命令查看当前 Python 环境下安装的 Python 库文件

之后，我们便可以进行 PyTorch 的安装。首先登录 PyTorch 的官方首页（https://pytorch.org/），然后根据自己计算机的配置选择相应的 PyTorch 安装版本，网页会自动获取对应的 PyTorch 安装命令，如图 12–3 所示。注意，安装时可以选择是否安装 GPU 版本，图中为仅安装稳定的 1.10 的 CPU 版本获取到的安装命令：conda install pytorch torchvision torchaudio cpuonly -c pytorch。将该命令输入之前的命令提示窗口便可自动安装 torch 和 torchvision 两个相关库。

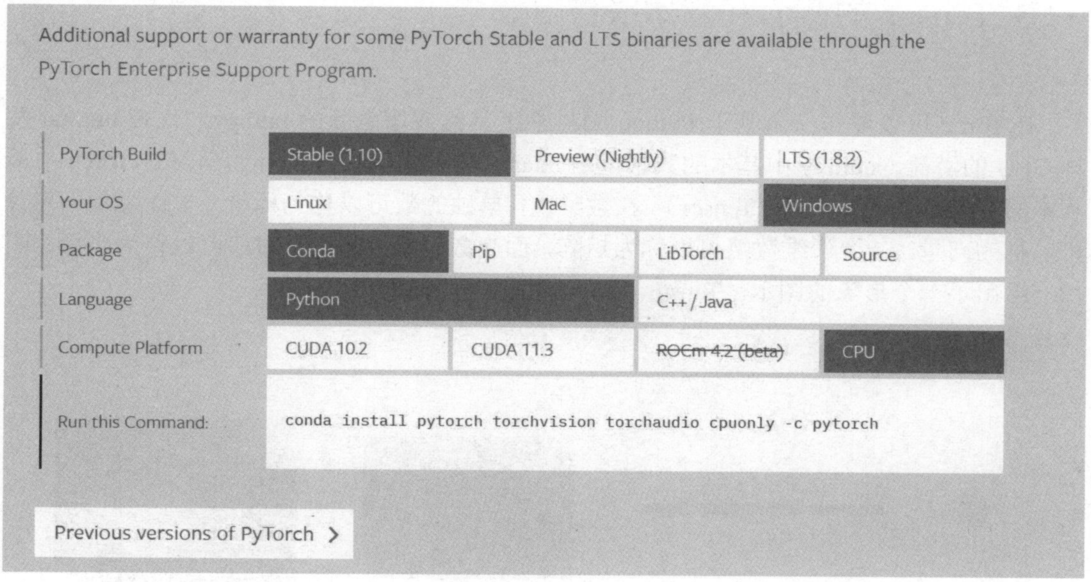

图 12–3　在 PyTorch 官网上选择对应版本的 PyTorch 安装命令
资料来源：PyTorch 官方网站，https://pytorch.org/.

安装成功后，可以使用"conda list"命令查看 torch 和 torchvision 是否安装成功。之后读者便能够使用计算机上的 Python 编辑工具进行 torch 库的导入以及程序的编写。如图 12–4 所示，通过 torch.__version__ 命令便可以查看当前安装的 PyTorch 版本。

图 12–4　在 Python 编辑工具中利用 torch.__version__ 命令查看当前安装的 PyTorch 版本

PyTorch 安装成功后，就可以在 Python 编辑工具 Jupyter Notebook 和 PyCharm 中使用 PyTorch 了。对于 Jupyter Notebook，在一个新 cell 里，输入"import torch"，如果没有报错，即可使用 PyTorch 了。对于 PyCharm，如果输入代码"import torch"后报错，可以在"project"里尝试改变 Python 解析器的路径，选择 Anaconda 对应的解析器。

12.3 Tensor 的概念和基本操作

PyTorch 可以看作一个基于 Python 的科学工具包或增强版的 numpy，代替 numpy 发挥 GPU 的潜能。numpy 中基本的数据量是 ndarray，在本节，我们开始学习 PyTorch 中最基本的数据结构——张量（Tensor）。在数学里，单独的数可以称为标量，一行或者一列数可以称为向量，一个二维数组可以称为矩阵，而当数据维度超过 2 时，可以称为张量。图 12–5给出了一个形象的图示，Tensor 可以认为是一个高维数组。

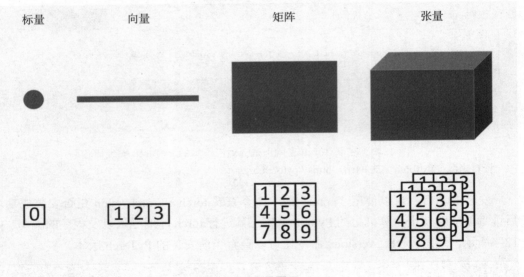

图 12–5 张量图示

前面我们提到过，PyTorch 的一个优势在于可以支持无缝使用 numpy，因此 Tensor 与 numpy 库中的基本数据单元（ndarray）在初始化、数学运算、线性代数运算、选择、切片等方面都非常相似，同时两者可以互相转化且代价很小。在 PyTorch 中，神经网络的输入、输出以及网络参数配置都使用 Tensor 描述，Tensor 还可以部署到 GPU 上运行，而 numpy 的 ndarray 只能在 CPU 上运行，Tensor 的使用大大加快了模型的计算速度。

12.3.1 Tensor 的定义

PyTorch 提供了多种方式来创建一个 Tensor 并进行初始化。我们将结合具体的例子进行学习。

一、通过 torch.tensor 直接生成张量

张量可以由原始数据直接生成，原始数据可以是 list、tuple、ndarray 等类型，并且 torch.tensor 会对数据拷贝而不是直接引用，会根据原始数据类型生成不同精度的 Tensor（torch.LongTensor，torch.FloatTensor 和 torch.DoubleTensor）。示例代码如下：

```
import torch
data = [[1,1],[2,2]]
tensor_data = torch.tensor(data)
print(tensor_data)

"""
运行结果为：
tensor([[1, 1],
        [2, 2]])
"""
```

上述例子将 Python 列表转化为了 Tensor，Tensor 的维度由原来列表的维度决定。Tensor 的维度可以用 .shape 访问张量属性获取，或者使用 .size 调用方法查看。两者返回结果相同。示例代码如下：

```
print(tensor_data.shape)

"""
运行结果为：
torch.Size([2, 2])
"""

print(tensor_data.size())

"""
运行结果为：
torch.Size([2, 2])
"""
```

二、使用 torch.Tensor 生成张量

PyTorch 中也可以使用 torch.Tensor 来生成张量，同样也是利用 Python 列表生成张量。示例代码如下：

```
data = torch.Tensor([[1,1],[2,2]])
print(data)
```

```
3
4   """
5   运行结果为：
6   tensor([[1., 1.,
7          [2., 2.]])
8   """
```

值得注意的是，torch.Tensor 是 torch.FloatTensor 的别名，因此它也是一个 Python 类。每次调用该函数构造 Tensor 时，便会生成一个单精度浮点类型的张量，因此上面代码框运行结果中的数字都是浮点类型。

可以利用.dtype 查看 Tensor 中元素的数据类型。示例代码如下：

```
1   print(data.dtype)
2
3   """
4   运行结果为：
5   torch.float32
6   """
```

同时，torch.Tensor 也支持根据形式参数生成特定尺寸的张量。例如，生成一个 3×3 的张量。示例代码如下：

```
1   data = torch.Tensor(3,3)
2   print(data)
3
4   """
5   运行结果为：
6   tensor([[0.0000e+00, 0.0000e+00, 0.0000e+00],
7          [0.0000e+00, 0.0000e+00, 0.0000e+00],
8          [1.4013e-45, 0.0000e+00, 0.0000e+00]])
9   """
```

12.3.2 Tensor 和 numpy 数据相互转换

虽然 Python 的 numpy 中的 ndarray 与 PyTorch 中的 Tensor 属于不同类型的数据结构，但是两者的结构和功能非常类似，仍然可以方便地互相转换。

一、Tensor 转 numpy 数组：.numpy 函数

示例代码如下：

```
1   # PyTorch Tensor与numpy之间的转换
```

```
2  # Tensor --> numpy
3  a = torch.tensor([1,2,3,4])
4  b = a.numpy()
5  print(b)
6  print(type(b))
7
8  """
9  运行结果为:
10 [1 2 3 4]
11 <class 'numpy.ndarray'>
12 """
```

二、numpy 数组转 Tensor：torch.from_numpy 函数

示例代码如下：

```
1  import torch
2  import numpy as np
3  # numpy --> Tensor
4
5  a = np.ones(5)
6  b = torch.from_numpy(a)
7  print(b)
8
9  """
10 运行结果为:
11 tensor([1., 1., 1., 1., 1.], dtype=torch.float64)
12 """
```

值得注意的是，转换后 numpy 的变量和原来的 Tensor 会共用底层内存地址，如果原来的 Tensor 改变了，numpy 变量也会随之改变。

示例代码如下：

```
1  # 上述转换中，Tensor和numpy共享内容，所以修改其中一个，另一个也随
       之改变
2
3  print(a)
4  b.add_(1)        # 注意是下划线add_
5  print(a)
6
```

```
7   """
8   运行结果为:
9   [1. 1. 1. 1. 1.]
10  [2. 2. 2. 2. 2.]
11  """
```

12.3.3 Tensor 初始化

一、0-1 初始化

- torch.empty(size): 返回形状为 size 的空 Tensor。
- torch.zeros(size): 返回形状为 size、元素全部是 0 的 Tensor。
- torch.ones(size): 返回形状为 size、元素全部是 1 的 Tensor。

示例代码如下:

```
1   data = torch.empty(2,3)
2   print(data)
3
4   """
5   运行结果为:
6   tensor([[0., 0., 0.],
7           [0., 0., 0.]])
8   """
9
10  # 输入参数均为定义的Tensor的形状
11  a = torch.zeros(2,2)
12  b = torch.ones(1,4)
13  print(a)
14  print(b)
15
16  """
17  运行结果为:
18  tensor([[0., 0.],
19          [0., 0.]])
20  tensor([[1., 1., 1., 1.]])
21  """
```

二、随机初始化

- torch.rand(size): 构建形状为 size 的 Tensor,返回服从 [0,1) 内均匀分布的随机数。

- torch.randn(size)：返回服从标准正态分布 $N(0,1)$ 的随机数。
- torch.normal(mean, std, out=None)：返回服从标准正态分布 $N(\text{mean}, \text{std}^2)$ 的随机数。

示例代码如下：

```
x = torch.rand(2,3,4)
print(x)

"""
运行结果为：
tensor([[[0.4134, 0.2916, 0.5371, 0.3521],
         [0.9114, 0.8863, 0.5880, 0.1931],
         [0.2781, 0.6500, 0.4173, 0.7240]],

        [[0.5008, 0.0166, 0.8106, 0.8505],
         [0.4792, 0.0876, 0.1594, 0.3257],
         [0.2470, 0.3542, 0.9301, 0.7918]]])
"""
```

12.3.4 Tensor 的计算操作

一、Tensor 加法操作

两个 Tensor 通过操作符"+"、add、add_进行加法计算。注意，两个 Tensor 之间的大小需要匹配（参考线性代数中向量和矩阵的加法要求）。示例代码如下：

```
# 两个Tensor相加
x = torch.rand(2,3)
y = torch.rand(2,3)
print(x)
print(y)

"""
运行结果为：
tensor([[0.6435, 0.7752, 0.5327],
        [0.0583, 0.4245, 0.6827]])
tensor([[0.5124, 0.7518, 0.2025],
        [0.1445, 0.0769, 0.8693]])
"""

z1 = x + y
```

```
16  z2 = torch.add(x,y)
17  z3 = x.add(y)
18  z4 = x.add_(y)
19  print(z1)
20  print(z2)
21  print(z3)
22  print(z4)
23
24  """
25  运行结果为:
26  tensor([[1.1559, 1.5270, 0.7352],
27          [0.2028, 0.5014, 1.5520]])
28  tensor([[1.1559, 1.5270, 0.7352],
29          [0.2028, 0.5014, 1.5520]])
30  tensor([[1.1559, 1.5270, 0.7352],
31          [0.2028, 0.5014, 1.5520]])
32  tensor([[1.1559, 1.5270, 0.7352],
33          [0.2028, 0.5014, 1.5520]])
34  """
```

注意，x.add_(y) 会改变 x，而不带下划线的 x.add(y) 则返回一个新的 Tensor，x 不改变。示例代码如下:

```
1   x = torch.rand(2,3)
2   y = torch.rand(2,3)
3   print(x)
4   print(y)
5
6   x.add(y)
7   print(x)
8
9   x.add_(y)
10  print(x)
11
12  """
13  运行结果为:
14  tensor([[0.0095, 0.9516, 0.6711],
15          [0.6759, 0.5595, 0.6878]])
16  tensor([[0.6063, 0.9770, 0.6089],
```

```
17            [0.0276, 0.7198, 0.1551]])
18
19 tensor([[0.0095, 0.9516, 0.6711],
20            [0.6759, 0.5595, 0.6878]])
21
22 tensor([[0.6158, 1.9286, 1.2800],
23            [0.7035, 1.2794, 0.8429]])
24 """
```

也可以将结果输出到提前定义好的 Tensor 中。示例代码如下：

```
1 result = torch.Tensor(2,3)
2 torch.add(x,y,out = result)
3 print(result)
4
5 """
6 运行结果为：
7 tensor([[1.2221, 2.9056, 1.8889],
8            [0.7311, 1.9991, 0.9980]])
9 """
```

如果张量维度不匹配则会报错。示例代码如下：

```
1 # 注意，相加的两个张量维度之间要匹配
2 x = torch.rand(2,3)
3 y = torch.rand(2,4)
4 print(x)
5 print(y)
6
7 z = x+y
8 print(z)
9
10 """
11 运行结果为：
12 tensor([[0.3491, 0.5228, 0.8304],
13            [0.2546, 0.4138, 0.8052]])
14 tensor([[0.2284, 0.2325, 0.8090, 0.5896],
15            [0.4535, 0.0340, 0.6477, 0.7019]])
16
17 *RuntimeError: The size of tensor a (3) must match the size of
```

```
       tensor b (4)
18  at non-singleton dimension 1*
19  """
```

二、Tensor 减法操作

两个 Tensor 通过操作符"-"进行减法计算。注意，与加法类似，两个 Tensor 的维数必须匹配。示例代码如下：

```
1  a = torch.ones(2,3)
2  b = 3.0 * torch.ones(2,3)
3  c = a - b
4  print(c)
5
6  """
7  运行结果为：
8  tensor([[-2., -2., -2.],
9          [-2., -2., -2.]])
10  """
```

三、Tensor 乘法操作

在人工智能算法中，Tensor 的乘法运算极为普遍。Tensor 乘法分为以下几个类型：数乘、对应点相乘、矩阵乘法。

（1）数乘：$a \times X$。把 X 中的每个元素都乘以一个数 a。

$$2 \times \begin{pmatrix} 2 & 1 \\ 4 & 3 \end{pmatrix} = \begin{pmatrix} 4 & 2 \\ 8 & 6 \end{pmatrix}$$

（2）对应点相乘：$X.mul(Y)$ 或者 $X \times Y$。当 X、Y 维数不一致时，会自动填充到相同维数后再对应点相乘。

$$\begin{pmatrix} a & b \\ c & d \end{pmatrix} \begin{pmatrix} e & f \\ h & i \end{pmatrix} = \begin{pmatrix} ae & bf \\ ch & di \end{pmatrix}$$

（3）矩阵相乘：$X.mm(Y)$ 或者 $X@Y$。需要保证矩阵维数之间存在合理的对应关系。回顾一下，若 X 为 $m \times n$ 的矩阵，Y 为 $n \times k$ 的矩阵（保证 X 的列维数和 Y 的行维数相同），那么返回的结果矩阵的大小为 $m \times k$。结果矩阵中，第 i 行第 j 列的值由 X 的第 i 行内积 Y 的第 j 列获得。

示例代码如下：

```
1  a = torch.Tensor([[1,2], [3,4], [5,6]])
2  print(a)
3
```

```
4  """
5  运行结果为：
6  tensor([[1., 2.],
7          [3., 4.],
8          [5., 6.]])
9  """
10
11 # 数乘
12 b = 2.0 * a
13 print(b)
14
15 """
16 运行结果为：
17 tensor([[ 2.,  4.],
18         [ 6.,  8.],
19         [10., 12.]])
20 """
21
22 # 对应点相乘，sum后即为卷积
23 c = a * b
24 print(c)
25 print(c.sum())
26
27 """
28 运行结果为：
29 tensor([[ 2.,  8.],
30         [18., 32.],
31         [50., 72.]])
32 tensor(182.)
33 """
34 # 矩阵相乘
35 # a: 3 × 2, b.t():2 × 3
36 # d: 3 × 3
37 d = a.mm(b.t())
38 print(d)
39
40 """
41 运行结果为：
```

```
42  tensor([[ 10.,   22.,   34.],
43          [ 22.,   50.,   78.],
44          [ 34.,   78., 122.]])
45  """
46
47  # a.t(): 2 × 3, b:3 × 2
48  # e: 2 × 2
49  e = a.t().mm(b)
50  print(e)
51
52  """
53  运行结果为：
54  tensor([[ 70.,   88.],
55          [ 88., 112.]])
56  """
```

其中，b.t() 为 b 矩阵的转置。如果 *A*.mm(*B*) 维数大小不匹配（不满足 *A* 的列维数与 *B* 的行维数相同），则会报错。示例代码如下：

```
1   a = torch.Tensor([[1,2], [3,4], [5,6]])        # 3 × 2
2   b = torch.Tensor([[1,2], [3,4], [5,6], [7,8]])  # 4 × 2
3
4   c = a.mm(b.t()) # 3 × 4
5   print(c)
6
7   """
8   运行结果为：
9   tensor([[ 5., 11., 17., 23.],
10          [11., 25., 39., 53.],
11          [17., 39., 61., 83.]])
12  """
13
14  # 如果矩阵大小不满足 x: i × n, y: n × j的方式，则会报错
15  c = a.mm(b)
16
17  """
18  运行结果为：
19  *RuntimeError: mat1 and mat2 shapes cannot be multiplied (3x2
       and 4x2)*
```

```
20  """
```

矩阵与向量相乘时，直接把向量当成 $1 \times n$ 的矩阵，然后利用矩阵相乘完成计算。示例代码如下：

```
1   # A: 3 × 2
2   # x: 1 × 2
3   A = torch.Tensor([[1,2], [3,4], [5,6]])
4   x = torch.Tensor([[1,2]])
5   print(A)
6   print(x)
7
8   """
9   运行结果为:
10  tensor([[1., 2.],
11          [3., 4.],
12          [5., 6.]])
13  tensor([[1., 2.]])
14  """
15
16  # A: 3 × 2; x.t(): 2 × 1
17  # 结果: 3 × 1
18  c = A.mm(x.t())
19  print(c)
20
21  """
22  运行结果为:
23  tensor([[ 5.],
24          [11.],
25          [17.]])
26  """
27
28  # x: 1 × 2, A.t(): 2 × 3
29  # 结果: 1 × 3
30  d = x.mm(A.t())
31  print(d)
32
33  """
34  运行结果为:
```

```
35  tensor([[ 5., 11., 17.]])
36  """
```

如上述代码所示，我们可以注意到，x 的定义为 1×2 的矩阵 [[1, 2]]，而非向量 [1, 2]。其中，Tensor([[1, 2]]) 返回 1×2 的矩阵，A.t() 为 A 矩阵的转置。

最后，A：3×2；x：1×2。

- A.mm(x.t())：返回 3×1 的矩阵。
- x.mm(A.t())：返回 1×3 的矩阵。

四、其他数学操作

PyTorch 还提供了很多其他的 Tensor 之间的操作，如数学运算、数值变换、逻辑运算等。

1. 基本数学运算

- 除：torch.div(input, other, out=None)。
- 指数：torch.pow(input, exponent, out=None)。
- 开方：torch.sqrt(input, out=None)。
- 四舍五入到整数：torch.round(input, out=None)。

2. 神经网络中常用的数值变换

- sigmoid 函数：torch.sigmoid(input, out=None)。
- tanh 函数：torch.tanh(input, out=None)。
- 绝对值：torch.abs(input, out=None)。
- 向上取整：torch.ceil(input, out=None)。
- 限制范围：torch.clamp(input, min, max, out=None)，把输入数据规范在 min~max 之间，超出范围的用 min、max 代替。

更多的 Tensor 操作可以查看官方文档。

12.3.5 Tensor 中的元素级操作

一、Tensor 的 view 机制

tensor 的 view 机制相当于 numpy 中的 reshape 功能，函数会先把原来 Tensor 中的数据按照行优先的顺序排成一组一维数据，然后按照参数组合成其他维数的 Tensor，返回值和传入的 Tensor 在数据上一致，仅在形状上不同。示例代码如下：

```
1  import torch
2
3  a=torch.Tensor([[[1,2,3],[4,5,6]]])
4  b=torch.Tensor([1,2,3,4,5,6])
5  print(a.view(1,6))
6  print(b.view(1,6))
7
```

```
8  """
9  运行结果为：
10 tensor([[1., 2., 3., 4., 5., 6.]])
11 tensor([[1., 2., 3., 4., 5., 6.]])
12 """
13
14 a=torch.Tensor([[[1,2,3,4],[5,6,7,8]]])
15 print(a)
16 print('--------------------------------')
17 print(a.view(4,2))
18 print('--------------------------------')
19 print(a.view(2,2,2))
20 print('--------------------------------')
21
22 """
23 运行结果为：
24 tensor([[[1., 2., 3., 4.],
25          [5., 6., 7., 8.]]])
26 --------------------------------
27 tensor([[1., 2.],
28         [3., 4.],
29         [5., 6.],
30         [7., 8.]])
31 --------------------------------
32 tensor([[[1., 2.],
33          [3., 4.]],
34
35         [[5., 6.],
36          [7., 8.]]])
37 --------------------------------
38 """
```

tensor.view() 括号中的参数不能为空。另外，如果参数的一个位置设为 −1，则表明这个位置由其他位置的数字来推断，在不产生歧义的情况下，由系统自动推断出来。下面代码框中，元素总个数为 6，当 view 的第一个参数设置为 2 时，系统自动推断出 −1 位置的真实数字为 3。示例代码如下：

```
1 a = torch.Tensor([1,2,3,4,5,6])
2 print(a.view(2,-1))
```

```
3
4  """
5  运行结果为:
6  tensor([[1., 2., 3.],
7          [4., 5., 6.]])
8  """
```

二、获取 Tensor 中的元素

在实际应用过程中,经常需要对张量内的元素进行相关操作。从张量中利用切片和索引提取元素的方法和 numpy 中的方法一致,使用时非常方便。示例代码如下:

```
1  # Tensor的选取操作与numpy类似
2  x = torch.rand(2,2,3)
3  print(x)
4
5  """
6  运行结果为:
7  tensor([[[0.4423, 0.6589, 0.6565],
8           [0.6377, 0.8861, 0.6895]],
9
10          [[0.0275, 0.5663, 0.1391],
11           [0.9507, 0.7936, 0.7720]]])
12 """
13
14 # 获取第0个维度下,第一行的所有元素
15 print(x[0, 0, :])
16
17 """
18 运行结果为:
19 tensor([0.4423, 0.6589, 0.6565])
20 """
21
22 print(x[:,0:2,0:1])
23 """
24 运行结果为:
25 tensor([[[0.4423],
26          [0.6377]],
27
```

```
28          [[0.0275],
29           [0.9507]]])
30  """
```

三、其他操作

PyTorch 提供的其他 Tensor 操作有：

- 拼接：torch.cat(seq, dim=0, out=None)。
- 切块：torch.chunk(tensor, chunks, dim=0)。
- 去掉大小为 1 的维度：torch.squeeze(input)。
- 变换形状：torch.reshape(input, shape)。

比如对于 cat 函数，输入的 seq 是不同于该 Tensor 的 list，沿着指定的维度 dim 把这些 Tensor 拼接成一个大 Tensor 返回；squeeze 函数将输入 input 的 Tensor 中大小为 1 的维度压缩掉，该函数还有对应的反向操作函数 unsqueeze(input,dim)，它在指定的维度处增加一个大小为 1 的维度。

12.3.6　在 GPU 上进行 PyTorch 计算

一、CPU、GPU 与内存

在理解 Tensor 与 GPU 的关系之前，我们先来回顾一下 CPU、GPU 与内存的相关知识。

CPU（central processing unit，中央处理器）是计算机系统运算和控制的核心部件，也是信息处理、程序运行的最终执行单元。CPU 有许多提供控制和缓存的机制，帮助用户执行指令和存储数据。而 GPU（graphics processing unit，图形处理器）作为计算机的重要硬件，原是为计算机图像处理设计的设备（显卡），包含图像处理器和显存。

相比 CPU，GPU 有更多的运算单元，非常适用于深度学习中大量的并行计算（如 Tensor 上的运算），近年来被广泛用于加速大规模的神经网络训练。即使装备了 GPU，CPU 和内存也不可或缺，原因主要有以下两点：（1）CPU 擅长逻辑控制，GPU 的功能需要 CPU 调用；（2）在存储方面，GPU 中显存的数据从内存中读入，最终结果放入内存等待下一步处理，这也涉及 CPU 掌控的存储单元。

二、PyTorch 支持 GPU 计算

PyTorch 通过 cuda（compute unified device architecture）框架对 GPU 进行调用。cuda 是英伟达（NVIDIA）推出的用于 GPU 的并行计算框架，该架构能够利用 GPU 来解决复杂的计算问题。PyTorch 通过 cuda 与 GPU 进行交互，所编写的程序可以在支持 cuda 的处理器上以超高性能运行。

下面介绍一些常用的交互函数。

- 检查本机是否支持 cuda：torch.cuda.is_available()。
- 将 Tensor x 中的内容从内存移入显存：x.cuda()。

Tensor 转移到 GPU 的显存后，后续相关操作即在对应的 GPU 上进行。示例代码如下：

```
1  # 支持GPU，将x和y都转移到GPU中进行运算
2  # 在进行大规模数据的复杂Tensor运算时，具有优势
3  # 数据规模小时，由于数据转移具有开销，CPU会更快一点
4
5  # 本机器不支持GPU，不会运行以下代码
6  if t.cuda.is_available():
7      x = x.cuda()  # 将张量x转移到GPU中
8      y = y.cuda()  # 将张量y转移到GPU中
9      z = x + y      # 在GPU中运算x + y
10 else:
11     z = x + y
12 print(z)
13
14 """
15 运行结果为：
16 tensor([[[0.9307, 4.5083, 1.8482, 3.4604],
17         [3.0024, 1.6576, 1.1606, 1.0579],
18         [3.6893, 0.3461, 0.4902, 0.5958]],
19
20         [[1.2438, 2.6105, 2.0140, 0.6287],
21         [2.3585, 3.4659, 1.9093, 2.0662],
22         [3.7277, 2.7156, 3.6976, 0.8504]]])
23 """
```

如果在不支持 GPU 运算的机器上进行 cuda 交互，则会报错。示例代码如下：

```
1  # 如果不进行判断，x.cuda()语句在没有GPU环境的情况下会报错
2  x = x.cuda()  # 将张量x转移到GPU中
3  y = y.cuda()  # 将张量y转移到GPU中
4  x + y          # 在GPU中运算x + y
5
6  """
7  运行结果为：
8  *AssertionError*: Torch not compiled with CUDA enabled
9  """
```

三、GPU 与 CPU

下面我们提供一个在华为云上的实际运行例子，对照着来理解相同的计算在 CPU 与 GPU 上运行速率的差距。

测试环境：华为云，1 V100 GPU。

任务：矩阵乘法 Z = X.mm(Y)，X: 10 000 × 100 000，Y: 100 000 × 10 000，Z: 10 000 × 10 000。

示例代码如下：

```
 1  import numpy as np
 2  import torch as t
 3
 4  X = t.rand(10000,100000)
 5  Y = t.rand(100000,10000)
 6  print(X.size())
 7  print(Y.size())
 8
 9  """
10  运行结果为：
11  torch.Size([10000,100000])
12  torch.Size([100000,10000])
13  """
14
15  %%time
16  Z = X.mm(Y)
17  print(Z.size())
18  print(type(Z))
19  print(Z.device)
20
21  """
22  运行结果为：
23  torch.Size([10000,10000])
24  <class 'torch.Tensor'>
25  cpu
26  CPU times: user 2min 33s, sys: 105ms, total: 2min 33s
27  Wall time: 38.3s
28  """
29
30  %%time
```

```
31  if t.cuda.is_available():
32      X = X.cuda()
33      Y = Y.cuda()
34      Z = X.mm(Y)
35      print(Z.size())
36      print(type(Z))
37      print(Z.device)
38  else:
39      print("cuda is not available!")
40
41  """
42  运行结果为:
43  torch.Size([10000,10000])
44  <class 'torch.Tensor'>
45  cuda:0
46  CPU times: user 1.67s, sys: 21ms, total: 1.69s
47  Wall time: 1.69s
48  """
```

最终结果如下:

- CPU: 总耗时 38.3 秒, 计算结果存储在内存中 (cpu)。
- GPU: 总耗时 1.69 秒, 计算结果存储在第一块显卡中 (cuda: 0)。

注意, 在将数据从内存移入显存的过程中 (X.cuda()), 会有一定的 GPU 加载时间。

12.3.7 小结

前面我们介绍了 PyTorch 的基本数据结构 Tensor 及其相关操作。在 PyTorch 中, 几乎所有数据都以 Tensor 的方式存储和操作。PyTorch 定义了大量与线性代数相关的运算和操作 (包括求行列式的值、特征根和特征向量), 为从业者实现人工智能的算法和模型奠定了基础。同时, 为了高效地对矩阵进行运算, PyTorch 统一了 GPU 和 CPU 的接口, 仅需要简单的一行代码便能完成对 Tensor 运行环境的控制。但 PyTorch 提供的 Tensor 相关的功能还远不止这些, 感兴趣的读者可以参考 Tensor 的中文文档继续学习 (https://pytorch-cn.readthedocs.io/zh/latest/package_references/Tensor/)。

12.4 自动求导

在本节, 我们将学习 PyTorch 的自动求导机制。其中, torch.autograd 模块提供了实现任意标量值函数自动求导的类和函数。

12.4.1　函数的导数

我们先来回顾一下数学里函数的导数是如何定义的。在数学中，函数 $f(x)$ 在某一点处的导数描述了这个函数在该点附近的变化率，记为 f'。导数的几何意义是：函数 $y = f(x)$ 在点 x_0 处的导数 $f'(x_0)$ 表示函数曲线在点 $P_0(x_0, f(x_0))$ 处的切线的斜率。

数学中常用的求导方法是先通过原函数求得导函数的表达式，再把 x_0 代入导函数，计算出在该点的导数值。数学中求导方法的重点在于获取原函数 $f(x)$ 的导函数 $f'(x)$，然后根据导函数 $f'(x)$ 计算相应导数。而在人工智能领域，我们往往只关注一个函数（如损失函数）在某些指定位置的导数值，而不是导函数的具体表达式。那么不禁要问：是否存在一种方法可以跳过求导函数的表达式这一步，直接求某些位置的导数值呢？

12.4.2　PyTorch 中的自动求导

PyTorch 提供了自动求导的方法，在 torch.autograd 模块中，针对一个张量，我们只需要设定其参数 requires_grad = True，在完成计算之后即可输出该张量在传播过程中的梯度信息，从而求得一个给定的函数在某一给定点处的导数值。

举例说明，利用 autograd 求函数 $y = x^2$ 在 $x = 3$ 处的导数值的具体操作方法如下：

（1）定义输入 Tensor x 并设置值为 3.0，同时设置其参数 requires_grad=True。

（2）利用 torch 中的 Tensor 方法定义原函数 $y = x^2$。

（3）对于输出结果 y，使其反向传播自动求导获取 dy：y.backward()。

（4）输出 x.grad，获取当前 x=3 处的导数值，即 dy/dx。

示例代码如下：

```
# 求函数y=x^2 在x=3处的导数: y'(3) = dy/dx|x=3
import torch as t

x = t.tensor(3.0,requires_grad = True)
y = x.mul(x)

# 判断x、y是否可求导
print(x.requires_grad)
print(y.requires_grad)

# 求导，通过backward函数实现
y.backward()

# 查看导数，即所谓的梯度
print(x.grad)

"""
```

```
18  运行结果为:
19  True
20  True
21  tensor(6.)
22  """
```

下面给出更多函数在不同点处求导的例子，按照前述的四个步骤编写代码即可。示例代码如下：

```
1   # 求 y = 1/x 的导数
2   x = t.tensor(0.5,requires_grad = True)
3   y = t.reciprocal(x)
4   y.backward()
5   print(x.grad)
6
7   x = t.tensor(1.0,requires_grad = True)
8   y = t.reciprocal(x)
9   y.backward()
10  print(x.grad)
11
12  x = t.tensor(2.0,requires_grad = True)
13  y = t.reciprocal(x)
14  y.backward()
15  print(x.grad)
16
17  """
18  运行结果为:
19  tensor(-4.)
20  tensor(-1.)
21  tensor(-0.2500)
22  """
23  # 求 y = 1/sqrt(x) 的导数
24  x = t.tensor(0.5,requires_grad = True)
25  y = t.reciprocal(t.sqrt(x))
26  y.backward()
27  print(x.grad)
28
29  x = t.tensor(1.0,requires_grad = True)
30  y = t.reciprocal(t.sqrt(x))
```

```
31  y.backward()
32  print(x.grad)
33
34  x = t.tensor(2.0,requires_grad = True)
35  y = t.reciprocal(t.sqrt(x))
36  y.backward()
37  print(x.grad)
38
39  """
40  运行结果为：
41  tensor(-1.4142)
42  tensor(-0.5000)
43  tensor(-0.1768)
44  """
```

12.4.3　多元函数自动求导

与之前单变量求导方法相同，在 PyTorch 中，对于多个自变量，只要每个自变量都定义了"requires_grad = True"的张量，且函数是用 PyTorch 自带的函数或操作实现的，在计算完成后对函数值进行反向传播，通过.grad 变量就可以访问这些自变量对应的导数值。

例如，利用 torch.autograd 求 $f = x^2 + 2y^2 + xy$ 在 (1,1) 处的导数。代码如下：

```
1   # f(x,y) = x^2 + 2*y^2 + xy
2   # 在(1.0,1.0)处的导数
3   x = t.tensor(1.0,requires_grad = True)
4   y = t.tensor(1.0,requires_grad = True)
5
6   f = x.pow(2) + t.tensor(2.0).mul(y.pow(2)) + x.mul(y)
7   f.backward()
8   print(x.grad)
9   print(y.grad)
10
11  """
12  运行结果为：
13  tensor(3.)
14  tensor(5.)
15  """
```

又如，利用 torch.autograd 求 $f(x, y, z) = \ln(e^x + e^y + e^z)$ 在 (0, 2, 5) 处的导数。代码如

下：

```
1  # f(x,y,z) = ln(e^x + e^y + e^z)
2  # 在(0.0,2.0,5.0)处的导数
3  x = t.tensor(0.0,requires_grad = True)
4  y = t.tensor(2.0,requires_grad = True)
5  z = t.tensor(5.0,requires_grad = True)
6
7  f = t.log(t.exp(x) + t.exp(y) + t.exp(z))
8  f.backward()
9  print(x.grad)
10 print(y.grad)
11 print(z.grad)
12
13 """
14 运行结果为:
15 tensor(0.0064)
16 tensor(0.0471)
17 tensor(0.9465)
18 """
```

思考：为什么 z 的导数最大？计算它在其他点处的导数，并找出规律。

12.4.4 以向量为输入的函数的导数

更一般地，我们可以利用 torch.autograd 计算向量、矩阵和张量的导数，即函数 $f(x)$ 的输入 x 可以是向量、矩阵甚至张量。

- 如果 f 的输入是一个标量，则导数也是一个标量。
- 如果 f 的输入是一个 N 维向量，则导数也是一个 N 维向量。
- 如果 f 的输入是一个张量，则导数也是一个同样大小的张量。

也就是说，导数的结构和输入的张量的结构一致。同时应该注意，在 torch.autograd 中，我们要求 f 的返回值为标量。

例如，求 $f(x,y) = x \begin{pmatrix} 1 & 1 \\ 1 & 2 \end{pmatrix} y + x \begin{pmatrix} 1 \\ 0 \end{pmatrix}$ 在位置 $((1,2),(3,4))$ 处的导数（向量）。代码如下：

```
1  # 注意：把x和b定义为一个1*2的矩阵，x.mm()是矩阵乘法
2  x = t.tensor([[1.0, 2.0]],requires_grad = True)
3  y = t.tensor([[3.0, 4.0]],requires_grad = True)
4
```

```
5  A = t.tensor([[1.0, 1.0],
6               [1.0, 2.0]])
7  b = t.tensor([[1.0, 0.0]])
8  print(x, y, A, b)
9  print()
10
11 f = x.mm(A).mm(y.t()) + x.mm(b.t())
12 print(f)
13 print()
14
15 f.backward()
16 print(x.grad)
17 print(y.grad)
18
19 """
20 运行结果为:
21 tensor([[1., 2.]], requires_grad=True)
22 tensor([[3., 4.]], requires_grad=True)
23 tensor([[1., 1.],
24         [1., 2.]])
25 tensor([[1., 0.]])
26
27 tensor([[30.]], grad_fn=<AddBackward0>)
28
29 tensor([[ 8., 11.]])
30 tensor([[3., 5.]])
31 """
```

12.4.5　基于 PyTorch 的线性回归梯度计算

在掌握了上述梯度计算方法后，我们可以尝试使用 torch.autograd 进行线性回归模型的梯度计算。下面的例子用 PyTorch 实现第 10 章中 LinearRegression 类中计算梯度的类的方法 __calc_gradient。示例代码如下:

```
1  import numpy as np
2  import torch as t
3  import matplotlib.pyplot as plt
4
5  def __calc_gradient(self,x,y):
```

```
6     """
7     类的方法：计算对w的梯度
8     """
9     # 利用numpy
10    N = x.shape[0]
11    diff = (x.dot(self.w) - y)
12    grad = x.T.dot(diff)
13    d_w = (2 * grad) / N
14
15    # 利用torch
16    x_tensor = t.tensor(x)
17    y_tensor = t.tensor(y)
18    w_tensor = t.tensor(self.w,requires_grad = True)
19    loss = t.sum(t.pow(x_tensor.mm(w_tensor) - y_tensor, 2)) / N
20    loss.backward()
21    d_w = w_tensor.grad.numpy()
22
23    return d_w
```

实现要点：

（1）导入 torch 包。

（2）把 numpy 变量转换为 Tensor 变量，同时仅对 w 求导。

（3）用 PyTorch 中的方法实现损失函数。

（4）调用 backward 方法计算导数。

（5）调用.grad.numpy 方法获取对应的梯度值。

一般情况下，梯度函数比损失函数更难以实现。而通过这种流程，我们轻松地获取了损失函数在某个特定点的梯度信息，torch.autograd 不用显示梯度求解公式，也不用求出目标函数的导函数。

12.4.6 小结

通过前面的讲解，我们掌握了如何利用 PyTorch 自带的 torch.autograd 对目标函数进行自动求导。通过为张量设定"requires_grad = True"，在计算完成后对输出结果调用".backward"，便可以通过".grad"查看对应张量的梯度属性。正是因为 PyTorch 有了自动求导的方法，才能在之后模型的训练阶段很方便地实现梯度反向传播，获得模型参数的梯度，进而实现模型参数的逐步优化。

除了 requires_grad 属性指示当前张量是否需要梯度、grad 属性存储数据的梯度之外，Tensor 类型还有其他 6 个属性：data，被封装的张量数据；grad_fn，创建该张量的函数；is_leaf，指示该张量是否为叶节点；shape，指示该 Tensor 的形状；device，指示张量所在的设备，比如 CPU 或 GPU（可能存在多个 GPU 设备，指示具体是哪个 GPU）；dtype，指示张量的数据类型，比如 torch.FloatTensor、torch.cuda.FloatTensor（两者的区别在于，如果有 cuda，表示数据存储在 GPU 里，因此这两种类型的数据不能直接运算）。所有的 8 个属性都可以被 Tensor 变量直接调用，例如一个 Tensor 变量 A 的类型和所在设备可以分别通过 "A.dtype" 和 "A.device 获得"。

12.5　nn 工具箱

前面我们讲到，利用 PyTorch 搭建一层层的神经网络完成自定义的模型就像搭积木一样，通过对各个类型不同的积木进行组合拼接，一步步搭建属于自己的城堡。在本节，我们将学习充当积木的模块，也就是 PyTorch 中的 torch.nn 部分。torch.nn 类似于一个工具箱，里面包含 torch 已经准备好的模块，比如各个层，包括卷积层、池化层、激活函数层、循环层、全连接层等。通过对 torch.nn 里各个类的学习和使用，读者会在实例中感受到 PyTorch 框架的便捷性，同时也能试着动手构建一个属于自己的神经网络。

具体地，torch.nn 是专门为深度学习设计的工具箱，主要包括：

- 参数类 Parameter。
- 模型基类 Module。
- 具有不同功能的网络层：卷积层、池化层、全连接层、回归层等。
- 非线性激活。
- 损失函数。
- 辅助函数。

下面介绍与模型搭建有关的 Module 模块，为下一节利用 PyTorch 解决线性回归和逻辑斯蒂回归问题提供一些前置知识。其余模块读者可以参考相关文档进行查询，如图 12–6 所示。

首先，我们需要了解 torch.nn 中最核心的数据结构 Module。Module 作为一个抽象的概念，既可以表示机器学习模型的一个模块，也可以表示一个复杂的机器学习模型，例如神经网络的某一层（layer），或一个包含很多层的神经网络。nn.Module 是所有神经网络结构的基类，PyTorch 中一切自定义网络结构的操作基本上都是通过继承 nn.Module 类来实现的，同时 Module 也可以包括其他 Module（一个复杂的机器学习模型 Module 里可以包含多个子模块 Module，每个 Module 实现一部分功能），通过树形结构来嵌入。

自定义一个神经网络结构的步骤如下：

（1）自定义神经网络结构类时继承 nn.Module 类。

（2）重新实现类的构造函数_init_。

（3）重新实现类的 forward 函数。

示例代码如下：

```
import torch
```

```
torch.nn

• Containers
• Convolution Layers
• Pooling layers
• Padding Layers
• Non-linear Activations (weighted sum, nonlinearity)
• Non-linear Activations (other)
• Normalization Layers
• Recurrent Layers
• Transformer Layers
• Linear Layers
• Dropout Layers
• Sparse Layers
• Distance Functions
• Loss Functions
• Vision Layers
• DataParallel Layers (multi-GPU, distributed)
• Utilities
• Quantized Functions
```

图 12–6　torch.nn 所包含的模块

资料来源：PyTorch 官方文档，https://pytorch.org/docs/stable/nn.html.

```
2  import torch.nn as nn
3
4  class MyModule(nn.Module):
5      def __init__(self):
6          super(MyModule, self).__init__()
7
8      def forward(self, x):
9          ...
10
11  if __name__ == '__main__':
12      MyNet = MyModule()
```

　　在上述代码中，我们可以简单地了解到，自定义一个神经网络结构 MyModule 必须经过三个步骤。首先，MyModule 继承了 nn.Module 类，同时重新实现了构造函数，在构造函数里通过"super(MyModule, self).__init__()"完成对父类的初始化，并指定 Module 的属性，这些属性通常包括可学习的参数和子 Module（参数可以包含在子 Module 中）。其次，通过重写 forward 函数，MyModule 实现我们自定义的功能，因此 forward 函数是实现自定义模型功能以及各个层之间连接关系的核心。最后，在主函数中，通过对类 MyModule 的实例化，我们得到了一个自定义的神经网络结构 MyNet 实例。

此外，还能设置 Module 的各种属性，相关函数如下：

- train：将模型设置成训练模式，开启模型的 Dropout 和 BatchNorm，一般在训练阶段启用。
- eval：将模型设置成评估模式，关闭模型的 Dropout 和 BatchNorm，一般在测试阶段启用。
- requires_grad_：设置 parameters 函数中的参数是否需要梯度计算，默认为 True。
- zero_grad：设置将 parameters 函数中参数的梯度清零。
- cpu(device_id=None)：将所有模型的参数和 buffers 复制到 CPU 上。
- cuda(device_id=None)：将所有模型的参数和 buffers 复制到指定 GPU 上。
- double：将 parameters 和 buffers 的数据类型转换成 double。
- float：将 parameters 和 buffers 的数据类型转换成 float。
- half：将 parameters 和 buffers 的数据类型转换成 half（半浮点数据类型）。

在本节，读者在学习了 nn 工具箱的相关类和方法后，便有了搭建自定义网络的积木，在下一节，我们将学习如何利用所学知识，使用 PyTorch 实现线性回归和逻辑斯蒂回归。

12.6　使用 PyTorch 实现线性回归和逻辑斯蒂回归

12.6.1　从线性回归开始

在之前的章节中，我们曾用 numpy 解决过线性回归问题，通过自己构造训练函数，传入自变量 x 和因变量 y，利用单步迭代函数来完成梯度的更新，最后分别计算各个变量的梯度来完成一次训练。在本节，我们将会直接使用 PyTorch 自带的各个模块来完成线性回归模型的搭建和训练。

一、线性回归问题回顾

- 假设目标值与特征值之间线性相关，即因变量与自变量满足一个多元一次方程。
- 训练集 $D = \{(x_1, y_1), (x_2, y_2), \cdots, (x_N, y_N)\}$。
- 将特征 x 和对应的目标 y 建模为多元一次方程：$\hat{y} = xw + b$，其中 w 和 b 为模型参数。
- x 为行向量，w 为列向量。
- 为了简化符号表示，在 x 后面加上一维的值恒为 1 的特征，$x \leftarrow [x, 1]$，同时 w 增加一维，则可以把 b 融入 w，得到 $\hat{y} = xw$。
- 为了学习这两个参数，根据已知的训练样本点（自变量 x 和因变量 y 都是已知的）拟合这个多元一次方程，求解参数。

按照第 10 章的方式，将 x 和 y 合并到矩阵中。下面的实现里，x 和 y 都表示所有训练数据样本和其对应的真值合并后的矩阵。

二、继承 nn.Module 类构建线性回归模型

在上一节，我们学习到自定义神经网络模型需要继承 PyTorch 中的 nn.Module 类，在__init__构造函数中初始化参数的同时自定义神经网络层，并通过重写 forward 函数来实现模型所需的功能。本节给出了按照上述步骤实现自定义线性回归模型 LinearRegression 的方式（此处也可以采用由 nn.Linear 实现的 LinearRegression 类，后续的训练方法是一样的）。示例代码如下：

```python
class LinearRegression(nn.Module):
    # 构造函数，实例化模型时需要传入输入的维数
    def __init__(self,in_dim):
        # 调用nn.Module的构造函数
        super().__init__()
        # 通过nn.Parameter初始化权重w，同时与线性回归模型绑定
        self.w = nn.Parameter(torch.randn(in_dim+1,1))

    def forward(self,x):
        # 输入数据为x，维数为(data_size,in_dim)
        # data_size表示数据量，in_dim表示x的特征维数
        # 通过在x的末尾添加一个一维值，同时w增加一维，将参数b融
        #   入w中
        x = torch.cat([x,torch.ones((x.shape[0],1))],dim = 1)
        x = x.matmul(self.w)
        return x
```

三、nn.Parameter

机器学习模型或模块中通常包含可学习的参数，例如线性回归模型中线性函数的系数和偏置。这些可学习的参数需要在构造函数中设置为 Module 的属性。对于模型参数的定义，PyTorch 通过 torch.nn.Parameter 来指定可学习的参数，nn.Parameter 作为 Tensor 的子类，属于一种特殊的张量，其 requires_grad 属性为 True，可以作为 Module 的可学习参数形式存在。

在 LinearRegression 类中，构造函数的输入参数 in_dim 表示输入特征的维数，构造函数中，"self.w = nn.Parameter(torch.randn(in_dim+1,1))"表示创建一个维数为 in_dim+1（将 b 也融入 w 中）的随机初始化 Tensor。对于该不可训练的普通 Tensor，我们想将其加入模型成为可学习的参数，所以通过 torch.nn.Parameter(x) 转换其类型，作为类的属性 w。之后 w 便绑定在该 Module 中跟随参数优化，成为模型的一部分。Parameter 作为一种特殊的 Tensor，也含有 Tensor 的基本方法，例如，.size 方法查看 Tensor 大小，data 属性访问和 Parameter 数据相同的 Tensor。当 Parameter 变量被指定为该 Module 的属性时，会自动注册在该 Module 的 parameters 迭代器中，为用户提供接口进行调用和修改。

为了自定义线性回归模型的功能，需要重写 forward 函数，从而实现前向传播的功能，其输入可以是一个或多个 Tensor，对 x 的任何操作也必须是 Tensor 支持的操作。示例代码如下：

```
# forward基本结构: def forward(self,x,[y,…])
```

通过 forward 函数便可以定义每次调用 Module 实例时执行的前向计算。所有的子类/继承类都应该重写此函数。这里，为了实现线性回归，我们在输入 x 的最后增加恒为 1 的维度，然后做线性变换。在 PyTorch 中，我们定义完模型后无须再编写反向传播函数，nn.Module 类能够利用 torch.autograd 自动实现反向传播，从而达到逐步更新模型参数的效果。

那么有了 LinearRegression 类之后如何实例化使用呢？示例代码如下：

```
# 先实例化一个LinearRegression类
def testRmodel(in_dim,data_size=2):
    layer = LinearRegression(in_dim)
    input = torch.randn(data_size,in_dim)
    output = layer(input)
    print(output)
    # Module中的可学习参数可以通过成员函数parameters返回
    for parameter in layer.parameters():
        print(parameter)
```

上述代码中，直观上可以将 layer 理解为数学中的函数，调用 layer(input) 表示将数据输入函数 layer，从而得到 input 对应的前向计算 forward 的结果。等价于 layer.__call__(input)，PyTorch 在 nn.Module 类中实现了 __call__ 方法，并且在 __call__ 方法中调用了 forward 函数。

如果一个对象的实例能够像函数一样进行调用，那么这个对象称为可调用对象。通俗来讲，如果能够把括号"()"应用于实例对象，那么该对象为可调用对象。判断一个对象是否为可调用对象一般采用 callable 方法。示例代码如下：

```
# 创建一个类X
class X(object):
    def __init__(self,a,b,range):
        self.a = a
        self.b = b
        self.range = range

    def __call__(self,a,b):
        self.a = a
        self.b = b
        print('__call__with ({},{})'.format(self.a,self.b))
```

```
12
13  # 类X的实例化对象xInstance
14  xInstance = X(1,2,3)
15  print(callable(xInstance))
                        # 输出为True，表示xInstance为可调用对象
16
17  xInstance(1,2)      # 输出为__call__with (1,2)
```

作为可调用对象，类中会实现__call__方法。这有什么好处呢？首先它能够简化对象的方法调用，对于类 X 中的一个方法 A，我们一般需要通过"xInstance.A()"来调用，但如果把 A 中的功能放入__call__方法中，便可以直接通过"xInstance()"调用，从而统一了调用的接口。一般，如果类中某个方法频繁使用，那么建议将该方法写入__call__方法中。

12.6.2 PyTorch 模型训练

在完成线性回归模型的搭建之后，如何导入数据，然后对所搭建的模型进行训练和测试成为下一个目标。接下来，我们会实现一个 Linear_Model 类，训练和测试过程将以类的成员函数形式存储在 Linear_Model 类中。示例代码如下：

```
1  class Linear_Model():
2      def __init__(self,in_dim):
3          # 创建模型和优化器，初始化线性回归模型和优化器参数
4          self.learning_rate = 0.01
5          self.epoch = 10000
6          self.model = LinearRegression(in_dim)
7          self.optimizer = torch.optim.SGD(self.model.parameters(),
                              lr = self.learning_rate)
8          self.loss_function = torch.nn.MSEloss()
```

上述代码在 Linear_Model 类的构造函数中分别初始化了训练阶段的学习率、轮数、训练模型、优化器以及损失函数。其中，使用 LinearRegression(in_dim) 实例化模型时，模型内部已经通过"self.w = nn.Parameter(torch.randn(in_dim+1,1))"完成了对参数 w 的正态分布随机初始化。

一、PyTorch 的损失函数

在前面 Python 实现机器学习的章节中，我们知道了训练一个神经网络模型通常需要设计一个损失函数来约束训练过程，通过不断地最小化损失函数来实现对模型参数的更新。例如，对于分类模型可以使用交叉熵损失函数，对于回归模型可以使用均方误差损失函数，等等。那么如何最小化损失函数呢？之前提到过可以使用梯度下降算法。

损失函数用来表示预测数据和真实数据之间的差值。在 PyTorch 的 nn 模块中同样提

供了许多可以直接调用的损失函数类型，其中使用最普遍的损失函数为均方误差损失函数和交叉熵损失函数，两者分别在回归和多分类问题中广泛应用。下面具体介绍 PyTorch 中损失函数的参数使用情况。

1. 均方误差损失函数 torch.nn.MSELoss

计算公式为：

$$L = \frac{1}{N} \sum_{i=1}^{N} (\hat{y}_i - y_i)^2$$

式中，y_i 为真实值，$\hat{y}_i$ 为预测值。

示例代码如下：

```
torch.nn.MSELoss(reduction='mean')
"""
旧版的nn.MSELoss函数含有reduce、size_average参数，新版替代为一个reduction参数
reduction参数的功能为指定损失的计算方式，可指定参数取值为mean、sum、none，默认为mean。mean为计算每个batch损失的均值，sum为计算每个batch损失的和，none表示不使用该参数
"""

# 实例化
self.loss_function = torch.nn.MSELoss()
# forward()：输入两个Tensor，即所有样本的预测值和真实值，返回均方误差
```

2. 交叉熵损失函数 torch.nn.CrossEntropyLoss

交叉熵的多分类计算公式为：

$$loss(x, \text{class}) = -\ln\left(\frac{\exp(x[\text{class}])}{\sum_j \exp(x[j])}\right) = -x[\text{class}] + \ln\left(\sum_j \exp(x[j])\right)$$

式中，j 为类别序号，class 为当前样本的标签。

示例代码如下：

```
torch.nn.CrossEntropyLoss(weight = None,
                          ignore_index = -100,
                          reduction = 'mean')

"""
```

```
6   weight: 默认为None，可以指定一个一维Tensor设置每个类别的权重，
        Tensor长度需与类别个数一致，主要用于训练集类别不平衡的情况
7   ignore_index: 默认为None，设置一个被忽略的值，使其不参与梯度计算
8   reduction: 默认为mean，指定损失的计算方式
9   """
```

二、PyTorch 的优化器

前面提到，训练阶段通过不断地输入数据，然后使用梯度下降的优化算法帮助模型逐步调整可学习的参数，最终提高模型的准确率。在 PyTorch 的 optim 模块中，我们可以直接使用现有的各种深度学习优化算法，包括 SGD、Adam 等。读者可以直接调用所需的优化器，而无须人工实现梯度下降和反向传播，这也是 PyTorch 轻松又方便的优势之一。

优化算法的使用方法大同小异，下面以 Adam 优化器为例介绍如何使用优化器来对前面自定义的线性回归模型的参数进一步优化。Adam 优化器：torch.optim.Adam()。示例代码如下：

```
1   torch.optim.Adam(params,lr=0.001,betas=(0.9, 0.999),eps=1e-08,
                    weight_decay=0)
2   """
3   params: 待优化的模型参数，通常为model.parameters()
4   lr: （可选参数）学习率，默认为0.001
5   betas: （可选参数）梯度以及梯度平方的运行平均值的系数，默认为
        (0.9, 0.999)
6   eps: （可选参数）为增强数值计算的稳定性而增加到分母里的填充项，默认
        为1e-08
7   weight_decay: （可选参数）权重衰减系数，以L2正则化方式进行权重惩
        罚，默认为0
8   """
9   # 实例化之前定义的线性回归模型及损失函数
10  model = LinearRegression(3)
11  loss_function = torch.nn.MSEloss()
12
13  # 实例化一个优化器
14  optimizer = Adam(model.parameters(),lr=0.001)
15
16  # 对目标函数进行优化时一般采用以下格式
17  # 1.梯度清零
18  optimizer.zero_grad()
19  # 2.输入数据，计算预测值output
```

```
20  output = model(input)
21  # 3.计算损失，target为真实标签
22  loss = loss_function(output,target)
23  # 4.反向传播
24  loss.backward()
25  # 5.更新网络模型参数
26  optimizer.step()
```

三、定义模型的训练阶段

完成了前面对 PyTorch 损失函数和优化器的介绍后，再来回顾一下之前对 Linear_Model 类的定义，接下来将对模型的训练函数 train 进行定义。示例代码如下：

```
1   class Linear_Model():
2       def __init__(self,in_dim):
3           # 创建模型和优化器，初始化线性回归模型和优化器参数
4           self.learning_rate = 0.01
5           self.epoches = 10000
6           self.model = LinearRegression(in_dim)
7           self.optimizer = torch.optim.SGD(self.model.parameters(),
                             lr = self.learning_rate)
8           self.loss_function = torch.nn.MSEloss()
9           # 这一步完成了整个参数的初始化及模型的实例化
10          # 接下来便着手定义整个模型的训练函数train
11
12      def train(self,x,y):
13          """
14          训练模型并保存参数
15          输入:
16              model_save_path: 模型保存路径
17              x: 训练数据
18              y: 回归真值
19          返回:
20              losses: 所有迭代中损失函数的值
21          """
22          losses = []
23          for epoch in range(self.epoches):
24              prediction = self.model(x)
25              loss = self.loss_function(prediction,y)
```

```
26
27              self.optimizer.zero_grad()
28              loss.backward()
29              self.optimizer.step()
30
31              #记录训练过程中损失函数的变化情况
32              losses.append(loss.item())
33
34              #每500个epoch打印一次当前损失函数的值
35              if epoch % 500 == 0:
36                  print("epoch:{}, loss is:{}".format(epoch,loss.
                        item()))
```

在 train 函数中，我们执行梯度下降算法的迭代过程。在每次迭代中，我们首先用当前参数下的模型对训练数据 x 进行预测，然后将预测结果和对应的真实值输入实例化的 MSE 损失函数 self.loss_function 中，计算损失。值得注意的是，PyTorch 中 backward 函数的计算，梯度是积累的而不是每次被新的梯度替换掉，因此需要在该轮训练开始时将模型参数的梯度清零，即"self.optimizer.zero_grad()"。然后对损失调用 backward 函数，执行反向传播，这一步会自动计算损失对所有 Parameter 类型的参数的梯度，并保存在这些 Parameter 类型的变量的".grad"属性里。最后，执行优化器的实例 self.optimizer 的一步更新函数 step，由于 self.optimizer 在实例化时，其构造函数以模型的 parameters 迭代器为输入，因此优化器能够获得模型所有参数（Parameter 类型的变量）的信息。step 函数执行一步参数更新，这里使用的是 SGD 优化器，即对所有参数执行一步梯度下降操作，下降的步长"learning_rate"是优化器实例化时构造函数的另一个输入参数。

可视化训练阶段损失函数的变化情况如图 12-7 所示。

从图 12-7 中可以发现，随着迭代次数的增加，损失函数值先陡然下降，随后趋于平缓。在完成训练以后，我们便可以对测试阶段进行定义了。

四、定义模型的测试阶段

示例代码如下：

```
1  # test函数也是前面Linear_Model类的一个成员函数
2  def test(self,x,y,if_plot = True):
3      """
4      用保存或者训练好的模型做测试
5      输入：
6          model_path: 训练好的模型的保存路径，例如"linear.pth"
7          x: 测试数据
8          y: 测试数据的回归真值
```

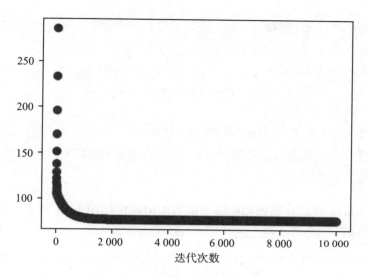

图 12-7 训练阶段损失函数的变化

```
9      返回:
10         prediction: 测试数据的预测值
11     """
12
13     prediction = self.model(x)
14     testMSE = self.loss_function(prediction,y)
15
16     # 判断是否进行测试阶段可视化
17     if if_polt and x.shape[1]==1:
18         plt.figure()
19         plt.scatter(x.numpy(),y.numpy())
20         plt.plot(x.numpy(),prediction.numpy(),color="r")
21         plt.show()
22
23     # 返回预测结果及测试数据真值的MSE损失
24     return prediction, testMSE
```

取 in_dim = 3，代码运行结果如下所示：

```
1   """
2   运行结果为:
3       w真值: tensor([[-0.5206],
4                     [-3.0018],
5                     [ 1.4464]])
6       w Parameter containing:
```

```
 7    tensor([[-0.6389],
 8            [-3.8588],
 9            [ 0.9694],
10            [18.1736]], requires_grad=True)
11
12   测试集上MSE损失值为：130.86734008789062
13   保存的模型在测试集上的MSE损失值为：130.86734008789062
14   """
```

另外，in_dim=1 时，训练数据和损失函数的可视化如图 12–8 所示，测试数据的可视化如图 12–9 所示。

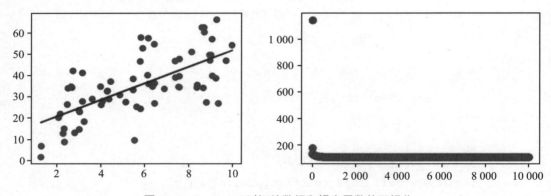

图 12–8　in_dim=1 时训练数据和损失函数的可视化

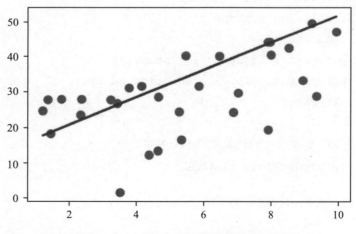

图 12–9　in_dim=1 时测试数据的可视化

至此，我们便完成了 PyTorch 对线性回归模型的搭建、训练以及测试的全部过程。整个过程如同搭积木一样，通过对 PyTorch 各个模块的调用逐步实现自定义模型，通过对损失函数、优化器等结构的融入，最终轻松地实现了整个功能。之后，为了提升读者的动手能力，我们会仿照线性回归模型的搭建流程，进一步以示例的形式展示 PyTorch 如何实现逻辑斯蒂回归。

12.6.3　PyTorch 实现逻辑斯蒂回归

用 PyTorch 实现逻辑斯蒂回归的基础框架以及搭建流程仿照线性回归的实现即可。和用 numpy 实现逻辑斯蒂回归类似，我们同样将此代码留作作业，请读者补充。

作业要求：用 PyTorch 实现 LogisticRegression 类（补充下列代码中定义的 Logistic-Regression 类），用梯度下降算法进行训练，用给定代码生成的数据进行测试。

示例代码如下：

```python
import torch
import torch.nn as nn
import numpy as np
import matplotlib.pyplot as plt
import os
os.environ["KMP_DUPLICATE_LIB_OK"] = "TRUE"


class LogisticRegression(nn.Module):
    def __init__(self, in_dim):
        """
        *********请在此处输入你的代码*********
        定义模型参数w以及非线性sigmoid函数
        """
        super().__init__()  # 等价于nn.Module.__init__()

    def forward(self, x):
        """
        *********请在此处输入你的代码*********
        定义模型函数：f = sigmoid(<w, x>)
        输入：x矩阵，每行对应一个数据样本
        输出（返回值）：每个数据样本的输出（预测）
        """


class Logistic_Model():
    """
    模型训练与测试类
    """
    def __init__(self, in_dim):
        """
```

```python
        *********请在此处输入你的代码*********
        输入：数据的维数 in_dim
        定义类的属性：包括训练步长、轮数、逻辑斯蒂回归模型、优化
                   器、损失函数
        输出：无返回变量
        """

    def train(self, x, y):
        """
        训练模型
        输入：
            x：训练数据矩阵
            y：+1/-1列表，分类标签

        定义迭代优化过程：指定优化的轮数

        返回：
            losses：训练中每轮的损失值（用于绘图）
        """
        losses = []

        return losses

    def test(self, x, y):
        """
        用训练好的模型做测试
        输入：
            x：测试数据
            y：测试数据的真实标签
        过程：使用训练好的模型预测x的标签，并与y进行对比，计算预测
             精度
        返回：
            prediction：每个测试数据的预测值
            accuracy：数值，模型的精度
        """


def create_linear_data(data_size, in_dim=3):
    """
```

```
67        为逻辑斯蒂回归模型生成数据
68        输入：
69            data_size: 样本数量
70        返回：
71            x_train: 训练数据
72            y_train: 训练数据真值
73            x_test: 测试数据
74            y_test: 测试数据真值
75        """
76        np.random.seed(100872)
77        torch.manual_seed(100872)
78        torch.cuda.manual_seed(100872)
79        # 正负样本个数
80        m_pos = data_size // 2
81        m_neg = data_size - m_pos
82        X = torch.zeros((data_size,in_dim))
83        Y = torch.zeros((data_size,1))
84
85        # 生成正类的数据
86        x1 = torch.normal(mean=-1.,std=3.,size=(m_pos,1))
87        X[0:m_pos,0:1] = x1
88        X[0:m_pos,1:2] = 2*x1+10+0.1*x1**2
89        X[0:m_pos,1:2] += torch.normal(mean=0.,std=5.,size=(m_pos,1))
90        Y[0:m_pos,0] = 1
91
92        # 生成负类的数据
93        # 负类第0个维度从和正类第0个维度不同的高斯分布中采样
94        # 负类第1个维度对负类第0个维度用和正类不同的线性变换进行处理，
           并和正类一样加上从同一个高斯分布中采样的噪声
95        # 负类第2个维度和正类第2个维度相同，全为0
96        x1 = torch.normal(mean=1.,std=3.,size=(m_neg,1))
97        X[-m_neg:,0:1] = x1
98        X[-m_neg:,1:2] = 2*x1-5-0.1*x1**2
99        X[-m_neg:,1:2] += torch.normal(mean=0.,std=5.,size=(m_neg,1))
100
101       shuffled_index = torch.randperm(data_size)
102       X = X[shuffled_index]
103       Y = Y[shuffled_index]
```

```
104     split_index = int(data_size * 0.7)
105     x_train = X[:split_index]
106     y_train = Y[:split_index]
107     x_test = X[split_index:]
108     y_test = Y[split_index:]
109
110     return x_train, y_train, x_test, y_test
111
112 # 生成数据
113 data_size = 200
114 in_dim = 3
115 x_train, y_train, x_test, y_test = create_linear_data(data_size,
                                                          in_dim)
116
117 # 逻辑斯蒂回归模型实例化
118 logistic = Logistic_Model(in_dim)
119 # 模型训练
120 losses = logistic.train(x_train, y_train)
121 plt.figure()
122 plt.scatter(np.arange(len(losses)), losses, marker='o',
                c='green')
123 plt.show()
124 # 模型测试
125 prediction, accuracy = logistic.test(x_test, y_test)
126 print('测试集上accuracy:{}'.format(accuracy))
127 # 打印参数
128 for name, parameter in logistic.model.named_parameters():
129     print(name, parameter)
```

12.7 习　题

补全下列习题的代码。

1. Tensor 的一般操作。

```
1 # 给定列表data, 创建对应张量tensor_data
2 data = [[1,2],[3,4]]
```

```
 3  tensor_data = ____
 4
 5  # 输出tensor_data的维数tensor_size
 6  tensor_size = ____
 7
 8  # 查看tensor_data中的数据类型
 9  tensor_type = ____
10
11  # 将tensor_data转换为numpy数据
12  numpy_data = ____
13
14  # 将numpy_data转换为tensor数据
15  tensor_data = ____
16
17  # 将tensor_data转换为list数据
18  list_data = ____
```

2. Tensor 的初始化。

```
 1  # 初始化生成一个4*4的tensor_data_1
 2  tensor_data_1 = ____
 3
 4  # 初始化生成4*4的空数据tensor_data_2
 5  tensor_data_2 = ____
 6
 7  # 初始化生成4*4的全零tensor_data_3，类型为long
 8  tensor_data_3 = ____
 9
10  # 初始化生成4*4的tensor_data_4，取值为[0,5)内均匀分布的随机数
11  tensor_data_4 = ____
12
13  # 初始化生成4*4的tensor_data_5，取值为标准正态分布的随机数
14  tensor_data_5 = ____
```

3. Tensor 的运算操作。

```
 1  # 给定tensor_1和tensor_2
 2  tensor_1 = torch.Tensor([[1,2],[3,4]])
 3  tensor_2 = torch.Tensor([[1,1],[2,2]])
 4
```

```
5   # 计算tensor_1和tensor_2之和tensor_sum（三种方法）
6   tensor_sum_1 = ____
7   tensor_sum_2 = ____
8   tensor_sum_3 = ____
9
10  # 定义result，将tensor_sum结果输出到result中
11  result = ____
12  torch.____
13  print(result)
14
15  # 计算tensor_1和tensor_2之差tensor_diff
16  tensor_diff = ____
17
18  # 计算tensor_1和tensor_2转置的乘积tensor_mult
19  tensor_mult = ____
20
21  # 将tensor_1和tensor_2先转化成一维张量，然后进行对应点相乘
22  tensor_1_oper = ____
23  tensor_2_oper = ____
24  result = ____
25
26  # 从result中取出数据值data
27  data = ____
```

4. Tensor 的元素操作。

```
1   # 给定tensor_data
2   tensor_data = torch.Tensor([[1,2],[3,4]])
3
4   # 获取第一行的所有元素result_1
5   result_1 = ____
6
7   # 获取第一列的所有元素result_2，并返回该列的最大值result_max
8   result_2 = ____
9   result_max = ____
10
11  # 将result_1和result_2进行拼接，得到result_cat
12  result_cat = ____
13
```

```
14  # 将result_cat的内容移入显存，得到result_3
15  result_3 = ____
```

5. PyTorch 的反向传播。

```
1  # 利用torch.autograd求 f(x,y) = ln(e^x + e^y)在(3, 5)处的导
   数
```

6. 定义神经网络。

```
1  # 利用nn.Module模块构建神经网络模型单层MLP（multilayer
   perceptron）
2  # 模型包括 linear+ReLU+BatchNorm
3  # 分层输出模型参数
4  # 将模型放置在显存中，并将其梯度清零
5  # 随机输入数据，打印观测模型的输出
```

7. 损失函数。

```
1  # 实例化均方误差损失，指定参数计算每个batch损失的均值
2  # 写出均方误差损失的公式
3
4  loss_function_mse = ____
5
6  # 实例化交叉熵损失
7  # 写出二分类交叉熵损失的公式
8
9  loss_function_CrossE = ____
```

8. 优化器。

```
1  # 写出PyTorch常用的三种优化器
2  # 实例化一种优化器
3  # 对之前自定义的单层MLP模型进行优化
```

9. 定义线性回归模型的训练阶段。

```
1  # 自定义线性回归模型
2  # 定义Adam优化器、MSE损失函数
3  # 构建模型训练阶段，并保存训练参数
4  # 记录训练过程中损失函数的变化情况
```

10. 定义线性回归模型的测试阶段。

```
1  # 构建模型测试阶段
2  # 用训练好的模型做测试
3  # 将测试结果可视化
```

根据相关调查研究①，视觉信息占大脑接收到的外界信息的 80% 以上，是我们接收外界信息的主要来源，能显著地帮助我们更好地感知外界并同环境进行交互，我们也希望机器能够具备这样的视觉感知能力。在本章，我们将首先阐述计算机视觉的基本概念及其主要处理的对象——数字图像，然后讲解经典的卷积神经网络，最后进行图像内容的理解与编程实践。

13.1 计算机视觉概述

计算机视觉的主要目标是从图像或者图像序列（视频）中获取对世界的描述。我们可以通过一张图像及相关的视觉任务来对这一概念进行更为形象的理解。图 13–1 是一张源自电影《三傻大闹宝莱坞》(《3 Idiots》) 的剧照，对于这幅图像，我们的大脑可以快速地分析出其展示了有很多人在教室上课这一场景，但我们的大脑是如何得出这一结论的呢？这就是计算机视觉所关注的内容。我们可以尝试从图像的底层表达信息到高层的语义信息对此一一进行阐述。

数字图像如何获取？　　　　　大家都在看什么？摄像机的背后会是什么？

图像成分的构成

颜色的表征　　　　　　　　　　场景内容解析与描述

物体位置关系推理，
人物关系推理

强光的检测与消除

阴影与噪点的　　　　　　　　　场景识别，人群计数
过滤与修复
　　　　　　　　　　　　　　　动作行为识别

物体边缘与角点检测　　　　　　人脸表情的识别，年龄估计，性别识别

物体的纹理分析　物体的检测与识别

图 13–1　对一幅图像从不同角度的观察与理解

资料来源：电影《三傻大闹宝莱坞》.

① 资料来源：https://zh.wikipedia.org/wiki/视觉.

对于图 13-1 展示的图像，我们的第一个问题是：它是如何获取的？我们可以简单地回答说是由照相机或者摄像机拍摄而成的，但进一步地，似乎需要对数字照相机的成像机制有更好的理解才能知道获取的具体方式。紧接着，当获取这幅图像后，它的每个部分又是由什么构成，从而能以各种颜色显示在我们的显示器屏幕或者荧幕上的？这需要对数字图像的表示与相应的颜色空间表征方法有所认识。对于这幅成功在显示器上显示的图像，我们需要首先对它所包含的一些涉及底层且非语义的视觉信息进行判别，例如，对教室后面墙上的强光进行检测与消除，对图像里较暗区域中的阴影与噪点进行过滤与修复，而这些一般都属于底层视觉（low-level vision）技术所关注的内容。当我们对图像中的内容都有了较好的表示后，我们需要做的就是对其中的物体进行识别，这里首先对物体的边缘和角点进行检测、对物体的纹理进行分析，进而实现对物体的检测与识别，例如让计算机识别出桌子上面有一个魔方。对于场景中占用更大空间的人像而言，我们期望计算机也能够对他们的表情、年龄和性别进行识别，并进一步地理解他们的行为与动作。从更大的范围来讲，我们期望能够对这个场景中学生的数量以及他们之间的关系进行估计，从而帮助解析与描述教室的场景内容。

通过从不同的角度对图 13-1 进行分析，我们期望通过计算机视觉的相关技术，实现图像的获取、表示、底层视觉分析、高层语义视觉分析、视觉推理等一系列操作，进而获得更好的图像内容的描述。

13.2 数字图像

数字照相机、摄像机以及手机等设备可以很方便地拍摄照片，这些照片最终以数字（由 0 或者 1 编码）的形式被记录和存储。对于不同设备拍摄的照片，为了能够对它们进行有效的表示，我们需要人为规定统一的数字表示标准以及确定的读取方法，以准确地显示它们包含的图像内容。在本节，我们将对这些内容进行针对性的讲解。

13.2.1 数字图像的表示

数字图像不同于传统的胶片图像，它将连续的光信号经过传感器的采样，实现在空间域上的表达。具体地，一幅图像由一个包含几十万甚至上百万个像素点的矩阵构成。以图 13-2 为例，我们在显示器上看到的图像一般是形如左图的很具象的彩色内容（双色印刷，无法展示），但是对于计算机而言，这幅彩色数字图像实际上是一个 $556 \times 556 \times 3$ 的三维数组，该数组的三个维度分别代表图像的长度、宽度以及颜色通道数。更具体地说，该图像由 $556 \times 556 = 309\,136$ 个像素构成，而每个像素由三个颜色通道构成。这三个颜色通道分别是红色（R）、绿色（G）和蓝色（B）三种原色，它们可以通过相互混合形成所有颜色，因此我们可以在屏幕上展示包含任意颜色的图像。图 13-2 的右图即为左图分别在 R、G、B 三个颜色通道上的数值表示。

一般，我们将给定图像的水平方向像素数 × 垂直方向像素数称为该图像的分辨率。对

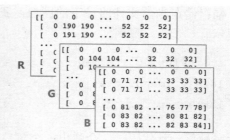

我们看到的图像　　　　　　　　　　计算机看到的图像

图 13–2　一幅图像的数字表示

于图 13–2 左图中的女性图像[①]，它的分辨率即为 556×556。分辨率这个概念也会用于手机或者电视屏幕，代表屏幕中包含的像素显示单元，分辨率越大往往代表屏幕越大或者显示质量越高。

图 13–2 中，每个像素单元由三个颜色通道的数值构成，该数值的取值区间是 $[0, 255]$，该区间范围由表示该数值的比特数决定。当区间范围为 $[0, 255]$ 时，表示每个颜色值由一个字节（即 8 个比特）表示。在这种情况下，可以推算出表示整幅图像所需要的比特数为 $8 \times 3 \times 556 \times 556 = 7\,419\,264$，即约为 0.88MB 的空间大小。为了节省图像的存储空间并且尽可能保留图像的原有内容，相关研究人员提出了不同的图像压缩方法，其中较为主流的方法就是我们经常听到的 JPEG 格式。除了 JPEG 这种有损压缩外，还有另一类无损压缩，即 PNG 格式。它们共同构成了常见的两种图像文件格式，可以通过图像文件名的后缀找到它们。

13.2.2　数字图像的读取

对于一幅存储在计算机里的数字图像，如何对它进行读取和显示呢？可选的第一种方法就是使用某种图像查看软件将其双击打开。但如果想进一步对图像的数值矩阵进行某种具体操作，这种方法就比较受限了。对于这种情况，Python 提供了强大的第三方图像处理库 PIL（Python Image Library）。借助 PIL，我们可以方便地实现图像的读取、展示、处理、存储等功能。在本节，我们将对图像的读取、展示和存储做简要的介绍，更多关于 PIL 库的使用方法可以阅读它的官方英文文档（https://pillow.readthedocs.io/en/stable/handbook/index.html）或相关中文解读。

由于 PIL 仅支持到 Python 2.7 版本，因此一些社区志愿者在 PIL 的基础上创建了兼容版本，命名为 Pillow，通过安装 Pillow 即可实现对 PIL 库的安装。Anaconda 内部已经集成了 Pillow 库，所以如果已经安装 Anaconda，Pillow 库就可以直接使用了。否则，可以在命令行下通过 pip 进行安装。代码如下：

```
1 $ pip install pillow
```

---

① 图中女性名叫 Lena Soderberg，是来自瑞典的一名模特，她的照片被数字图像处理领域广泛使用。

对于一幅存储在当前文件路径下的图像，我们可以通过如下简单几行代码实现对它的读取与展示。

```
1 >>> from PIL import Image          # 从PIL库中导入Image类
2 >>> lena = Image.open('lena.png')# 打开当前路径下的一个png图像文件
3 >>> lena.show()                    # 显示这幅图像
```

当执行完最后一行代码时，会弹出一个窗口，窗口内会展示图像的内容，即 Lena 的头像。我们进一步逐行分析上述代码，在第 2 行中，Image 类是 PIL 库中的核心类，它支持一些关于图像操作的方法，如从文件中加载一幅图像、处理图像或者创建一幅图像等。通过 Image 类对图像读取后，即可获取当前图像的对象（object），当想对图像进行显示、处理等操作时，即可通过该对象进行。例如，在上面的示例中，利用返回的 lena 对象，采用 show 方法即可实现图像的显示。进一步地，如果想获取图像的其他信息（如尺寸、格式等），也可通过 Image 类提供的方法实现。示例代码如下：

```
1 >>> print("image shape: ", lena.size)        # 输出图像尺寸
2 image shape: (556, 556)
3 >>> print("image format: ", lena.format)     # 输出图像格式
4 image format: PNG
5 >>> print("image color mode: ", lena.mode)   # 输出图像色彩格式
6 image color mode: RGB
```

根据上述对 lena 对象的一些方法操作，我们实现了对图像尺寸、图像格式以及图像色彩格式信息的获取，其中图像色彩格式得到的结果是 RGB 三原色格式。进一步地，可以利用 Image 类提供的一些方法实现基本的图像处理操作，例如变换图像的大小并将变换后的图像存储下来。示例代码如下：

```
1 >>> w, h = lena.size              # 获取图像的长宽尺寸
2 >>> print('Original image size: %s×%s' % (w, h))
3 Original image size: 556×556
4 >>> lena.resize((w//2, h//2))     # 分别缩放图像的长宽至其原来的一半
5 >>> print('Resize image to: %s×%s' % (w//2, h//2))
6 Resize image to: 278×278
7 >>> lena.save('mini_lena.jpg', 'jpeg')# 以JPEG格式存储图像，并对
                                           其命名
8 >>> lena.show()                   # 显示缩小后的图像，见图13-3
```

更进一步地，可以将上述 lena 图像转换成 numpy 数组，观察图像中每个像素的数值大小。示例代码如下：

```
1 import numpy
2 >>> lena_data = numpy.array(lena)  # 转换成numpy数组类型
```

lena.png

mini_lena.jpg

图 13–3　利用 PIL 中 Image 类的 resize 方法对 "lena.png" 图像进行缩放,
并通过 save 方法存储为 "mini_lena.jpg"

```
3  >>> print(lena_data.shape)        # 打印数组的维度
4  (556, 556, 3)
5  >>> print(lena_data[:,:,0])       # 打印第一个R通道的数组数值
6  [[255 255 255 ... 255 255 255]
7   [255 206 190 ...  52  52  52]
8   [255 207 190 ...  52  52  52]
9   ...
10  [255 145 108 ... 149 155 157]
11  [255 145 108 ... 153 160 163]
12  [255 146 109 ... 156 162 165]]
```

通过上面对 PIL 库中 Image 类相关方法的介绍,可以发现它提供了很多对图像的灵活操作,能够实现很多有意思的功能,更多图像相关处理方法可以查阅前面给出的官方文档。

13.3　图像的卷积运算

"卷积"一词经常出现在深度学习相关的文章中,作为图像信息建模有力的工具之一,它已经成为一类基础的图像处理方法并广泛应用于多种实际任务。在本节,我们将首先简要介绍人的视觉感知机制,然后引出卷积方法及相关实践。

13.3.1　人的视觉感知机制概述

视觉信息占人接收的外界信息总量的 80% 以上,因此针对视觉感知机制的研究一直吸引着无数的研究者并且让他们为之着迷。迄今为止,在无数研究者夜以继日的研究推动下,我们对人的视觉感知机制有了大致的认识与了解。一般,视觉信息在眼底视网膜神

经细胞采集编码成神经信息后，经外侧膝状体部位的传递，投射到位于大脑枕叶的初级视皮质部位进行视觉信息的高阶处理，如物体识别、人脸识别等。在功能上，如在眼底视网膜接收视觉信息阶段，此处的视觉神经元对视野中的小光点做出反应；在初级视皮质中的早期阶段 V1 区，视觉神经元对视野中的线段会做出反应；随着对视觉信息的进一步编码，在初级视皮质中的中期阶段 V4 区，视觉神经元通过整合上一阶段神经元的输入，对视野中较为简单的图案做出反应；再进一步地，在视觉信息感知的后期，通过对上一阶段神经元编码的信息进行整合，此处的神经元可以对较为复杂的物体形状有针对性反应，即实现了对具体物体的识别。

不论对人还是对短尾猴而言，对视觉信息的编码都是由简单图案过渡到复杂图像、一步步逐级递进的过程，最终实现对复杂物体的视觉感知，这同在第 11 章图 11–5 中展示神经网络的逐层感知有较大的相似之处。但是，大脑究竟是如何对视觉信息进行层级编码的，仍是一个令人着迷的问题。在 20 世纪，这同样也困扰着很多认知神经科学研究者。

1977 年，认知神经科学研究者 David Hubel 和 Torsten Wiesel 将视觉感知机制研究的注意力放在了初级视皮质上。他们最开始认为，初级视皮质神经元的感知机制同外侧膝状体细胞应当是类似的，即神经细胞应当对位于细胞感受野中的小光点有针对性反应。然而与预期相反，他们在实验中并没有发现初级视皮质神经元有这样的针对性反应，却偶然发现初级视皮质神经元对边缘有反应。他们发现当光线全部照在外侧膝状体细胞的感受野中央时，细胞的激活活跃程度是最高的，反之会受抑制并且激活活跃程度是最低的；与此同时，初级视皮质中的简单细胞通过对外侧膝状体相邻细胞的输出相连，可以实现对边缘有反应，并且可进一步实现对朝向的选择。通过上面介绍的两位研究者偶然间的发现，我们得以了解视觉信息层级编码的内在机制，而 David Hubel 和 Torsten Wiesel 也共同荣获了 1981 年的诺贝尔生理学或医学奖。

虽然当前的研究已经对大脑中初级视皮质的信息编码机制有了大致的认识，但是对于更为复杂的物体识别和视觉内容理解仍存在较大的研究空白，亟待探究。从另一个角度而言，当前认知神经科学的研究成果已经能够部分启发人工智能相关技术的研发，尤其是在视觉感知机制的层级编码方面。在后续部分，本书将对此作进一步的阐述。

13.3.2 模拟视觉神经元的点与线感知

大脑中视觉信息的编码机制是从简单的光点感知到线或边缘的感知，再到简单图案的感知，以至最终对具有复杂视觉形状的物体感知，通过简单的神经元感知机制和众多神经元的有组织的信息传递共同实现上述目标。这启发了人工智能研究者，研究相关的视觉识别算法可以从如上两条准则入手。首先，可以从神经元的感知机制出发，通过算法实现对图像中点与线的感知。

大脑中的外侧膝状体细胞有中心兴奋–周围抑制的同心圆式感受野，当光刺激位于中心区域时，细胞的兴奋程度（放电频率）会明显提升，这显示了外侧膝状体上视觉细胞对光点的感知机制。对于图像的数字处理，我们难以构建一个能够实现光线连续感知的神经元，但是可以将其感知机制进行数字化和离散化。如图 13–4 所示，对于一个拥有过光点感知机制的神经元，其中心是兴奋而周围是抑制的，为此可以先构造一个 3 × 3 的方阵来模拟圆形的细胞感受野。进一步地，将方阵的中央赋值为 8，四周赋值为 -1[1] 来模拟细胞的兴奋–抑制机制，从而形成最终的点感知方阵，并期望以构造的该矩阵来"感知"图像中的光点内容。

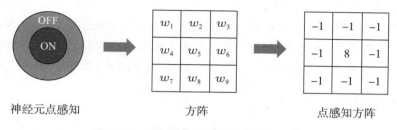

神经元点感知　　　　　　方阵　　　　　　点感知方阵

图 13-4　模拟视觉神经元的光点感知机制

类似地，初级视皮质简单细胞通过对外侧膝状体细胞的有效组织，形成对线或边缘的感知。如图 13-5 所示，同样先构造一个 3×3 的方阵来模拟圆形的细胞感受野，然后对方阵内的中间竖线位置赋值为 2，而对两边赋值为 -1，以模拟初级视皮质简单细胞的兴奋–抑制机制。值得注意的是，图 13-5 右侧的线感知方阵是关于垂直线段的，对于水平方向的线段或边缘感知需将方阵顺时针旋转 $90°$。

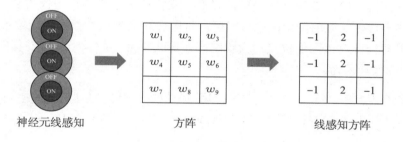

神经元线感知　　　　　　方阵　　　　　　线感知方阵

图 13-5　模拟视觉神经元的线感知机制

通过构造上述感知方阵，似乎可以模仿神经元对点与线的视觉感知机制了，但是如何将构造的感知方阵用于图像中点与线的实际检测是个更为重要的问题。在数字图像处理中，我们将构造的点或者线的感知方阵称为核（kernel）。进一步地，我们采用一种称为"卷积"的操作，将基于某种处理目的而构造的核用于数字图像内容的处理和检测，这也就是我们即将介绍的图像的卷积操作。

13.3.3 图像的卷积操作

"卷积"一词源自信号与线性系统领域，它是一种数学运算，用以求解系统对任意输入信号的响应。[2] 在数字图像处理领域，我们将卷积这种数学运算用于求解上述某种感知方阵对任意输入图像的感知结果。具体地，对于一幅给定的数字图像 I 和卷积核 w（即感

---

[1] 方阵的中央和四周求和应为 0，以保证后续同图像像素计算时不改变图像像素的绝对尺度。

[2] 更多关于卷积的介绍，请阅读 Gonzalez 等人所著的《数字图像处理》（第四版）第三章的内容。

知方阵），卷积运算如下：

$$O(i, j) = (I \star w)(i, j) = \sum_{s=-m}^{m} \sum_{t=-n}^{n} w(s,t) I(i-s, j-t) \tag{13.1}$$

观察式（13.1），在进行卷积计算时，首先需要对卷积核 w 进行以中心为原点的对角翻转操作，然后与图像对应位置相乘再求和，从而得到对应位置 (i, j) 关于卷积核 w 的感知结果。在数字图像处理中，还有另一种操作和卷积非常类似，称为互相关。它与卷积唯一的区别是，它并不需要对卷积核进行翻转，故它的计算形式如下：

$$O(i, j) = (I \star w)(i, j) = \sum_{s=-m}^{m} \sum_{t=-n}^{n} w(s,t) I(i+s, j+t) \tag{13.2}$$

在当前的卷积神经网络中，所采用的是互相关操作，但是将其称为卷积，即在网络的卷积操作中并不对卷积核进行翻转操作。在后续章节中，我们将主要关注互相关操作，除非特别说明，我们会遵循已有传统，将互相关称为卷积。此外，值得注意的是，对于形如图13-4和图 13-5中的感知方阵，当其关于方阵中心对称时，互相关操作与卷积操作是等价的。

为了更直观地理解卷积操作，以图 13-6为例。左侧的图像是一幅灰度图像，不同于RGB 彩色图像拥有三个颜色通道，灰度图像仅拥有一个颜色通道。因此，图 13-6中的灰度图像本质上是一个二维像素矩阵，其中矩阵的每个位置代表一个图像像素值。对于图像卷积操作而言，给定卷积核参数后，我们将卷积核的中心置于图像的某一位置，从而整个卷积核会覆盖对应的图像区域。然后，将图像和卷积核参数的对应位置相乘再求和，得到的结果即为针对该图像位置的卷积结果。形式化地，假设当前被卷积的图像位置为 $I(x, y)$，则图像卷积为：

$$\begin{aligned}
O(x, y) &= a \cdot I(x-1, y-1) + b \cdot I(x-1, y) + c \cdot I(x-1, y+1) \\
&+ d \cdot I(x, y-1) + e \cdot I(x, y) + f \cdot I(x, y+1) + g \cdot I(x+1, y-1) \\
&+ h \cdot I(x+1, y) + i \cdot I(x+1, y+1)
\end{aligned} \tag{13.3}$$

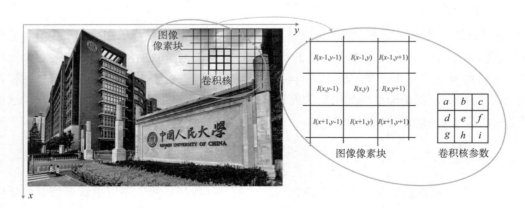

图 13-6　使用 3×3 卷积核的图像卷积示意图

当执行完针对图像某一位置的卷积后，卷积核在图像上向右或向下滑动一格像素，获得新的位置，然后再次执行卷积操作。通过对整幅图像的每个位置进行上述操作，即可得到整幅图像在卷积核作用下的结果。

　　具体地，以图 13-7 为例进行说明。假设给定的图像是如图 13-7 左侧所示的 7×7 的像素矩阵，给定的卷积核为中间的 3×3 矩阵，则对应的输出像素矩阵由对应位置得到的卷积结果填充而得（如同种颜色虚线框所示）。因此，在图 13-7 中，最右侧的输出像素矩阵是卷积核对左侧输入矩阵的"感知"结果。当灰度图像变为彩色图像后，其颜色通道也从 1 变为 3，但对于彩色图像的卷积仍遵循与上述类似的流程。唯一的区别在于，卷积核的大小从原有的二维矩阵变成三维矩阵，其中新增的维度为颜色通道数 3，如图 13-8 所示。

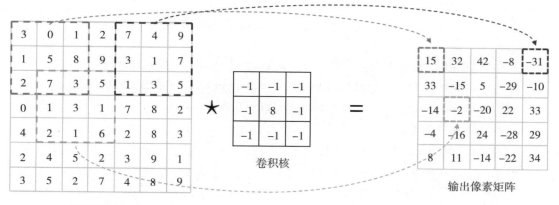

图 13-7　二维像素矩阵的卷积操作说明

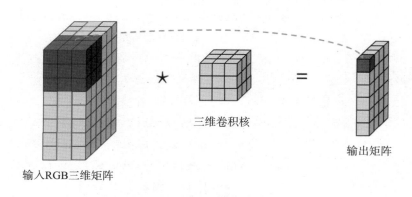

图 13-8　三维像素矩阵的卷积操作说明

13.3.4　卷积操作实践

　　卷积是一类操作，遵循确定的数学计算范式，可以利用 Python 对其进行编程实现。此处以图像中的边缘感知为例进行说明。假设输入的原始图像为图 13-9 中左图所示的雪花图像，卷积核为图 13-5 中的线感知方阵。依据上面介绍的对图像进行卷积计算的方法，利用 numpy 库对其进行实现。

　　示例代码如下：

```
def ConvByNumpy(im, kernel):
```

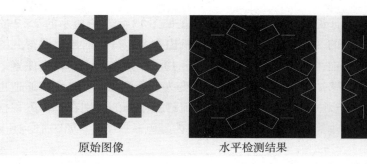

原始图像　　　　　　水平检测结果　　　　　　垂直检测结果

图 13–9　采用垂直和水平边缘卷积核对输入图像边缘的检测结果

```
2   height = im.shape[0]-kernel.shape[0]+1   # 输出矩阵的长度
3   width = im.shape[1]-kernel.shape[1]+1     # 输出矩阵的宽度
4   im_out = np.zeros(shape=(height,width))
5
6   for h in range(height):
7       for w in range(width):
8           vertical_start = h   # 垂直方向开始
9           vertical_end = vertical_start + kernel.shape[0]
10                               # 垂直方向结束
11          horizon_start = w    # 水平方向开始
12          horizon_end = horizon_start + kernel.shape[1]
13                               # 水平方向结束
14          res = 0              # 卷积操作临时变量
15
16          # 卷积操作
17          for i in range(vertical_start, vertical_end):
18              for j in range(horizon_start, horizon_end):
19                  res = res + im[i][j]*kernel[i-vertical_
                        start][j-horizon_start]
20
21          im_out[h,w] = res    # 图像对应位置赋值卷积结果
22  return im_out
```

上面构造的卷积函数将图 13–7中的卷积过程进行了具体实现，其中第 17 行实现了在给定卷积核下对特定图像像素位置的卷积操作，在获取相关位置的卷积输出后，将其填入输出矩阵对应的位置，最终返回卷积输出矩阵。在下面的代码中，我们给定了确定的图像和卷积核后，调用该函数实现了卷积操作。

```
1  from PIL import Image
2  import numpy as np
```

```
3
4   img = Image.open('edge_detection.png')
5   im = numpy.array(img)            # 转换为array类型
6   # 设定垂直边缘卷积核
7   vertical_kernel = np.array([[-1, 2, -1],[-1, 2, -1],[-1, 2, -1] ])
8   # 设定水平边缘卷积核
9   horizon_kernel = np.array([[-1, -1, -1],[2, 2, 2],[-1, -1, -1]])
10
11  # 垂直边缘检测
12  vertical_out = ConvByNumpy(im, vertical_kernel)
13  vertical_detection = Image.fromarray(vertical_out.astype('uint8'))
14  vertical_detection.save('vertical_detection.png')
15  # 水平边缘检测
16  horizon_out = ConvByNumpy(im,horizon_kernel)
17  horizon_detection = Image.fromarray(horizon_out.astype('uint8'))
18  horizon_detection.save('horizon_detection.png')
```

图 13–9 展示了对应的卷积结果，中间图为采用图 13–7 的水平边缘卷积核计算得到的卷积结果，右图为采用垂直边缘卷积核计算得到的卷积结果。观察这两幅边缘检测结果图，利用垂直边缘卷积核计算得到的卷积结果将垂直的边缘全部检测到（即使这些边缘存在一定的倾斜角度），但是对于完全水平的边缘却不能检测到；与此相反，水平边缘的检测结果并不能检测到完全垂直的边缘。通过上述结果对比，可以较为清楚地发现，在不同卷积核的作用下，我们可以从原始图像中获取差异化的图像特征（如上述不同角度的边缘）。因此，当期望获取更高质量的图像特征时，一种可以采用的策略就是设计更好的卷积核。[①]

在上一节，我们对图像的卷积操作做了基本介绍，如果仔细观察图 13–7 与图 13–8，会发现输出的像素矩阵在长与宽上都小于输入的像素矩阵，这是因为我们需要保证在进行卷积计算时，卷积核能始终全部覆盖输入矩阵。具体地，在图 13–7 中，采用 3×3 的卷积核对一个 7×7 的图像矩阵进行卷积，得到的是 5×5 的输出矩阵。我们可以进一步将上述卷积前后的矩阵大小变化进行归纳性总结：假设 $n \times n$ 的输入图像用 $f \times f$ 的卷积核进行卷积，则输出维度为：

$$(n - f + 1) \times (n - f + 1) \tag{13.4}$$

观察式（13.4）可以发现，上述卷积操作会缩小输入图像。如果类似于大脑的层级感知机制，进行多层卷积后，图像可能会“消失不见”。为了解决此问题，期望输出矩阵的大小与输入矩阵相同，则需要一种边缘填充（padding）操作来使原图加长和加宽。以图 13–7 中左侧的输入像素矩阵为例，当在其最外侧添加一层全为零的元素后，即成为图 13–10 中左

---

① 在如何设计更优的卷积核问题上，可以阅读 Gonzalez 等人所著的《数字图像处理》（第四版）第三章与第十章的内容。

侧的矩阵，其四周为边缘加粗的填充元素。当对此填充后的像素矩阵依旧进行与之前相同的卷积操作后，可以获得与输入矩阵大小相同的输出矩阵，不再出现之前遇到的长度与宽度缩减问题。具体地，在填充一层元素零后，通过观察左上角的红色虚线框，即可发现原始矩阵的左上角位置（像素值为 3）已位于 3×3 矩阵的中央位置，因而可获取针对该位置的卷积结果。进一步地，在引入填充操作后，式（13.4）更新为：

$$(n + 2p - f + 1) \times (n + 2p - f + 1) \tag{13.5}$$

式中，p 为填充的层数。在图 13–10 中，左侧的输入矩阵在其四周填充了一层零，这是因为卷积核的大小为 3×3。如果卷积核的大小变为 5×5，为了保证输入和输出矩阵的大小不变，则需要在输入矩阵四周填充两层零，即 $p = 2$。我们也可以令式（13.5）的输出为 n，得到

$$n = n + 2p - f + 1 \Rightarrow p = (f - 1)/2 \tag{13.6}$$

当卷积核为 5×5，即 $f = 5$ 时，填充的层数 $p = 2$。由于 $p = (f - 1)/2$，为了保证填充层数 p 为整数，一般要求卷积核的大小 f 为奇数。

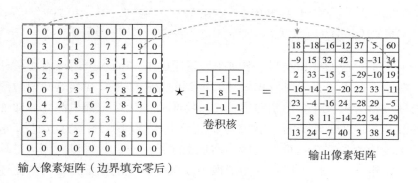

图 13–10　在输入矩阵边缘填充一层零后的卷积操作示意图

在图 13–7 和图 13–10 所示的卷积操作中，存在一个相同之处，即卷积的步长均为 1。具体地，当对某一图像位置 $I(x, y)$ 执行完卷积操作后，需要将虚线框移动到下一位置。在图 13–7 和图 13–10 中，移动的步长均为 1。因此，执行完针对图像左上角的卷积后，将卷积核在图像上向右或向下滑动一格像素，然后再次执行相同的卷积操作。在下面的公式中，我们给出了在输入图像大小 $n \times n$、卷积核大小 $f \times f$、步长 s 和填充 p 等参数影响下的输出矩阵的尺寸。

$$\left\lfloor \frac{n + 2p - f + 1}{s} + 1 \right\rfloor \times \left\lfloor \frac{n + 2p - f + 1}{s} + 1 \right\rfloor \tag{13.7}$$

在第 12 章，我们对深度学习编程框架 PyTorch 进行了简要介绍。PyTorch 在神经网络编程中提供了丰富且强大的接口和支持，在卷积操作上也提供了专门的应用程序编程接口（API）以供调用。以面向图像的二维卷积为例，PyTorch 的神经网络 torch.nn.functional 类提供了 conv2d 函数对其进行实现，函数接口如下：

```
1 torch.nn.functional.conv2d(input, weight, bias=None, stride=1,
                             padding=0)
```

torch.nn.functional 类所提供的 conv2d 函数一般需要输入两个参数，分别是输入数据 input 和卷积核权重 weight。其中输入数据 input 的大小须为"（输入图像的个数，输入图像的通道数，图像长度，图像宽度）"。输入图像的通道数 in_channels 是指输入数据的通道个数，如果输入的数据是一幅 RGB 彩色图像，则 in_channels=3；而对于一幅灰度图像，in_channels=1。卷积核权重 weight 的大小须为"（输出通道数，输入通道数，卷积核长度，卷积核宽度）"，输入通道数须等于上面的输入图像的通道数，而输出通道数是指期望设置多少个不同的卷积核对输入数据进行卷积，由于每个卷积核只会得到一个输出矩阵，故设置多个卷积核时，会得到多个相同大小的输出矩阵，从而构成多个通道。其他参数如卷积核偏置权重默认为空，卷积步长默认为 1，填充的层数默认为 0。在实践中，可根据需要对这几个参数进行适应性调整。在下面的示例中，我们可以方便地利用 conv2d 函数实现13.3.4节中编写的 ConvByNumpy 函数：

```
1 >>> kernels = torch.randn(8, 3, 5, 5)
        # 采用8个卷积核，每个卷积核的输入通道数为3，大小为5×5
2 >>> inputs = torch.randn(1, 3, 255, 255)
        # 输入一个数据，每个数据有3个通道，大小为255×255
3 >>> torch.nn.functional.conv2d(inputs, kernels, stride=2,
        padding=1)   # 采用步长为2、填充1层的方式进行卷积
```

请读者依据式（13.7），计算上述卷积的输出结果。

13.4　卷积神经网络

在11.3节中，我们了解到人工智能进入第三个"春天"的标志性事件是，2012 年 Alex Krizhevsky 所提出的卷积网络模型在 ImageNet 大规模图像分类挑战赛上，将错误率从 25.8% 降低到 16.4%。这里所讲的卷积网络模型具体由什么构成以及为什么能实现如此显著的性能提升呢？这就是本节主要聚焦的内容。

13.4.1　卷积神经网络的概述及其构成

卷积神经网络是近年来深度学习领域最具代表性的网络模型之一，它极大地推动了计算机视觉、语音识别、自然语言处理等领域的进步，并得到了广泛的应用。在本章的前面几节中，我们对卷积操作进行了介绍，而卷积神经网络就是以卷积操作为核心的网络模型，同时也包含池化和全连接等操作。一个典型的卷积神经网络模型如图 13-11所示。

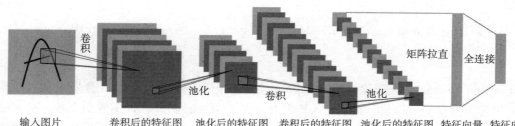

图 13-11　一个简单的卷积神经网络模型

一、卷积（Conv）

torch.nn 类提供的 Conv2d 函数一般需要输入三个参数，分别是输入通道数 in_channels、输出通道数 out_channels 和卷积核尺寸 kernel_size。具体地，输入通道数 in_channels 是指输入数据的通道个数，如果输入的数据是一幅 RGB 彩色图像，则 in_channels=3；而对于一张灰度图像，in_channels=1。输出通道数 out_channels 是指期望设置多少个不同的卷积核对输入数据进行卷积。除了上述三个参数外，Conv2d 函数对卷积步长默认为 1，填充的层数默认为 0。在实践中，可根据需要对这两个参数进行适应性的调整。

```
torch.nn.Conv2d(in_channels, out_channels, kernel_size, stride=1,
                padding=0)
```

二、池化（Pooling）

torch.nn 类同样提供了 Pooling 池化函数，常见的有平均池化（average pooling）和最大池化（max pooling）两种池化方式。下面我们以 2d 最大池化为例。MaxPool2d 函数一般接收四个参数，但在实际使用中，我们往往只设置卷积核的尺寸 kernel_size，即将多大范围的像素池化为一个像素。对于其余三个参数，步长 stride 一般不设置，填充 padding 一般设置为 0，膨胀 dilation 一般默认为 1（很少改动）。此外还有很少设置的两个参数 return_indices 和 ceil_mode，分别是输出最大值的序号，以及计算输出信号大小时使用向上取整代替 Python 默认的向下取整操作。

```
torch.nn.MaxPool2d(kernel_size, stride=None, padding=0,
                   dilation=1, return_indices=False, ceil_mode=False)
```

三、全连接（Linear）

除了在特征层面进行的卷积和池化操作外，对于常见的分类和识别任务，为了给出一个明确的类别标签打分向量，常常会在神经网络最后接上一层或多层全连接层。PyTorch 提供的 torch.nn.Linear 本质上是一个线性变换函数，它一般接收较高维度的特征层面输出，并将其线性地组合为 logits 打分值。在分类任务中，全连接层的输出结果往往会经过 softmax 函数转化成预测概率以便于评估。

```
1 torch.nn.Linear(in_features, out_features, bias=True)
```

torch.nn.Linear 通常接收三个参数：输入通道数 in_features、输出通道数 out_features 以及是否设置偏置项 bias。其中输入通道数是数据经过卷积和池化变换之后的大小，输出通道数一般是标签类别数量，偏置项一般默认设置为 True，它被认为能够帮助学习数据本身的一些先验知识。如果用多层全连接层堆叠组成分类器，一般要在中间用 ReLU 之类的非线性激活函数连接。

13.4.2　经典卷积神经网络

卷积神经网络的发展经历了从 LeNet 开始，完善的卷积神经网络被提出和投入使用，到 AlexNet 重振卷积神经网络威望，再到 ResNet 一统计算机视觉领域。最为经典和广受认可的网络模型有 LeNet（1998）、AlexNet（2012）、VGGNet（2014）、InceptionNet（2014）、ResNet（2015），除了卷积神经网络的“开篇之作”LeNet 以外，AlexNet、VGGNet、InceptionNet 以及 ResNet 这四种经典网络都是在当年的 ImageNet 竞赛中问世的，它们作为深度学习的经典代表，使得 ImageNet 数据集上的错误率逐年降低。

回到本节开始时的一个问题，与传统机器学习方法相比，卷积神经网络的优势一般认为是可以保留邻域的联系和空间的局部特点，与常见的全连接深度结构相比，处理实际尺寸的高维图像的难度较低，因为卷积神经网络基于共享卷积核的结构。此外，局部连接、权值共享和下采样等思路使得整体模型的有效参数趋于稀疏，计算量也因此大大减少，可以处理更加困难繁杂的数据类型。但同时，卷积神经网络相对较差的“可解释性”一直被诟病，不少初学者将其当作“黑匣子”使用，并不通晓其中原理。其可解释性还有待进一步探究。

13.5　卷积神经网络的编程实践

了解了卷积神经网络的组成部分和整体结构之后，我们接下来将尝试自己动手搭建一个基础的卷积神经网络，并利用其在 CIFAR-10 图像数据集上完成模型的训练和优化任务。

13.5.1　简单卷积神经网络的搭建

这里以上一节提到的经典而简单的 LeNet 网络作为模型来完成网络的搭建和训练。可以注意到它包括两层 2d 卷积层、两层最大池化层以及最后一层全连接层。下面给出了 LeNet 的网络结构组成，由初始化 init 函数和前馈计算 forward 函数组成（注意，PyTorch 中 backward 函数默认是隐式的，若需要修改 backward 函数，则需要额外的组件）。我们在 init 函数中定义好两个卷积层、两个池化层和一个线性层的维度，由于 PyTorch 采用动态的计算图，如果各个层之间维度对应不上，并不会直接提醒，而是在运行中报错，所以这里需要人为设计好维度大小。forward 函数给出了输入数据经过计算得到输出的全过程，在本例中，输入数据（例如 3 通道的 RGB 图像）经过第一层卷积，非线性 relu 激活函数，之后是第一层池化，重复该过程完成第二层卷积和池化；利用 view 函数将处理后的特征转换成一维向量，最后通过线性层转化为打分输出。

```python
import torch
import torch.nn as nn
import torch.nn.functional as F

class LeNet(nn.Module):
    def __init__(self):
        super(LeNet, self).__init__()
        self.conv1 = nn.Conv2d(3, 16, 5)
        self.maxpool1 = nn.MaxPool2d(2, 2)
        self.conv2 = nn.Conv2d(16, 32, 5)
        self.maxpool2 = nn.MaxPool2d(2, 2)
        self.fc = nn.Linear(32*5*5, 10)      # 全连接层的输入必须是
                                             # 一维向量，'10'可以根据具体分类数进行
                                             # 修改

    # 计算公式 (W-F+2P) / S + 1,   W: 图像的宽度（假设H=W）；
        F: 卷积核的大小；P: 池化值；S: 步长
    def forward(self, x):
        x = F.relu(self.conv1(x))    # [batch, 3, 32, 32] ->
                        # [batch, 16, 28, 28], (32-5+0)/1 + 1 = 28
        x = self.maxpool1(x)         # [batch, 16, 28, 28] ->
                                     # [batch, 16, 14, 14]
        x = F.relu(self.conv2(x))    # [batch, 16, 14, 14] ->
                        # [batch, 32, 10, 10], (14-5+0)/1+1=10
        x = self.maxpool2(x)         # [batch, 32, 10, 10] ->
                                     # [batch, 32, 5, 5]
        x = x.view(-1,32*5*5)        # [batch,32*5*5]
        out = self.fc(x)    # 不需要使用激活函数，因为softmax激活
                            # 函数被嵌入在交叉熵函数中
        return out
```

13.5.2　CIFAR-10 数据介绍与数据加载

CIFAR-10 是由 Hinton 的学生 Alex Krizhevsky 和 Ilya Sutskever 整理的一个用于识别普适物体的小型数据集，共包含 10 个类别的 RGB 图像：飞机（airplane）、汽车（automobile）、鸟类（bird）、猫（cat）、鹿（deer）、狗（dog）、蛙类（frog）、马（horse）、船（ship）和卡车（truck），如图 13–12 所示。图像的尺寸为 32×32，数据集中一共有 50 000 幅训练图像和 10 000 幅测试图像。

图 13–12　CIFAR-10 数据集示意图

与入门阶段最常用的 MNIST 手写数字识别数据集相比，CIFAR-10 有一些新的特点，这也导致对真实图像的识别和分类的难度增大，传统的机器学习方法和卷积神经网络的差距得以体现出来：

- CIFAR-10 是 3 通道的彩色 RGB 图像，而 MNIST 是灰度图像。
- CIFAR-10 的图像尺寸为 32×32，而 MNIST 的图像尺寸为 28×28，CIFAR-10 的图像比 MNIST 的图像稍大。
- 相比手写字符，CIFAR-10 含有的是现实世界中真实的物体，不仅噪声很大，而且物体的比例、特征都不尽相同，这为识别带来很大困难。

PyTorch 对应的 torchvision 提供了一些常用数据集（如 MNIST、CIFAR-10 等）的调用接口，因此我们可以使用如下代码快捷地下载和加载 CIFAR-10 数据集。

```
1 import torchvision.datasets as datasets    # 从torchvision包导入
2                                             datasets
3 from torchvision import transforms
4 trainset = datasets.CIFAR10(root='./data', train=True,download=
                    True, transform=transform)
5 testset = datasets.CIFAR10(root='./data',train=False,download=
```

```
                            True,transform=transform)
6  # 加载CIFAR-10的训练集和测试集数据
7  trainloader = torch.utils.data.DataLoader(trainset, batch_size=
       Batch_Size,shuffle=True, num_workers=2)
8  testloader = torch.utils.data.DataLoader(testset, batch_size=
       Batch_Size,shuffle=True, num_workers=2)
9  # 以指定的batch_size 和 num_workers加载训练和测试用的DataLoader
10
11 transform = transforms.Compose([
12 #    transforms.CenterCrop(224),
13      transforms.RandomCrop(32,padding=4),  # 数据增广，随机裁剪
14      transforms.RandomHorizontalFlip(),    # 数据增广，随机翻转
15      transforms.ToTensor(),
16      transforms.Normalize((0.5, 0.5, 0.5), (0.5, 0.5, 0.5))
17 ])
```

我们需要先加载 datasets 类型的数据集，然后把准备好的数据装载到可进行迭代训练的 DataLoader 里。DataLoader 里的数据会以每个 batch 为单位被送进网络模型进行训练。需要注意的是，相关参数批大小 batch_size 和加载数据的线程数 num_workers 需要根据运行程序的计算机、显卡硬件条件以及实际任务的需要谨慎选择。transforms 是将数字图像转化成可作为模型输入的 tensor 类型的关键步骤，在训练中，我们依次对图像进行随机裁剪、随机翻转，转化成对应的 tensor，以及对 RGB 图像各个通道分别进行标准化。

13.5.3 简单卷积神经网络的训练与优化

准备好卷积神经网络模型和加载好数据集后，我们接下来将进行模型的训练和优化，这个过程可以划分为随机初始化、训练与模型优化、测试与模型保存这几个步骤。

一、随机初始化

卷积神经网络往往包含着数以万计以至百万计的可学习参数，PyTorch 将会在生成模型对象的时候随机初始化，我们也可以采用一些常规的初始化方法（如 xavier 初始化、kaiming 初始化等）来手动初始化。不同的初始化可能会得到不同的最终收敛点。除了模型的初始化之外，随机数种子的选择也很重要，这不仅可能会影响模型的收敛情况，更重要的是固定的随机数种子将使模型的训练结果可复现。下面给出了随机数种子初始化的参考代码。

```
1 def setup_seed(seed):
2     torch.manual_seed(seed)
3     torch.cuda.manual_seed_all(seed)
4     np.random.seed(seed)
```

```
5        random.seed(seed)
6        torch.backends.cudnn.deterministic = True
7
8 setup_seed(0)        # 常用0作为随机数初始化种子
```

其中，torch.manual_seed 和 torch.cuda.manual_seed_all 分别指定了使用 torch 中的函数以及在使用 cuda 的情况下使用 torch 中的函数保持固定的随机初始化；np.random.seed 和 random.seed 分别指定了 numpy 包和 random 包对应函数的随机数种子；"torch.backends.cudnn.deterministic = True"保证了每次返回的卷积算法都是确定的，即默认算法。这些初始化设定的协同作用保证了模型的复现稳定性。

二、训练与模型优化

卷积神经网络的训练和优化是重中之重，我们需要选择合适的优化器、超参数以及训练策略，有时会涉及很多技巧和经验，需要根据目标需求和实际情况进行调整。最常用的优化器是经典的 SGD 优化器以及带有二阶动量的 Adam 优化器。Adam 优化器带有额外的冲量，实际应用中往往有更快的收敛速度。损失函数的选择一般针对具体任务，经典的多分类任务常采用交叉熵损失，回归任务则常采用均方误差损失。在每个 step 的训练中，需要先清空优化器，然后将数据加载进模型，前馈计算损失，之后损失反向传播，计算出每个参数对应的梯度，最后优化器根据计算的梯度和学习率优化可学习参数。所有数据完成一轮训练为一个 epoch，常见任务往往会指定多轮 epoch 以使模型收敛到一个能更好地拟合经验数据的最优点。

```
1 def train(epoch, l, model, dataloader):
2
3     lr = 0.001
4     criterion = nn.CrossEntropyLoss()
5     optimizer = optim.SGD(model.parameters(), lr=lr, momentum=0.9,
                            weight_decay=1e-4)
6         # 定义学习率、CrossEntropyLoss函数以及SGD优化器
7     model.train()
8
9     for step, (data,label) in enumerate(dataloader):
10
11        optimizer.zero_grad()        # 每一步清空优化器
12        out = model(data)
13        loss = criterion(out, label) # 预测结果与真实标签，计算损失
14        loss.backward()              # 损失反向传播
15        optimizer.step()             # 优化器优化网络参数
16
```

```
17    return loss.item()
```

三、测试与模型保存

在每个 epoch 完成模型的训练优化之后，我们需要借助测试集来评估当前模型的效果、是否收敛等，并及时保存目前为止效果最好的模型参数。下面提供了测试函数及模型存储参考代码，其中 softmax 函数常用来将模型输出转化为分类概率以便于评估效果；最常用的评估指标是总体准确率（Accuracy），计算方式为所有预测正确的样本的数量与测试集中所有样本数量的比值。当我们发现当前模型的测试效果为目前已保存的最佳模型时，将当前模型的参数用 "torch.save()" 命令保存起来以备之后加载使用，并更新最高的 acc 值。值得注意的是，与训练阶段不同，测试时模型参数不会发生变动，因此不必再保存梯度。我们可以使用 "with torch.no_grad()" 命令来指定 PyTorch 所有的操作不包含梯度运算，这将大大减少测试阶段模型推理所需的时间。

```python
1  def test(model, dataloader):
2
3      softmax = nn.Softmax(dim=1) # softmax用来转化分类概率，便于评
                                       估
4      with torch.no_grad():
5          model.eval() # 测试阶段不保存梯度，模型进入eval()模式
6          num = [0.0 for i in range(classes_num)]
7          acc = [0.0 for i in range(classes_num)]
8
9          for step, (data,label) in enumerate(dataloader):
10
11             out = model(data)
12             prediction = softmax(out)
13
14             for i, item in enumerate(name):
15                 ma = np.max(prediction[i].cpu().data.numpy())
16                 num[label[i]] += 1.0
17                 if (abs(prediction[i].cpu().data.numpy()[label[
                       i]] - ma) <= 0.0001):
18                     acc[label[i]] += 1.0
19                     # 对于分类正确的样本，其对应的类别正确数加1
20
21     return sum(acc)/sum(num)
22
23 acc = test(model,testdataloader)
```

```
24  if acc > best_acc:
25      best_acc = float(acc)
26      if not os.path.exists('./ckpt'):
27          os.mkdir('./ckpt')
28      torch.save(model.state_dict(), './' + experiment + '.pth')
29              # 若当前模型效果最好，则进行存储
30      print("loss:%03f,acc:%03f, model saved" % (loss,acc))
31  else:
32      print("loss:%03f,acc:%03f,best acc:%03f" % (loss,acc,
            best_acc))
```

13.5.4　VGG 网络的编程实践

接下来，我们将尝试使用著名的 VGGNet-19 来进行编程实践。VGGNet 是由牛津大学计算机视觉组和谷歌 DeepMind 公司研究员一起研发的深度卷积神经网络。它探索了卷积神经网络的深度和其性能之间的关系，通过反复地堆叠 3×3 的小型卷积核和 2×2 的最大池化层，成功地构建了 16~19 层深的卷积神经网络。VGGNet 获得了 2014 年 ILSVRC 分类任务的亚军和定位任务的冠军，在 top5 上的错误率为 7.5%。到目前为止，VGGNet 依然被用来提取图像的特征。

在 VGGNet 中，使用多个 3×3 的卷积核的堆叠来代替更大的卷积核。这样做的主要目的是在参数量更小的情况下，保证了与更大的卷积核具有相同的感受野，同时增加了网络的深度，在一定程度上提升了神经网络的效果。图 13-13 为 VGGNet-19 的模型结构图。下面进行 VGGNet-19 模型的搭建。

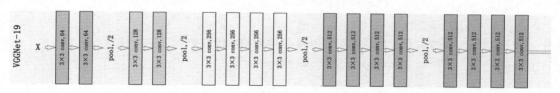

图 13-13　VGGNet-19 模型结构

```
1  import torch.nn as nn
2
3  # 'M'参数代表池化层，在本实现中，使用了最大池化，数据代表各层的通道数
4  cfg = {'VGG19': [64, 64, 'M', 128, 128, 'M', 256, 256, 256, 256,
       'M', 512, 512, 512, 512, 'M', 512, 512, 512, 512, 'M']}
5
6  # 在本实现中，使用了批量归一化（BatchNorm），有利于提升模型的泛化能力
7  class VGG(nn.Module):
8      def __init__(self, vgg_name):
```

```
9           super(VGG, self).__init__()
10          self.features = self._make_layers(cfg[vgg_name])
11          self.classifier = nn.Linear(512, 10)
12              # 10为预测类别数，可根据数据集的实际情况进行更改
13
14      def forward(self, x):
15          out = self.features(x)
16          out = out.view(out.size(0), -1)
17          out = self.classifier(out)
18          return out
19
20      def _make_layers(self, cfg):
21          layers = []
22          in_channels = 3
23          for x in cfg:
24              if x == 'M':
25                  layers += [nn.MaxPool2d(kernel_size=2, stride=2)]
26              else:
27                  layers += [nn.Conv2d(in_channels, x, kernel_size=
                                3, padding=1),
28                             nn.BatchNorm2d(x),
29                             nn.ReLU(inplace=True)]
30                  in_channels = x
31
32          layers += [nn.AvgPool2d(kernel_size=1, stride=1)]
33          return nn.Sequential(*layers)
34
35  # 实例化一个VGGNet-19模型
36  model=VGG('VGG19')
```

完成 VGGNet-19 模型的搭建后，便可以替换此前在 CIFAR-10 数据集上进行分类训练所使用的 LeNet 模型（数据加载、网络训练与优化和保存测试部分均相同），使用 VGGNet-19 模型进行图像的分类。

13.6 习　题

1. 什么是计算机视觉？列举一些计算机视觉的应用场景。
2. 什么是卷积神经网络中的参数共享（parameter sharing）？为什么卷积神经网络可以通过参数共享来减少参数数量？
3. 简述卷积和互相关操作之间的区别，以及神经网络中的卷积属于其中的哪种操作。
4. 一幅 1 024×768 大小的彩色图像在计算机中以什么样的数据形式存储？
5. 输入图像的大小为 200×200，依次经过一层卷积（kernel size 5×5, padding 1, stride 2）、池化（kernel size 3 × 3, padding 0, stride 1）、又一层卷积（kernel size 3 × 3, padding 1, stride 1）之后，输出的特征图的大小为多少？
6. 与传统机器学习方法相比，卷积神经网络的优势和劣势分别是什么？
7. 在 VGGNet 中，使用多个 3×3 的卷积核的作用是什么？

> 　　自然语言处理是连接人类和机器的关键技术，使得机器能理解和生成人类语言。它提高了信息和人机交互的处理效率，成为提升生活质量和工作效率的重要手段。在本章，我们将介绍自然语言处理的相关内容，包括自然语言处理的任务定义、文本的表示方式、基础的语言模型（如循环神经网络）以及一些对应的编程实践。

14.1　自然语言处理概述

　　自然语言处理（natural language processing，NLP）是指通过计算机来处理、理解以及运用人类语言（如中文、英文等），它属于人工智能的一个分支，是计算机科学与语言学的交叉学科。

14.1.1　什么是自然语言

　　语言是思维的载体，是人类交流思想、表达感情最直接、最方便的工具。自然语言（natural language）是指人们日常使用的语言，是自然而然地在人类社会发展过程中产生的语言，与人工编程语言有很大的差别。如图 14–1 所示，左边是自然语言，如汉语、英语、法语等；右边是人工编程语言，如 C、C++、Java 等。

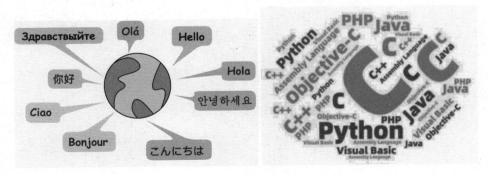

图 14–1　自然语言与人工编程语言

　　自然语言处理以语言为对象，利用计算机技术来分析、理解和处理自然语言，是一门涵盖了计算机科学、语言学、心理学等一系列学科的交叉学科，是计算机科学领域与人工智能领域中的一个重要方向。

自然语言处理主要包括以下两个部分：

● 自然语言理解（natural language understanding，NLU）：使计算机理解自然语言文本的意义，理解人类语言中的语义信息，从无结构的文本序列中预测有结构的语义。

● 自然语言生成（natural language generation，NLG）：用自然语言文本来表达给定的意图、思想等，生成人类可以理解的语言，也可以将有结构的数据转化为人类可理解的自然语言。

14.1.2　常见的自然语言处理任务

在我们的日常生活中，经常会涉及很多自然语言处理任务。通常来说，我们会将自然语言处理任务转化为一个有监督机器学习问题，利用标注好的输入/输出集合来训练自然语言处理模型。自然语言处理的应用十分广泛，任务设定也多种多样，尤其是近年来深度学习技术的发展极大地促进了自然语言处理任务的发展。本小节将简要介绍一些常见的自然语言处理任务。

一、文本分类

文本分类（text classification），又称文档分类（document classification），是指将一个文档归类到一个或多个类别中，按照规模可以划分为文档级别、段落级别和句子级别。其输入和输出通常如下：

● 输入：一段文本。

● 输出：类别标签。

文本分类的应用场景非常广泛（如图 14-2 所示），常见的文本分类任务有：

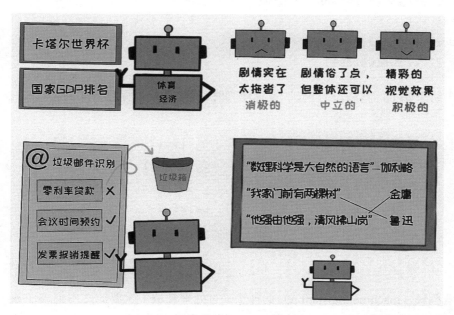

图 14-2　文本分类任务示例

（1）主题分类：根据文章内容或标题对文章进行分类，比如经济、政治、体育、娱乐等，一般在新闻资讯方面使用较多。

（2）情感分类：对文章或者评论的情感倾向进行分类，可分为两类（正面、负面）或者多类（生气、高兴、悲伤等），一般在涉及商品或服务评价的网站中应用较多。"My experience so far has been fantastic!"被判定为正向情感，"The product is ok I guess"被判定为中性情感，而"Your support team is useless"被判定为负面情感。

（3）垃圾邮件识别：和情感分类类似，可以根据邮件内容鉴定一封邮件是否为骚扰或者广告推销等垃圾邮件。

（4）作者归属识别：在一组可能的候选者中识别给定文本文档的作者，输入为一段文本或一篇文档，输出为文本的作者。

二、序列标注

序列标注（sequence tagging）是自然语言处理在序列（如句子）层面的主要任务之一，在给定的文本序列上预测每个语义单元（如单词）的标签，其输入和输出通常如下：

- 输入：一段文本。
- 输出：对文本中每个词的标注。

常见的序列标注任务有命名实体识别（NER）、词性标注（POS）等。下面展示一个简单的例子，使用 jieba 库进行中文分词及词性标注。输入的文本为："过去未去，未来已来"，在构建人工智能时代的宏大世界观时。对该文本进行中文分词并标注词性，其中，标签't'代表时间，'d'代表副词，'v'代表普通动词，'p'代表介词，'n'代表普通名词，'x'代表非语素字（常用于代表未知数、符号），'uj'代表结构助词，'nz'代表其他专业名词。示例代码如下：

```
1  import jieba.posseg as pseg
2  txt = r' "过去未去，未来已来"，在构建人工智能时代的宏大世界观时'
3  words = pseg.cut(txt)
4  print(list(words))
```

输出结果如下，其中，"过去"被标注为时间，"未"被标注为副词，"去"被标注为动词。

```
1  [pair(' " ', 'x'), pair('过去', 't'), pair('未', 'd'), pair('去', '
       v'), pair('，', 'x'), pair('未来', 't'), pair('已来', 'd'),
       pair('" ', 'x'),  pair('，', 'x'), pair('在', 'p'), pair('构建'
       , 'v'), pair('人工智能', 'n'), pair('时代', 'n'), pair('的', 'uj'
       ), pair('宏大', 'a'), pair('世界观', 'nz'), pair('时', 'n')]
```

三、机器翻译

机器翻译（machine translation）是自然语言处理领域中重要的文本生成任务，是突破各语言之间交流沟通屏障的主要途径之一。机器翻译旨在研究如何将源语言翻译成目标语言，通常包括两个阶段的任务：一是源语言的理解，即机器理解源语言文本的语义；二是目标语言的生成，即机器根据源语言的语义，按照目标语言的语法生成文本。其输入和输出通常如下：

- 输入：源语言文本。
- 输出：含义相同的目标语言文本。

常见的机器翻译的应用有很多，比如百度翻译、谷歌翻译、有道词典等。图 14-3 展示了一个将中文翻译成英文和法语的例子。原文为："千呼万唤始出来，犹抱琵琶半遮面。"英文翻译的结果为："After calling for a long time, she finally came out, still hiding half of her face behind her pipa." 而法语翻译的结果为："Elle n'apparaît qu'aprèsnos appels répétés; parle pipa son visage est à moitié voilé."

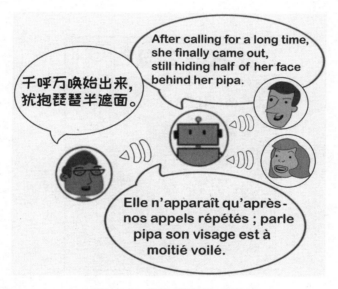

图 14-3　机器翻译任务示例

四、文本匹配

文本匹配（text matching）是自然语言处理中一个重要的基础问题，顾名思义，就是描述两段文本是否在表达同一语义，比如两段文本是否描述同一件事，或者两段文本是否是上下文/问题与答案的关系，其目标是对两段文本的关系进行判断。其输入和输出通常如下：

- 输入：两段文本。
- 输出：两段文本之间的关系。

文本匹配可以应用于很多自然语言处理任务，如信息检索、问答系统、对话系统等，这些任务可以被抽象为文本匹配问题，根据文本长度的不同，文本匹配可以细分为以下三类：

（1）短文本-短文本语义匹配：该类型在工业界的应用场景很广泛，例如在网页搜索中，需要度量用户查询（Query）和网页标题（Web page）的语义相关性；在查询中，需要度量 Query 之间的相似度。

（2）短文本–长文本语义匹配：同样在工业界应用普遍，例如在搜索引擎中，需要计算用户查询（Query）和网页正文的语义相关性，与短文本–短文本不同，其通常需要使用长文本进行语义匹配以达到更好的效果。

（3）长文本–长文本语义匹配：该类型匹配技术可用于个性化推荐的任务，例如，在新闻个性化推荐中，可以将用户近期阅读的新闻（或新闻标题）合并成一篇长文本，并将该文本作为表达用户阅读兴趣的用户画像，计算它与其他新闻之间的距离，作为向用户推送新闻的选择依据，达到新闻个性化推荐的效果。

图 14–4 展示了一个基于文本匹配的信息检索的例子，搜索为"土豆怎么做？"，答案包含"土豆的八种烹饪方法""一百道家常菜""怎么种植土豆"等，系统计算其语义相关度并进行排序。

图 14–4　文本匹配任务示例

五、文本生成

文本生成（text generation）是指希望计算机能够像人一样表达，生成高质量的自然语言文本，它是自然语言处理领域十分重要的一类任务。一般来说，这个任务是基于给定的输入信息，产生所要求的文字表述，典型的设置包括文本到文本的生成、数据到文本的生成以及图像到文本的生成等。其输入和输出通常如下：

- 输入：当前上下文或非文本数据。

- 输出：一段适合于当前上下文的文本。

常见的文本生成任务包括文本摘要生成、故事生成、自动问答、个人助手，常见的文本生成工具有 Siri、Cortana、小爱同学、小冰等。以 图 14–5 为例，我们展示了文本生成模型在自动问答以及故事生成中的应用。

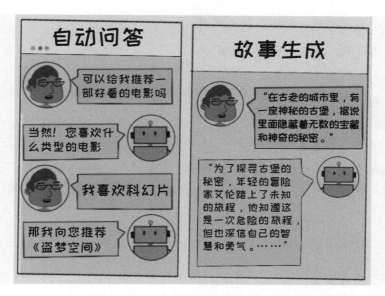

图 14-5　文本生成任务示例

14.2 文本表示

14.2.1 词袋模型

为了让计算机系统能够对自然语言进行运算和处理，需要将文本以计算机能够理解的方式进行表示，并且可以在字符、词汇、句子、段落、篇章等不同粒度上进行语义表示。

本节将介绍一种称为"词袋模型"的稀疏文本表示方法。这种方法忽略了文本的语法、词序等组织结构信息，将文本表示为一个多重集合，即所谓的词袋（bag of words）。例如，中文句子"人工智能让生活更便利""生活因人工智能更便利""人工智能助力解决环境问题"可以用词袋模型分别表述为：

```
1 {"人工智能": 1, "让": 1, "生活": 1, "更": 1, "便利": 1}
2 {"人工智能": 1, "生活": 1, "更": 1, "便利": 1, "因": 1}
3 {"人工智能": 1, "助力": 1, "解决": 1, "环境": 1, "问题": 1}
```

将文本表示成词袋的过程虽然忽略了语法结构信息，但是保留了词频统计数据，仍能在一定程度上反映文本所关心的话题倾向。所以，词袋模型能够很自然地扩展为句子、篇章等长文本的向量表示，进而用于文本分类或者相似性度量等任务。

例如上面提到的三个句子，抽取所有出现过的词汇构成如下词表：

```
1 {"人工智能", "让", "生活", "更", "便利", "因", "助力", "解决", "环
   境", "问题"}
```

则上述三个句子可以分别用向量形式表示为：

$$s_1 = [1, 1, 1, 1, 1, 0, 0, 0, 0, 0] \tag{14.1}$$

$$s_2 = [1, 0, 1, 1, 1, 1, 0, 0, 0, 0] \tag{14.2}$$

$$s_3 = [1, 0, 0, 0, 0, 0, 1, 1, 1, 1] \tag{14.3}$$

通过将文本用向量表示，可以对其进行运算操作。一种最常见的操作就是通过计算两个向量夹角的余弦值来衡量二者之间的相似性。两个句子向量间的余弦值越大，它们之间的夹角越小，句子向量在空间中的表示也就越接近，进而说明两个句子的词频分布越相似。计算可得 $\cos(s_1, s_2) \approx 0.8$，$\cos(s_1, s_3) \approx 0.2$，由此可见，句子 2 和句子 1 表达的含义更相近。

14.2.2 词向量表示

在自然语言处理任务中，人们同样对细粒度文本（如词汇的表示）进行了深入的探索，将词汇进行向量化表示是最为广泛使用的方法。最常使用的词向量表示方法是在词表上指示词汇出现的位置，这种向量表示称为"独热向量"（one-hot vector），也就是只有一位为 1、其余位为 0 的向量。例如，针对中文句子"人工智能让生活更便利"，可以抽取出如下词表：

```
{"人工智能", "让", "生活", "更", "便利"}
```

"人工智能"可以表示为向量 $[1, 0, 0, 0, 0]$，而"让"可以表示为向量 $[0, 1, 0, 0, 0]$。

然而，人们在实践中发现，用独热向量表示词汇有两个主要缺点。首先，语言中的词汇数量往往很大，可能会得到几万维乃至数十万维的高维向量，运算处理非常不方便；同时这些向量高度稀疏，运算时可能造成空间资源的浪费。其次，所有词汇的向量表示都是正交的（即两两之间的内积为 0），这意味着无法从词向量本身来衡量词汇之间的相似性，比如"人工智能""算法""贸易"三个词汇中，前两个词具有一定的语义相关性，但是这不能被独热向量刻画。

所以我们希望词向量能够具有如下特点：首先，向量是低维稠密向量，便于存储和运算；其次，向量的分布能够反映语义的分布，即语义上相似的词汇在向量空间中的距离也要相近，这样就能够通过特定的方式来度量词向量之间的相似性。在这个方向上，研究人员提出的最有影响力的模型之一就是 Word2Vec，我们将在下一小节进行详细介绍。

在已有的参考文献中，通常将建立一个从原始高维稀疏向量（如独热向量）到低维稠密向量的映射过程称为词嵌入（word embedding），这也是现代神经网络架构中一种常见的语义表示方法。

14.2.3 Word2Vec 模型

语言学中有一个著名的分布式假设（distributional hypothesis）：在相同上下文中出现的词往往具有相似的语义。计算机科学家根据这一假设构建出了使用词向量来建模语义的方法，称为词嵌入。本小节将要介绍的 Word2Vec 就是静态嵌入的代表性工作，也是通过自监督（self-supervised）方法进行表示学习（representation learning）的代表性工作。这里提到的静态嵌入是指每个词都由一个固定的向量表示，而动态嵌入则是指词的向量表示会根据上下文发生变化。

Word2Vec 原文提出了两种模型来构建词向量：CBOW（continuous bag-of-word）和 Skip-Gram。它们都是简单的两层神经网络，但训练任务有所差异。

CBOW 模型希望通过文本的上下文词汇来预测中心词。设 C 个上下文词汇 $w_1, w_2, \cdots, w_C$ 的独热向量表示分别为 $x_1, x_2, \cdots, x_C$，在可学习权重矩阵 W 的作用下得到神经网络中间隐含层表示 h：

$$
\begin{aligned}
h &= \frac{1}{C} W^{\mathrm{T}}(x_1 + x_2 + \cdots + x_C) \\
&= \frac{1}{C}(v_{w_1} + v_{w_2} + \cdots + v_{w_C})^{\mathrm{T}}
\end{aligned}
\tag{14.4}
$$

需要预测的中心词汇记为 w_O，模型的训练目标是最大化中心词汇出现的概率。注意，这里使用 softmax 层对输出层进行归一化。

$$
\begin{aligned}
E &= -\ln \Pr(w_O | w_1, w_2, \cdots, w_C) \\
&= -v_{w_O}'^{\mathrm{T}} h + \ln \sum_{j=1}^{V} \exp(v_{w_j}'^{\mathrm{T}} h)
\end{aligned}
\tag{14.5}
$$

Skip-Gram 模型则与 CBOW 模型刚好相反，其通过中心词汇预测上下文词汇，并最大化训练预测中上下文词汇出现的概率。经过训练之后的模型权重 W 就是嵌入层，由当前词表中每个词对应的词向量组成。

为了提升模型的训练效率，Word2Vec 提出层次化 softmax（hierarchical softmax）来化简神经网络最后一层的计算量，同时采用负采样（negative sampling）技术来规避训练数据量过大导致的问题。

后模型得到的词向量能够很好地反映词汇的分布式语义。一个有趣的例子就是计算表达式 vector ("King")−vector ("Man")+vector ("Woman") 得到的向量与 vector ("Queen") 非常相近。

14.2.4 语言模型：统计方法

在自然语言处理任务中，我们常常需要估算一个词序列的概率，研究如何对词序列进行概率赋值的模型就叫作概率语言模型（probabilistic language model）。许多任务都需要用到概率语言模型：文本生成任务中需要根据上文预测下一个词，比如根据 "Please turn your homework" 来预测下一个词 "in"；文本判定任务中需要判断某个词序列是否符合特定的语言，比如判断两个词序列中哪个的概率值更大，概率更大者就是更符合语言用法的词序列。

举例来说，给定上文 "人工智能让生活更"，下一个词为 "便利" 的概率可以用如下频率统计的方法估算，其中 C 表示语料库中序列出现的次数。

$$P(便利|人工智能让生活更) = \frac{C(人工智能让生活更便利)}{C(人工智能让生活更)} \tag{14.6}$$

进一步地，根据概率的链式法则，我们可以计算出整个序列的概率：

$$P(w_1 w_2 \cdots w_n) = P(w_1)P(w_2|w_1)P(w_3|w_{1:2}) \cdots P(w_n|w_{1:n-1}) \tag{14.7}$$

$$= \prod_{k=1}^{n} P(w_k|w_{1:k-1}) \tag{14.8}$$

这种估算方法在很多情况下都有效，但是其局限性也相当明显。一旦语料库不够大或者需要计数的序列较长或有一些罕见词汇，这些特定序列出现的次数就可能变为零，从而无法进行估算。如果假设某个词只与前面若干词有关，与更早出现的词无关，就能够在很大程度上降低模型的计算复杂度，这种假设称为马尔可夫假设（Markov assumption）。N 阶马尔可夫假设中，认为当前词只和前面出现的 $N-1$ 个词相关，这 N 个词构成一个 N 元组（N-gram）。

$$P(w_n|w_{1:n-1}) \approx P(w_n|w_{n-N+1:n-1}) \tag{14.9}$$

当 $N=1$ 时得到一元语言模型，一元组（unigrams）如"人工智能""让""生活"；当 $N=2$ 时得到二元语言模型，二元组（bigrams）如"人工智能让""让生活""生活更"；当 $N=3$ 时得到三元语言模型，三元组（trigrams）如"人工智能让生活""让生活更"；一般情况下，$N>3$ 的元组很少使用。一元语言模型不考虑句子中词汇的顺序，最容易学习，在过去的研究中也经常使用，但是其建模能力相对有限。二元语言模型只考虑前一个词的影响，具有更强的语言建模能力。使用这两种方法估算句子"人工智能让生活更便利"的概率如下：

$$P(人工智能让生活更便利) = P(<s>) \times P(人工智能) \times P(让) \times P(生活)$$
$$\times P(更) \times P(便利) \times P(</s>) \tag{14.10}$$

$$P(人工智能让生活更便利) = P(人工智能|<s>) \times P(让|人工智能)$$
$$\times P(生活|让) \times P(更|生活) \times P(便利|更)$$
$$\times P(</s>|便利) \tag{14.11}$$

为了估算这些元组的概率值，我们采用最大似然估计（maximum likelihood estimation，MLE）。对于二元语言模型来说，概率值可以通过如下等式进行计算：

$$P(w_n|w_{n-1}) = \frac{C(w_{n-1}w_n)}{\sum_w C(w_{n-1}w)} = \frac{C(w_{n-1}w_n)}{C(w_{n-1})} \tag{14.12}$$

举例说明二元语言模型的计算，假设有如下三个句子组成的语料库：

```
1  <s> 人工智能 让 生活 更 便利 </s>
2  <s> 生活 因 人工智能 更 便利 </s>
3  <s> 人工智能 助力 解决 环境 问题 </s>
```

其中一些二元组的概率计算如下：

$$P(人工智能 | <s>) = \frac{2}{3} = 0.67, \quad P(更 | 生活) = \frac{1}{2} = 0.5$$

$$P(</s> | 便利) = \frac{2}{2} = 1, \quad P(让 | 人工智能) = \frac{1}{3} = 0.33$$

$$P(生活 | <s>) = \frac{1}{3} = 0.33, \quad P(问题 | 环境) = \frac{1}{1} = 1$$

推到一般情况，对于任意的 N 元语言模型，可以使用如下方法进行估算：

$$P(w_n|w_{n-N+1:n-1}) = \frac{C(w_{n-N+1:n-1}w_n)}{C(w_{n-N+1:n-1})} \tag{14.13}$$

这种基于频率估算概率语言模型的方法能在一定程度上缓解上面提到的语料稀疏性问题，但是并不能完全解决该问题。在使用 N 元语言模型进行估算时，仍可能存在这些元组在语料库中未出现过的情况。解决语料稀疏性问题可以使用平滑（smoothing）技术。其中，一种称为"加一平滑"的方法是给每个词的频率都加 1，从而避免出现"0"频率的情况，如式（14.14）所示，其中分母加的系数 $|V|$ 是词表的大小，以保证平滑后仍能满足概率的性质。

$$P(w_n|w_{n-N+1:n-1}) = \frac{C(w_{n-N+1:n-1}w_n)+1}{C(w_{n-N+1:n-1})+|V|} \tag{14.14}$$

14.2.5　语言模型：神经网络方法

除了用统计方法构建概率语言模型，还可以使用基于神经网络的方法来构建。其中一种较为简单的方法是基于固定窗口的语言模型，如图 14–6 所示。

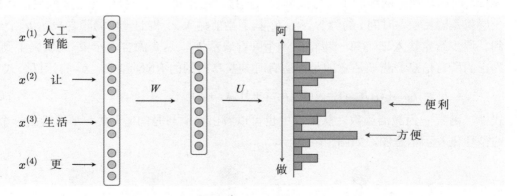

图 14–6　基于神经网络的固定窗口语言模型示意图

模型的输入是固定窗口大小（图 14-6 中为 4）的词序列 $x^{(1)}$，$x^{(2)}$，$x^{(3)}$，$x^{(4)}$，也可以将其表示成独热向量。这些词经过嵌入层后得到各自的词向量并进行拼接 $e = [e^{(1)}; e^{(2)}; e^{(3)}; e^{(4)}]$，将得到的代表上下文状态的向量 e 传入隐藏层，并使用 softmax 函数来计算词的概率分布：

$$\boldsymbol{h} \;=\; f(\boldsymbol{W} \cdot \boldsymbol{e} + \boldsymbol{b}_1) \tag{14.15}$$

$$\hat{y} \;=\; \text{softmax}(\boldsymbol{U} \cdot \boldsymbol{h} + \boldsymbol{b}_2) \in \mathbb{R}^{|V|} \tag{14.16}$$

相比统计方法，基于神经网络的固定窗口语言模型较好地解决了语料稀疏性问题，不需要存储所有看到的 N 元组，语言模型的估计也转化成了网络参数的学习。但是这种方法受限于窗口的长度，而窗口的长度会影响参数矩阵 $\boldsymbol{W}$ 的大小，同时窗口内的单词权重对于位置的变化特别敏感。

后来人们又提出了基于循环神经网络的语言模型，它能够处理任意长度的输入且模型大小不随输入长度的不同而发生变化。当然，循环神经网络也有缺点，比如不能进行并行计算，难以处理长序列中存在的长程依赖问题等。目前最为常用的语言模型是基于 Transformer 架构的预训练语言模型，如 BERT 和 GPT-3。基于这种架构可以构建超大规模的语言模型，利用无标注的文本数据进行预训练，在各种自然语言处理任务上表现出了出色的语言建模能力。

14.3 循环神经网络

循环神经网络（RNN）是一类用于处理序列数据的神经网络，自然语言文本作为一种由字或词等符号（token）组成的序列数据，非常适合用循环神经网络来处理。

14.3.1 循环神经网络的原理

循环神经网络区别于普通神经网络的地方在于，普通神经网络只在层之间建立权值连接，而循环神经网络除了层之间的权值连接，还建立了同层神经元之间的权值连接，这一层就是隐藏层。时间 t 的隐含表示 $\boldsymbol{h}_t$ 基于当前输入 $\boldsymbol{x}_t$ 和上一步的隐含表示 $\boldsymbol{h}_{t-1}$ 计算得到。逐步给定输入 $\boldsymbol{x}_t$，每一步得到一个隐含表示 $\boldsymbol{h}_t$，这个隐含表示 $\boldsymbol{h}_t$ 就编码了到时间 t 为止的所有信息。需要注意的是，所有时刻共享相同的 RNN 参数。$\boldsymbol{h}_t$ 的计算公式为：

$$\boldsymbol{h}_t = f_{\text{RNN}}(\boldsymbol{x}_t, \boldsymbol{h}_{t-1}) = g(\boldsymbol{W}_h \boldsymbol{h}_{t-1} + \boldsymbol{W}_e \boldsymbol{x}_t + \boldsymbol{b}) \tag{14.17}$$

式中，函数 g 为激活函数。从上式中也可以看出权值与时间 t 无关。下面给出一个 RNN 的循环化表示示意图，如图 14–7 所示。

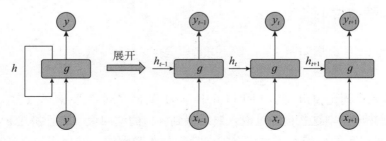

图 14–7 RNN 的一个循环化表示

计算出隐含表示后，如何用 RNN 进行下一个词的预测或是文本分类呢？实际上，隐含表示提供了一种可用于计算的文本表示，可以输入各种神经网络模型。比如，通过维度为词表大小的 softmax 层可以预测各个词的概率，从而进行下一个词的预测；通过维度为类别个数的 softmax 层可以进行文本分类。

14.3.2 循环神经网络的手动 PyTorch 实现

上面了解了循环神经网络的原理，接下来看一下如何用 PyTorch 实现一个 RNNCell 类。我们用 PyTorch 实现以下公式：

$$h_t = f(h_{t-1}U + x_tW + b) \tag{14.18}$$

示例代码如下：

```python
class RNNCell(nn.Module):
    def __init__(self, input_size, hidden_size):
        super().__init__()

        self.hidden_size = hidden_size
        normalization_factor = hidden_size ** 0.5
        self.W = nn.Parameter(torch.randn(input_size,
                hidden_size)/normalization_factor)
        self.U = nn.Parameter(torch.randn(hidden_size,
                hidden_size)/normalization_factor)
        self.b = nn.Parameter(torch.randn(1,hidden_size)/
                normalization_factor)
        self.non_linear = nn.ReLU()

    def forward(self, input, hidden=None):
        if hidden is None:
            hidden = torch.zeros(1, self.hidden_size)
        hidden = hidden.matmul(self.U) + input.matmul(self.W) +
                self.b
        hidden = self.non_linear(hidden)
        return hidden
```

使用时，通过实例化这个自己实现的 RNNCell 类，并循环调用该实例，就可以处理变长序列，比如下面的代码就实现了先处理一个长度为 2 的序列，再处理一个长度为 5 的序列。

```python
rnn_cell = RNNCell(20, 10)
input_tensor = torch.randn(2, 1, 20)
```

```
3  hidden = None
4  for i in range(input_tensor.shape[0]):
5      hidden = rnn_cell(input_tensor[i], hidden)
6      print(i, hidden)
7  input_tensor = torch.randn(5, 1, 20)
8  hidden = None
9  for i in range(input_tensor.shape[0]):
10     hidden = rnn_cell(input_tensor[i], hidden)
11     print(i, hidden)
```

PyTorch 会自动生成相应的计算图，支持自动梯度计算。

上面的代码实现的 RNN 神经元是没有输出层的，下面我们看如何实现带输出层的循环神经网络。其输出公式为：

$$o_t = h_t W_{\text{out}} + b_{\text{out}} \tag{14.19}$$

这个公式即为全连接层，在 PyTorch 中，由 nn.Linear 函数实现。由此可以写出相应的代码：

```
1  class RNNCellWithOutput(nn.Module):
2      def __init__(self, input_size, hidden_size, output_size):
3          super().__init__()
4
5          self.hidden_size = hidden_size
6          normalization_factor = hidden_size ** 0.5
7          self.W = nn.Parameter(torch.randn(input_size,
                   hidden_size)/normalization_factor)
8          self.U = nn.Parameter(torch.randn(hidden_size,
                   hidden_size)/normalization_factor)
9          self.b = nn.Parameter(torch.randn(1,hidden_size)/
                   normalization_factor)
10         self.nonlinear = nn.ReLU()
11         self.output = nn.Linear(hidden_size, output_size)
12
13     def forward(self, input, hidden = None):
14         if hidden is None:
15             hidden = torch.zeros(1, self.hidden_size)
16         hidden = hidden.matmul(self.U) + input.matmul(self.W) +
                   self.b
17         hidden = self.nonlinear(hidden)
```

```
18      output = self.output(hidden)
19      return output, hidden
```

在使用上也是类似的,只是实例化时需要多指定一个输出维度,另外要用两个变量分别接收返回的输出值和隐变量值。下面的代码实现了对长度为 2 的序列的处理。

```
1  rnn_cell = RNNCellWithOutput(20, 10, 5)
2  input_tensor = torch.randn(2, 1, 20)
3  for i in range(input_tensor.shape[0]):
4      output, hidden = rnn_cell(input_tensor[i])
5      print(i)
6      print('output', output)
7      print('hidden', hidden)
```

14.3.3 循环神经网络的简洁 PyTorch 实现

上一小节中,我们通过 PyTorch 的 nn 模块实现了循环神经网络,而 PyTorch 实际上自带了三种 RNN 模型,分别是 nn.RNN、nn.LSTM、nn.GRU。后两者是改良的 RNN,在后面的章节中会进行介绍。用 PyTorch 自带的模块实现循环神经网络将极大简化实现过程。下面的例子实现了用 RNN 模块处理长度为 5 的序列。

```
1  rnn = nn.RNN(20, 10) # 构造rnn, rnn = nn.RNN(input_size, hidden_
                          size), 只需指定输入维度和隐状态向量维度
2  input_tensor = torch.randn(5, 1, 20)
3  output, last_hidden = rnn(input_tensor)
                          # 调用rnn, input是一个shape为(序列长度,
                          batch_size, embedding_size)的tensor,
                          output是所有隐状态向量h组成的tensor,
                          shape为(序列长度, batch_size, hidden_
                          size)
4
5  print('所有隐状态向量', output.shape, output)
6  print('最后一个隐状态向量', last_hidden.shape, last_hidden)
```

上面代码中出现的 batch_size 描述的是一次前向传播中处理数据的个数,一个 batch 内的数据可以并行计算,从而利用 GPU 的并行计算能力。

和手动实现的 RNN 相比,nn.RNN 模块实现了自动循环处理,不需要再用 for 循环进行每个向量的处理了。

14.3.4 高级循环神经网络

由于普通的循环神经网络反向传播时，序列靠前的梯度较小，因此长序列用 RNN 处理可能会出现梯度消失问题，无法有效更新前面的隐状态向量。为了解决这个问题，研究者们提出了改进的长短期记忆（long short-term memory，LSTM）网络和门控循环单元（gated recurrent units，GRU）结构。

LSTM 使用隐状态向量 $\boldsymbol{h}_t$ 和长期记忆单元 $\boldsymbol{c}_t$ 来表示当前状态，在 t 时刻，LSTM 可以选择删除、写入或读取长期记忆单元的内容。

遗忘门：

$$\boldsymbol{f}_t = \sigma(\boldsymbol{W}_f \boldsymbol{h}_{t-1} + \boldsymbol{U}_f \boldsymbol{x}_t + \boldsymbol{b}_f) \tag{14.20}$$

输入门：

$$\boldsymbol{i}_t = \sigma(\boldsymbol{W}_i \boldsymbol{h}_{t-1} + \boldsymbol{U}_i \boldsymbol{x}_t + \boldsymbol{b}_i) \tag{14.21}$$

输出门：

$$\boldsymbol{o}_t = \sigma(\boldsymbol{W}_o \boldsymbol{h}_{t-1} + \boldsymbol{U}_o \boldsymbol{x}_t + \boldsymbol{b}_o) \tag{14.22}$$

新单元计算：

$$\boldsymbol{c}_t' = \tanh(\boldsymbol{W}_c \boldsymbol{h}_{t-1} + \boldsymbol{U}_c \boldsymbol{x}_t + \boldsymbol{b}_c) \tag{14.23}$$

根据遗忘门和输入门更新长期记忆单元：

$$\boldsymbol{c}_t = \boldsymbol{f}_t \circ \boldsymbol{c}_{t-1} + \boldsymbol{i}_t \circ \boldsymbol{c}_t' \tag{14.24}$$

根据输出门计算隐状态向量：

$$\boldsymbol{h}_t = \boldsymbol{o}_t \circ \tanh(\boldsymbol{c}_t) \tag{14.25}$$

式中，"∘"表示将向量对应位置相乘得到一个维度不变的向量。LSTM 的结构图如图 14–8 所示。

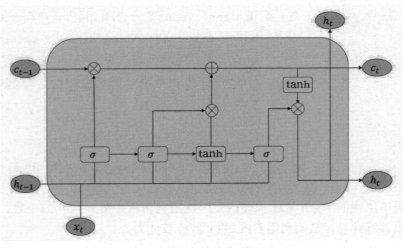

图 14–8　LSTM 的结构图

图中，⊕表示两个向量对应位置相加（与数学中向量相加定义相同）；⊗表示两个向量对应位置相乘。

与 LSTM 不同，GRU 只使用隐状态向量 $\boldsymbol{h}_t$，但是同时使用更新门和重置门控制 $\boldsymbol{h}_t$ 的更新。

更新门：

$$\boldsymbol{u}_t = \sigma(\boldsymbol{W}_u \boldsymbol{h}_{t-1} + \boldsymbol{U}_u \boldsymbol{x}_t + \boldsymbol{b}_u) \tag{14.26}$$

重置门：

$$\boldsymbol{r}_t = \sigma(\boldsymbol{W}_r \boldsymbol{h}_{t-1} + \boldsymbol{U}_r \boldsymbol{x}_t + \boldsymbol{b}_r) \tag{14.27}$$

计算新的隐状态向量：

$$\boldsymbol{h}_t' = \tanh(\boldsymbol{W}_h(\boldsymbol{r}_t \circ \boldsymbol{h}_{t-1}) + \boldsymbol{U}_h \boldsymbol{x}_t + \boldsymbol{b}_h) \tag{14.28}$$

更新隐状态向量：

$$\boldsymbol{h}_t = (1 - \boldsymbol{u}_t) \circ \boldsymbol{h}_{t-1} + \boldsymbol{u}_t \circ \boldsymbol{h}_t' \tag{14.29}$$

可以看到，更新门和重置门共同控制了隐状态对以前和现在记忆的比例。GRU 的结构图如图 14–9 所示。

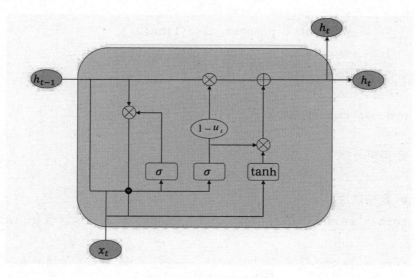

图 14–9　GRU 的结构图

14.4　自然语言处理编程实践

我们已经学习了自然语言处理的理论和工具，接下来就可以学习如何用循环神经网络完成具体的任务了。

本节学习如何使用 PyTorch 实现基于 RNN 的文本情感分类器。该任务的输入为一段文字，输出为这段文字对应的情感标签（正向情感和负向情感）。任务可分为四个阶段：数据准备、模型构建、模型训练、模型测试。

一、数据准备

我们采用的数据为微博文本，其中训练集为 10 000 条，测试集为 500 条。通过剔除用户名、地理位置、微博话题等信息并进行分词，实现数据预处理。这些过程已提前实现，我们不需关注。然后，加载数据，构建词表并随机初始化词嵌入。

```python
import jieba
import re
def load_data(path):
    """
    加载数据，并整理成"文本+标签"形式
    """
    data = []
    with open(path, "r", encoding="utf8") as f:
        for line in f:
            line = line.split(",", 2)
            content = process_data(line[2])
            sentiment = int(line[1])
            data.append((content, sentiment))
    return data
def process_data(text):
    """
    数据预处理
    """
    # 数据清洗部分
    text = re.sub("\{%.*?%\}", " ", text)  # 剔除地理位置、微博
                                           #   话题等
    text = re.sub("【.*?】", " ", text)      # 剔除不是用户自己写的
                                           #   内容
    text = re.sub("\u200b", " ", text)     # 剔除特殊字符"\u200b"
    # 分词
    words = []
    for w in jieba.lcut(text):
        words.append(w)
    # 用空格拼接成字符串
    result = " ".join(words)
    return result

TRAIN_PATH = "./data/weibo/train.txt"
```

```
32  TEST_PATH = "./data/weibo/test.txt"
33  train_data = load_data(TRAIN_PATH)
34  test_data = load_data(TEST_PATH)
35  # 用pandas.DataFrame整理数据
36  import pandas as pd
37  df_train = pd.DataFrame(train_data, columns=["text", "label"])
38  df_test = pd.DataFrame(test_data, columns=["text", "label"])
39  # 随机初始化embedding
40  wv_input = df_train['text'].map(lambda s: s.split(" "))
41  vocab_list = []
42  for data in wv_input:
43      for word in data:
44          if word not in vocab_list:
45              vocab_list.append(word)
46  num_vocab = len(vocab_list)
47  embedding = nn.Embedding(num_vocab, 64)
```

接下来继承 Dataset 类，实现 MyDataset 类，并构建 DataLoader。

```
1   import torch
2   from torch import nn
3   from torch.nn.utils.rnn import pad_sequence
4   from torch.utils.data import Dataset, DataLoader
5   class MyDataset(Dataset):
6       def __init__(self, df):
7           self.data = []
8           self.label = df["label"].tolist()
9           for s in df["text"].tolist():
10              vectors = []
11              for w in s.split(" "):
12                  if w in vocab_list:
13                      i = vocab_list.index(w)
14                      I = torch.LongTensor([i])
15                      vectors.append(list(embedding(I)[0]))
16              vectors = torch.Tensor(vectors)
17              self.data.append(vectors)
18
19      def __getitem__(self, index):
20          data = self.data[index]
```

```
21          label = self.label[index]
22          return data, label
23
24      def __len__(self):
25          return len(self.label)
26
27      def collate_fn(data):
28          """
29          param data: 第0维: data; 第1维: label
30          return: 序列化的data、记录实际长度的序列以及label列表
31          """
32          data.sort(key=lambda x: len(x[0]), reverse=True)
                   # pack_padded_sequence要求按照序列的长度倒序排列
33          data_length = [len(sq[0]) for sq in data]
34          x = [i[0] for i in data]
35          y = [i[1] for i in data]
36          data = pad_sequence(x, batch_first=True, padding_value=0)
37          # 用RNN处理变长序列的必要操作
38          return data, torch.tensor(y, dtype=torch.float32),
                   data_length
39  # 训练集
40  train_data = MyDataset(df_train)
41  train_loader = DataLoader(train_data, batch_size=batch_size,
                   collate_fn=collate_fn, shuffle=True)
42
43  # 测试集
44  test_data = MyDataset(df_test)
45  test_loader = DataLoader(test_data, batch_size=batch_size,
                   collate_fn=collate_fn, shuffle=True)
```

至此，数据准备阶段已经完成，数据已经可以通过 DataLoader 进行批处理、打乱等操作。

二、模型构建

接下来进行模型的构建。使用 2 层 RNN 模型连接全连接层。由于是二分类任务，所以全连接层后是 sigmoid 层，损失函数使用交叉熵损失 nn.BCELoss。示例代码如下：

```
1  # 超参数
2  learning_rate = 5e-4
```

```
3
4  input_size = 768
5  num_epoches = 5
6  batch_size = 100
7  embed_size = 64
8  hidden_size = 64
9  num_layers = 2
10 class RNN(nn.Module):
11     def __init__(self, input_size, hidden_size, num_layers):
12         super(RNN, self).__init__()
13         self.hidden_size = hidden_size
14         self.num_layers = num_layers
15         self.rnn = nn.RNN(input_size, hidden_size, num_layers,
                   batch_first=True, bidirectional=False)
16         self.fc = nn.Linear(hidden_size, 1)
17         self.sigmoid = nn.Sigmoid()
18
19     def forward(self, x, lengths):
20         h0 = torch.zeros(self.num_layers, x.size(0), self.
              hidden_size).to(device)
21
22         packed_input = torch.nn.utils.rnn.pack_padded_sequence
                   (input=x, lengths=lengths, batch_first=True)
23         packed_out, h_n = self.rnn(packed_input, h0)
24
25         out = self.fc(h_n[-1])
26         out = self.sigmoid(out)
27         return out
28 # 实例化
29 rnn = RNN(embed_size, hidden_size, num_layers)
30 # 定义损失函数和优化器
31 criterion = nn.BCELoss()
32 optimizer = torch.optim.Adam(lstm.parameters(), lr=learning_rate)
```

三、模型训练

接下来是模型训练，每个 epoch 保存一次模型，示例代码如下：

```
1  # RNN迭代训练
```

```
2  for epoch in range(num_epoches):
3      total_loss = 0
4      for i, (x, labels, lengths) in enumerate(train_loader):
5          x = x.to(device)
6          labels = labels.to(device)
7          outputs = rnn(x, lengths)              # 前向传播
8          logits = outputs.view(-1)              # 将输出展平
9
10         loss = criterion(logits, labels)       # 损失计算
11         total_loss += loss
12         optimizer.zero_grad()                  # 梯度清零
13         loss.backward(retain_graph=True)       # 反向传播,计算梯度
14         optimizer.step()                       # 梯度更新
15         if (i+1) % 10 == 0:
16             print("epoch:{}, step:{}, loss:{}".format(epoch+1,
                   i+1, total_loss/10))
17             total_loss = 0
18
19     # 保存模型
20     model_path = "./model/rnn_{}.model".format(epoch+1)
21     torch.save(rnn, model_path)
22     print("saved model: ", model_path)
```

四、模型测试

模型测试有两种：一种是在测试集上进行指标的计算，通过准确率等指标反映模型的训练效果；另一种是手动输入句子，由模型判断该句子的情感色彩。第一种的示例代码如下：

```
1  from sklearn import metrics
2
3  # RNN在测试集上的效果检验
4  def test():
5      y_pred, y_true = [], []
6
7      with torch.no_grad():
8          for x, labels, lengths in test_loader:
9              x = x.to(device)
10             outputs = rnn(x, lengths)                # 前向传播
```

```
11            outputs = outputs.view(-1)            # 将输出展平
12            y_pred.append(outputs)
13            y_true.append(labels)
14
15    y_prob = torch.cat(y_pred)
16    y_true = torch.cat(y_true)
17    y_pred = y_prob.clone()
18    y_pred[y_pred > 0.5] = 1
19    y_pred[y_pred <= 0.5] = 0
20
21    print(metrics.classification_report(y_true, y_pred))
22    print("准确率:", metrics.accuracy_score(y_true, y_pred))
23    print("AUC:", metrics.roc_auc_score(y_true, y_prob))
24 test()
```

手动输入句子并判断情感的示例代码如下:

```
1 strs = input("请手动输入句子,多个句子以空格分开: ").split(" ")
2 net = torch.load("./model/rnn_5.model")      # 载入模型
3 data = []
4 for s in strs:
5     vectors = []
6     for w in process_data(s).split(" "):
7         if w in vocab_list:
8             i = vocab_list.index(w)
9             I = torch.LongTensor([i])
10            vectors.append(list(embedding(I)[0])) # 将每个词替换为
                                                     #   对应的词向量
11    vectors = torch.Tensor(vectors)
12    data.append(vectors)
13 x, _, lengths = collate_fn(list(zip(data, [-1] * len(strs))))
14 with torch.no_grad():
15     x = x.to(device)
16     outputs = net(x, lengths)                 # 前向传播
17     outputs = outputs.view(-1)                # 将输出展平
18     print(outputs)
```

14.5 习 题

1. 使用 jieba 库对下面几句话做分词及词性标注，并判断其分词结果是否准确。

   (1) 多亏跑了两步，差点没上上上上海的火车。

   (2) 校长说衣服上除了校徽别别别的。

   (3) 人要是行，干一行行一行，一行行行行行，行行行干哪行都行。

2. 使用至少三种不同的翻译工具将下面的句子同时翻译成英语和法语，比较不同翻译工具的差异。

   (1) 离离原上草，一岁一枯荣。野火烧不尽，春风吹又生。

   (2) 朝辞白帝彩云间，千里江陵一日还。

3. 使用至少三种不同的大语言模型对话工具尝试下面的问答对话，并尝试进行多轮问答和引导（比如设定一些限制），分析答案是否会发生变化。

   (1) 我想找个女朋友，你有什么建议吗？可以给我提供一个详细的恋爱攻略吗？

   (2) 把大象放进冰箱需要几步？再把长颈鹿放进冰箱需要几步？

   (3) 一个精神失常者把五个无辜的人绑在电车轨道上。一辆失控的电车朝他们驶来，并且片刻后就要碾压到他们。幸运的是，你可以拉一个拉杆，让电车开到另一条轨道上。然而问题在于，那个精神失常者在另一条电车轨道上也绑了一个人。考虑以上状况，你是否会拉拉杆？

4. 给定下面的语料库，请使用带加一平滑的二元语言模型计算 $P(\text{Sam}|\text{am})$ 的值：

```
1  <s> I am Sam </s>
2  <s> Sam I am </s>
3  <s> I am Sam </s>
4  <s> I do not like green eggs and Sam </s>
```

5. 为什么引入加一平滑方法后，N 元语言模型的计算仍满足概率性质？请证明式 (14.14) 所定义的"概率"满足概率的归一化性质，即整个样本空间的概率为 1。

6. 请使用 Python 编写一个函数，输入经过分词的语料，计算二元语言模型下的条件概率。可以定义如下函数原型，其中 corpus 是每个元素为单词列表的语料库列表，condition 是作为条件的单词，prediction 是预测目标单词。

```
1  def bigram(corpus: list[list[str]], condition: str,
       prediction: str) -> float:
2      # 请补完该函数
```

7. RNN 的什么特性使它适用于处理序列数据？

8. 在使用 torch.nn.RNN 时，我们希望并行地计算多个输入序列的隐状态向量，此时如何处理变长输入序列？

9. LSTM 中，三个门控函数分别起什么作用？

参考文献

[1] 朱丽君，朱元贵，曹河圻，等. 全球脑研究计划与展望 [J]. 中国科学基金，2013, 27(6): 359- 362.

[2] HAYKIN S. Neural networks and learning machines. 3rd edition. Pearson Education India, 2010.

[3] ZEILER M D, FERGUS R. Visualizing and understanding convolutional networks[C]// European Conference on Computer Vision, 2014: 818-833.

[4] MCCULLOCH W S, PITTS W. A logical calculus of the ideas immanent in nervous activity[J]. Bulletin of Mathematical Biophysics, 1943, 5(4): 115-133.

[5] HEBB D O. The organization of behavior: A neuropsychological theory. Psychology Press, 2005.

[6] AKELLA A, SINGANAMALLA S K R, LIN C T. Reward based Hebbian Learning in Direct Feedback Alignment (Student Abstract)[C]//Proceedings of the AAAI Conference on Artificial Intelligence, 2021, 35(18): 15749–15750.

[7] KELLEY H J. Gradient theory of optimal flight paths[J]. ARS Journal, 1960, 30(10): 947-954.

[8] BRYSON A E. A gradient method for optimizing multi-stage allocation processes[C]// Proceeding of a Harvard Symposium on Digital Computers and Their Applications, 1961(72): 22.

[9] FORSYTH D, PONCE J. Computer vision: A modern approach. Englewood Cliffs: Prentice Hall, 2011.

[10] LECUN Y, BOTTOU L, BENGIO Y, et al. Gradient-based learning applied to document recognition[J]. Proceed of the IEEE, 1998, 86(11): 2278-2324.

[11] DALAL N, TRIGGS B. Histograms of oriented gradients for human detection[J]. 2005 IEEE Computer Society Conference on Computer Vision and Pattern Recognition, 2005(1): 886-893.

[12] LOWE D G. Object recognition from local scale-invariant features[C]//Proceedings of the Seventh IEEE International Conference on Computer Vision, 1999(2): 1150–1157.

[13] DENG J, DONG W, SOCHER R, et al. ImageNet: A large-scale hierarchical image database[C]//Proceedings of 2009 IEEE Conference on Computer Vision and Pattern Recognition, 2009: 248-255.

[14] LAZEBNIK S, SCHMID C, PONCE J. Beyond bags of features: spatial pyramid matching for recognizing natural scene categories[C]//Proceeding of the IEEE International Conference on Computer Vision and Pattern Recognition, 2006: 2169-2178.

[15] FELZENSZWALB P F, GIRSHICK R B, MCALLESTER D A, et al. Object Detection with Discriminatively Trained Part-Based Models[J]. IEEE Transactions on Pattern Analysis and Machine Intelligence, 2010(32): 1627-1645.

[16] FUKUSHIMA K. Neocognitron: A self-organizing neural network model for a mechanism of pattern recognition unaffected by shift in position[J]. Biological Cybernetics, 1980, 36(4): 193-202.

[17] FENG D, HARAKEH A, WASLANDER S L, et al. A Review and Comparative Study on Probabilistic Object Detection in Autonomous Driving[J]. IEEE Transactions on Intelligent Transportation Systems, 2022, 23(8): 9961-9980.

[18] KRIZHEVSKY A, SUTSKEVER I, HINTON G E. ImageNet classification with deep convolutional neural networks[J]. Communications of the ACM, 2012, 60: 84-90.

[19] GOODFELLOW I J, POUGET-ABADIE J, MIRZA M, et al. Generative Adversarial Nets[C]// Proceedings of the 27th International Conference on Neural Information Processing Systems, 2014: 2672-2680.

[20] HE K, ZHANG X, REN S, et al. Deep Residual Learning for Image Recognition[C]//2016 IEEE Conference on Computer Vision and Pattern Recognition (CVPR), 2016: 770-778.

[21] SHI Y, JAIN A K. DocFace+: ID Document to Selfie Matching[J]. IEEE Transactions on Biometrics, Behavior, and Identity Science, 2019, 1(1): 56-67.

[22] ZHANG H, ZHAO C K, GUO L, et al. Diagnosis of Thyroid Nodules in Ultrasound Images Using Two Combined Classification Modules[C]//2019 12th International Congress on Image and Signal Processing, BioMedical Engineering and Informatics (CISP-BMEI), 2019: 1-5.

[23] SILVESTRE-BLANES J, ALBERO-ALBERO T, MIRALLES I, et al. A Public Fabric Database for Defect Detection Methods and Results[J]. Autex Research Journal, 2019, 19(4): 363-374.

[24] 刘建平. DIY Corpora: the WWW and the Translator[EB/OL]. 2000. https://www.cnblogs.com/pinard/p/5970503.html.

[25] 肖恩林. 深度学习之学习笔记（八）——梯度下降法 [EB/OL]. 2020. https://blog.csdn.net/linxiaoyin/article/details/104104627.

图书在版编目（CIP）数据

人工智能与Python程序设计 / 文继荣, 徐君主编
. -- 北京 : 中国人民大学出版社, 2024.5
新编21世纪人工智能系列教材
ISBN 978-7-300-32688-7

I. ①人… II. ①文… ②徐… III. ①人工智能—教
材②软件工具—程序设计—教材 IV. ①TP18
②TP311.561

中国国家版本馆CIP数据核字(2024)第062835号

新编 21 世纪人工智能系列教材
人工智能与 Python 程序设计
主　编　文继荣　徐　君
副主编　赵　鑫　苏　冰　胡　迪　毛佳昕　沈蔚然
Rengong Zhineng yu Python Chengxu Sheji

出版发行	中国人民大学出版社			
社　　址	北京中关村大街 31 号		**邮政编码**	100080
电　　话	010–62511242（总编室）		010–62511770（质管部）	
	010–82501766（邮购部）		010–62514148（门市部）	
	010–62515195（发行公司）		010–62515275（盗版举报）	
网　　址	http:// www. crup. com. cn			
经　　销	新华书店			
印　　刷	北京市鑫霸印务有限公司			
开　　本	787 mm × 1092 mm　1/16		**版　　次**	2024 年 5 月第 1 版
印　　张	18.5 插页 1		**印　　次**	2025 年 3 月第 3 次印刷
字　　数	406 000		**定　　价**	49.00 元

中国人民大学出版社　　理工分社

教师教学服务说明

　　中国人民大学出版社理工出版分社以出版经典、高品质的统计学、数学、心理学、物理学、化学、计算机、电子信息、人工智能、环境科学与工程、生物工程、智能制造等领域的各层次教材为宗旨。

　　为了更好地为一线教师服务，理工出版分社着力建设了一批数字化、立体化的网络教学资源。教师可以通过以下方式获得免费下载教学资源的权限：

★ 在中国人民大学出版社网站 www.crup.com.cn 进行注册，注册后进入"会员中心"，在左侧点击"我的教师认证"，填写相关信息，提交后等待审核。我们将在一个工作日内为您开通相关资源的下载权限。

★ 如您急需教学资源或需要其他帮助，请加入教师 QQ 群或在工作时间与我们联络。

中国人民大学出版社　　理工分社

☺ 教师QQ群：664611337（人工智能）
　　　　　　　教师群仅限教师加入，入群请备注（学校＋姓名）

☎ 联系电话：010-62511967，62511076

✉ 电子邮箱：lgcbfs@crup.com.cn

◉ 通讯地址：北京市海淀区中关村大街 31 号中国人民大学出版社 507 室（100080）